CDA数据分析师技能树系列

SQL
数据分析
从小白到高手

▶ 双色视频版

TA ANALYSIS
EGINNER TO EXPERT

王国平 ————

———— 编著

化学工业出版社
·北京·

内容简介

在大数据时代，掌握必要的数据分析能力，将大大提升工作效率和自身竞争力。SQL是一种常用的数据分析工具，本书将详细讲解利用SQL进行数据分析及可视化的相关知识。

书中主要内容包括数据库入门基础、数据库的环境、数据表操作、基础查询、高级查询、主要函数、视图与索引、存储过程、性能优化、数据可视化、分布式数据库以及综合实战案例等。同时，结合时下流行的AI大模型工具，介绍了ChatGPT在SQL数据分析中的应用，帮助读者提高效率。

本书内容丰富，采用双色印刷，配套视频讲解，结合随书附赠的素材边看边学边练，能够大大提高学习效率，迅速掌握SQL数据分析技能，并用于实践。

本书适合数据分析初学者、初级数据分析师、数据库技术人员、市场营销人员、产品经理等自学使用。同时，本书也可用作职业院校、培训机构相关专业的教材及参考书。

图书在版编目（CIP）数据

SQL数据分析从小白到高手 / 王国平编著. -- 北京：化学工业出版社，2025. 4. -- ISBN 978-7-122-47411-7

Ⅰ．TP311.132.3

中国国家版本馆CIP数据核字第2025AN4768号

责任编辑：耍利娜　　　　　　　文字编辑：袁玉玉　袁　宁
责任校对：李　爽　　　　　　　装帧设计：孙　沁

出版发行：化学工业出版社
　　　　　（北京市东城区青年湖南街13号　邮政编码100011）
印　　装：天津千鹤文化传播有限公司
710mm×1000mm　1/16　印张19½　字数400千字
2025年6月北京第1版第1次印刷

购书咨询：010-64518888　　　　售后服务：010-64518899
网　　址：http://www.cip.com.cn
凡购买本书，如有缺损质量问题，本社销售中心负责调换。

定　　价：99.00元　　　　　　　　　　版权所有　违者必究

前　言

结构化查询语言（SQL）作为一种广泛应用的数据库语言，对于数据分析领域而言，扮演着至关重要的角色。它不仅助力分析人员高效处理数据，还能确保数据分析的准确性与可靠性。本书通过丰富的实例，循序渐进地阐释了SQL的基础知识和语法要点，同时融入了当前热门的大模型技术，如ChatGPT，探讨了如何在SQL数据分析中巧妙应用这些先进技术。

尽管许多数据分析人员投入了大量时间学习SQL，却仍感迷茫，不知如何运用。经过深入调查，发现主要原因可归结为两点。

首先，学习方法不当。SQL的功能极其强大，但如果脱离实际工作需求，盲目学习，很可能耗时耗力，最终发现所学难以在工作中派上用场。

其次，知识更新滞后。在当今的企业环境中，数据分析人员需具备一定的SQL数据分析能力。然而，如果所学仅限于基础的数据查询，显然无法满足日常工作的需求。

本书的编者有十余年的数据分析经验，深刻体会到SQL在日常工作中的便利性。因此，本书的宗旨并非全面介绍SQL，而是专注于深入解析其与数据分析相关的功能，并通过实例，详细展示SQL中一系列实用的数据分析技巧和方法。

⦿ 本书主要内容

8　视图与索引

9　存储过程

10　数据库性能优化

11　SQL 数据可视化

12　分布式数据库

13　案例：电商数据处理与分析

**SQL 数据分析
从小白到高手**

1　数据库入门

2　搭建数据库环境

3　数据库基础知识

4　数据表操作

5　数据库基础查询

6　数据库高级查询

7　数据库主要函数

⦿ 使用本书的注意事项

（1）数据库版本

本书主要基于MySQL 8.0进行编写，建议读者安装该版本进行学习，由于MySQL 8.1与MySQL 8.0等版本间的差异不大，因此，本书也适合其他版本的学习。

（2）代码运行环境

在本书中，编者使用的是基于Windows 64位家庭版的Anaconda开发环境，Cursor等开发工具需要配置该开发环境，相关Python代码在该环境中可以正常运行。

⬤ 本书主要特色

特色1：本书内容丰富，涵盖领域广泛，适合各行业人士快速提升SQL技能。

特色2：注重传授方法、思路，以便读者看得懂，学得会，更好地理解与运用。

特色3：贴近实际工作，介绍职场人急需的技能，通过案例以使学习效果立竿见影。

由于编者水平所限，书中难免存在不足之处，请读者批评指正。

编著者

扫码看视频

扫码下载
源文件及PPT

扫码看
"SQL学习50问"

目 录

1 数据库入门

2 搭建数据库环境

3 数据库基础知识

4 数据表操作

5 数据库基础查询

6 数据库高级查询

7 数据库主要函数

8 视图与索引

9 存储过程

10 数据库性能优化

11 SQL 数据可视化

12 分布式数据库

13 案例：电商数据处理与分析

1

数据库入门

在大数据时代,数据库不仅是数据存储和管理的工具,更是企业获取竞争优势、实现业务创新的关键基础设施。合理地利用数据库技术,能够帮助企业和组织更好地应对数据增长带来的挑战,实现数据的价值最大化。本章介绍数据库的入门基础知识,以及如何利用ChatGPT学习数据库,通过对话交流的方式,更直观地理解和掌握数据库的基本概念和操作技巧。

1.1 数据库基础

1.1.1 大模型与数据库

在大模型时代，数据库的重要性依然显著，但其角色和功能可能会发生一些变化。大模型通常指的是规模庞大、复杂度高的人工智能模型，它们能够处理和分析大量的数据，从而提供更加精准和深入的洞察。在这个背景下，数据库的重要性体现在以下几个方面。

① 数据源　大模型需要大量的数据进行训练和优化。数据库作为数据的集中存储和管理平台，为大模型提供了可靠的数据源。

② 数据质量　数据库管理系统（DBMS）能够确保数据的准确性和一致性，这对于大模型的训练和预测至关重要。

③ 数据整合　大模型可能需要集成来自不同源的数据。数据库能够帮助整合这些数据，使其在结构上和语义上相互关联，为大模型提供全面的数据视图。

④ 数据处理效率　大模型通常需要对大量数据进行实时或近实时的处理。数据库系统能够优化数据查询和更新操作，提高数据处理效率。

⑤ 数据安全与隐私　随着数据隐私法规的加强，数据库在大模型时代需要提供更加严格的数据安全措施，以保护用户隐私和防止数据泄露。

⑥ 数据访问控制　数据库可以实施细粒度的访问控制策略，确保只有授权的用户和模型能够访问特定的数据集。

⑦ 数据可扩展性　随着大模型对数据量的需求不断增长，数据库需要具备良好的可扩展性，能够适应数据量的增加而不影响性能。

⑧ 数据治理　在大模型时代，数据治理变得更加重要。数据库系统可以提供数据治理工具，帮助组织管理数据的生命周期，确保数据的合规性和质量。

⑨ 数据迁移与集成　随着业务和技术的变化，数据库需要支持数据迁移和集成，以便将旧的数据模型和新模型结合起来，保持数据的一致性。

⑩ 支持多种数据类型　大模型可能需要处理结构化数据、半结构化数据和非结构化数据。数据库系统需要支持多种数据类型，以满足大模型的需求。

总之，在大模型时代，数据库不仅是数据存储和管理的基础设施，也是支撑人工智能模型运行的关键平台。它对于确保数据的可用性、完整性和安全性，以及支持数据驱动的决策制定和业务创新都起着至关重要的作用。

1.1.2　十种数据库类型

数据库（database）是按照数据结构来组织、存储和管理数据的仓库。也可以将数据存储在文件中，但是在文件中读写数据速度相对较慢。所以现在一般使用数据库管理系统来存储和管理大数据量。

根据数据模型的不同，数据库主要可以分为以下几种类型。

（1）关系数据库

关系数据库（也称关系型数据库）是基于关系模型的数据库，它使用表格的形式来组织数据。每个表格称为一个关系，由列（属性）和行（记录）组成。关系型数据库的数据存储强一致性、事务处理和数据完整性，使其广泛应用于各种企业和商业应用中。

（2）文档数据库

文档数据库（也称文档型数据库）是一种非关系型数据库，它设计用来存储、检索和管理文档。这些文档通常以JSON、XML或其他自描述格式存储，每个文档是一个自包含的数据单元，可以包含复杂的数据结构和层次。文档型数据库的特点在于它可以存储非结构化或半结构化数据，并且能提供灵活的模式设计，允许文档之间的结构差异。

（3）键值存储数据库

键值存储数据库将数据存储为键（key）值（value）对。在这种数据库中，每个唯一的键映射到一个值，键用于检索存储的值。键值存储数据库的设计目标是提供高速的读写操作，并且通常牺牲数据的复杂查询能力以换取性能。

（4）列存储数据库

列存储数据库是一种专门为优化大型数据集上的读取和聚合操作而设计的数据库管理系统。与传统的行存储数据库不同，列存储数据库将数据按列存储。这种存储方式使得列存储数据库非常适合分析大量数据，尤其是当查询只需要访问表中少数几列时。

（5）对象存储数据库

对象存储数据库是一种数据库管理系统，它专门用来存储和检索对象。在对象存储数据库中，数据以对象的形式存储，每个对象可以包含数据和代码。这些对象可以是复杂的数据结构，如图片、视频文件、文档等，并且可以包含多个属性和行为。对象存储数据库通常用于存储非结构化或半结构化数据，并且提供了灵活的模式设计，允许对象之间的结构差异。

（6）图形数据库

图形数据库是一种专门设计来存储网络结构数据的数据库。在图形数据库中，数据以节点（node）、边（edge）和属性（property）的形式表示。节点通常代表实体，如人、地点或事物，而边代表节点之间的关系。属性则是与节点和边相关联的键值对，用于提供额外的信息。

（7）时序数据库

时序数据库是一种专门设计用于处理时间序列数据的数据库。时间序列数据是按时间顺序排列的数据点序列，通常用于记录随时间变化的事件或度量。时序数据库优化了这类数据的存储和查询，特别适合处理和分析大量的时间标记数据。

（8）XML 数据库

XML 数据库是一种能够存储和查询 XML 数据的数据库管理系统。XML 是一种用于标记电子文件使其具有结构性的标记语言，广泛用于数据的存储和交换。XML 数据库专门设计用于处理 XML 数据，提供了对 XML 结构和内容的优化存储和查询功能。

（9）内存数据库

内存数据库是一种将数据存储在内存中的数据库管理系统。与传统的磁盘数据库相比，内存数据库通过将数据保存在 RAM 中，而不是在磁盘上，来减少数据访问的时间，从而提供更快的读写速度。这种存储方式显著降低了数据检索和处理的延迟，特别适合需要高速数据处理的场景。

（10）多模型数据库

多模型数据库是一种数据库管理系统，它能够支持多种数据模型，如关系型、文档型、图形、键值对等。这种数据库的设计理念是提供一个统一的平台，可以处理不同类型的数据和查询需求，从而简化应用开发和管理。

每种数据库类型都有其特定的用例和优势，选择合适的数据库类型需要根据应用的具体需求和数据特性来决定。DBengines 网站是一个专注于数据库管理系统的网站，提供了有关各种数据库的排名、趋势和比较分析。在 DBengines 网站可以看到 370 种数据库引擎的排名情况，包括每个月份和年度的热度上升和下降情况，2024 年 3 月份排名前 10 的数据库如表 1-1 所示。

表1-1　DBengines 网站排名前10的数据库

排名			数据库	数据库类型	得分		
2024年3月	2024年2月	2023年3月			2024年3月	2024年2月	2023年3月
1	1	1	Oracle	关系型、多模式	1221.06	20.39	40.23
2	2	2	MySQL	关系型、多模式	1101.5	5.17	81.29
3	3	3	SQL Server	关系型、多模式	845.81	7.76	76.2
4	4	4	PostgreSQL	关系型、多模式	634.91	5.5	21.08

排名			数据库	数据库类型	得分		
2024年3月	2024年2月	2023年3月			2024年3月	2024年2月	2023年3月
5	5	5	MongoDB	文档型、多模式	424.53	4.18	34.25
6	6	6	Redis	键值型、多模式	157	3.71	15.45
7	7	8	Elasticsearch	搜索引擎型、多模式	134.79	0.95	4.28
8	8	7	IBM Db2	关系型、多模式	127.75	4.47	15.17
9	9	11	Snowflake	关系型	125.38	2.07	10.98
10	10	9	SQLite	关系型	118.16	0.88	15.66

1.1.3　结构化查询语言

结构化查询语言（structured query language）简称SQL，是一种数据库查询和程序设计语言，用于存取数据以及查询、更新和管理关系数据库系统；同时也是数据库脚本文件的扩展名。结构化查询语言是高级的非过程化编程语言，允许用户在高层数据结构上工作。它不要求用户指定数据的存放方法，也不需要用户了解具体的数据存放方式，所以具有完全不同底层结构的不同数据库系统，可以使用相同的结构化查询语言作为数据输入与管理的接口。结构化查询语言语句可以嵌套，这使它具有极大的灵活性和强大的功能。

图1-1　结构化查询语言

结构化查询语言包含6个部分，如图1-1所示。

（1）**数据查询语言**（data query language，DQL）

其语句也称为数据检索语句，用以从表中获得数据，确定数据怎样在应用程序中给出。保留字SELECT是DQL（也是所有SQL）用得最多的动词，其他DQL常用的保留字有WHERE、ORDER BY、GROUP BY和HAVING。这些DQL保留字常与其他类型的SQL语句一起使用。

（2）**数据操作语言**（data manipulation language，DML）

其语句包括动词INSERT、UPDATE和DELETE。它们分别用于添加、修改和删除表中的行。该语言也称为动作查询语言。

（3）事务处理语言（TPL）

它的语句能确保被DML语句影响的表的所有行及时得以更新。TPL语句包括BEGIN TRANSACTION、COMMIT和ROLLBACK。

（4）数据控制语言（DCL）

它的语句通过GRANT或REVOKE获得许可，确定单个用户和用户组对数据库对象的访问。某些RDBMS可用GRANT或REVOKE控制对表单个列的访问。

（5）数据定义语言（DDL）

其语句包括动词CREATE和DROP。在数据库中创建新表或删除表（CREATE TABLE 或 DROP TABLE）；为表加入索引等。

（6）指针控制语言（CCL）

例如声明游标DECLARE CURSOR，从游标中获取记录FETCH INTO和UPDATE WHERE CURRENT，用于对一个或多个表单独行的操作。

1.2 三大关系型数据库

1.2.1 MySQL 数据库

MySQL是一种流行的开源关系型数据库管理系统，使用结构化查询语言进行数据库管理。它是基于客户端服务器模型的，由瑞典的MySQL AB公司开发，现在属于甲骨文公司（Oracle Corporation）。MySQL广泛应用于网站建设、联机事务处理、数据仓库等多种场景。

MySQL数据库允许用户存储、修改、提取、搜索和管理数据。数据以表格形式组织，表格由行（数据记录）和列（数据字段）组成。MySQL支持多种数据类型，包括数值、日期、字符串和二进制等。

MySQL数据库的特点：

- 开源免费：MySQL遵循GPL许可，这意味着可以免费使用并修改源代码。
- 跨平台：MySQL支持多种操作系统，包括Linux、Windows、MacOS等。
- 高性能：MySQL提供了多种缓存、索引和优化技术，可以处理大量数据，确保高效的数据处理和检索。
- 高可靠性：支持事务处理、故障恢复、数据备份等功能，确保数据的安全和完整。

- 易于使用：提供了丰富的文档、工具和API，帮助用户轻松管理数据库。
- 高级功能：支持存储过程、触发器、视图等高级数据库功能，满足复杂应用的需求。

MySQL数据库的学习重点：

- 数据库设计：理解数据建模的基本概念，学习如何设计高效、可扩展的数据库架构。
- SQL技能：掌握基本的SQL语句，包括数据的增、删、改、查操作，以及更复杂的查询、联结、子查询等。
- 数据库管理：学习如何进行数据库的日常管理任务，包括用户管理、权限设置，以及数据备份和恢复等。
- 性能优化：了解如何通过索引优化、查询优化、数据库配置调整等手段提高数据库性能。
- 高级特性：熟悉存储过程、触发器、视图等MySQL的高级功能，以支持复杂的业务逻辑。
- 故障处理和安全性：学习如何诊断和解决常见的数据库问题，以及如何保护数据库免受攻击。

MySQL的学习和应用是一个持续的过程，需要不断实践和深入研究。随着技术的发展，MySQL也在不断进化，掌握其最新的特性和最佳实践对于数据库专家来说至关重要。

1.2.2　SQL Server 数据库

SQL Server是由微软开发的一个关系型数据库管理系统。它是一个强大的数据库平台，用于企业级数据管理和分析。SQL Server提供了丰富的功能，包括数据存储、数据处理、分析、报告和高级数据安全特性。学习SQL Server的重点包括理解其架构，掌握TransactSQL（TSQL）、数据库设计、数据操作和管理、性能优化以及安全性。

以下是学习SQL Server的一些重点内容。

（1）SQL Server 架构

- SQL Server实例：理解SQL Server实例和数据库之间的关系。
- 数据库引擎：SQL Server的核心服务，用于存储、处理和安全管理数据。
- SQL Server Management Studio (SSMS)：用于数据库管理的图形界面工具。
- SQL Server Agent：用于计划和执行自动作业的服务。

（2）TransactSQL (TSQL)

- TSQL基础：SELECT、INSERT、UPDATE、DELETE等基本SQL命令。

- TSQL高级功能：存储过程、函数、触发器、事务和游标。
- TSQL编程：批处理、变量、控制流语句和错误处理。

（3）数据库设计

- 数据建模：使用实体关系（ER）模型进行数据库设计。
- 正规化：减少数据冗余和依赖，提高数据一致性的过程。
- 索引设计：理解索引的类型（聚集索引、非聚集索引）和设计原则。

（4）数据操作和管理

- 数据库创建和管理：创建数据库、表、视图和索引。
- 数据导入/导出：使用工具如SQL Server Integration Services (SSIS)进行数据迁移。
- 备份和恢复：定期备份数据库，以防止数据丢失或损坏，并能够从备份中恢复数据。

（5）性能优化

- 查询优化：分析查询计划、使用索引和统计信息优化查询性能。
- 数据库性能监控：使用性能监视器（如SQL Server Profiler）来诊断性能问题。
- 缓存优化：理解和配置SQL Server的内存优化选项。

（6）安全性

- 身份验证和授权：管理登录名、用户和角色，分配权限。
- 数据加密：使用透明数据加密（TDE）和列级加密保护敏感数据。
- SQL Server安全性最佳实践：实现防火墙规则、网络安全和SQL注入防护。

学习SQL Server不仅仅是学习TSQL语言，还包括理解SQL Server的体系结构、设计和优化数据库以获得最佳性能、使用SQL Server的工具和服务，以及保护数据库的安全性。通过实际操作和项目实践，可以加深对SQL Server的理解并提高管理技能。

1.2.3　Oracle 数据库

Oracle数据库是一个由甲骨文公司开发的关系型数据库管理系统，它是业界最流行和广泛使用的数据库之一。Oracle数据库以其高性能、高可用性和强大的企业级特性而闻名。学习Oracle数据库的重点包括理解其架构，掌握SQL语言、数据库设计、数据操作和管理、性能优化以及安全性。

Oracle数据库主要有标准版、企业版、Express版、个人版这4个版本。

（1）Oracle Database Standard Edition（标准版）

它是Oracle的基本版本，提供了基本的关系型数据库管理功能。该版本适合小型企业和中小规模应用，具有良好的性能和可靠性。标准版适用于单个服务器环境，最大支持4个CPU和16GB内存。

（2）Oracle Database Enterprise Edition（企业版）

它是Oracle的高级版本，提供了强大的功能和可扩展性。它适用于大型企业和复杂的应用场景，可以支持大规模数据存储和处理。企业版支持分布式数据库和集群部署，可以处理高并发的请求，并提供高度可靠和可用性的解决方案。

（3）Oracle Database Express Edition（Express版）

它是免费的版本，适用于开发和教育环境。该版本拥有较小的数据库容量限制（最大支持11GB）和较低的资源限制（最大支持1GB内存和1CPU），但提供了与企业版相似的核心功能。Express版适用于小型项目和个人开发者，能满足基本的数据库需求。

（4）Oracle Database Personal Edition（个人版）

它是一种适用于个人使用的版本。个人版提供与企业版相似的功能，可以在单个服务器上支持多用户访问，并提供高可用性和数据安全性。个人版适用于需要个人使用的开发者或学生，可以满足小规模应用的需求。

Oracle数据库是一个功能强大的数据库平台，适用于各种规模的企业和组织。学习和掌握Oracle数据库，可以提高数据管理和业务处理的能力。

1.3　如何学习数据库

1.3.1　理解基本原理

数据库是用于存储、管理和检索数据的系统，它们在许多不同的应用程序和行业中都发挥着关键作用。下面将详细阐述如何理解数据库的基本原理，包括数据模型、数据库结构、数据库操作、数据库管理、数据库设计等方面。

（1）数据模型

数据模型是用于描述数据、数据联系、数据语义以及一致性约束的概念工具的集合。它提供了对数据和信息进行建模和表示的方法。主要有三种类型的数据模型：概念模型、逻辑模型和物理模型。

- 概念模型：概念模型是用于在设计数据库之前，从概念上描述现实世界中的实体及其相互关系。最常用的概念模型是实体关系模型（ER模型），它通过实体、属性和联系等概念来表示现实世界的信息结构。
- 逻辑模型：逻辑模型是用于描述数据、数据联系、数据语义以及一致性约束的模型。最常用的逻辑模型是关系模型，它使用表格结构来表示数据，每个表格称为一个关系。关系模型通过实体完整性、参照完整性等约束来保证数据的完整性和一致性。
- 物理模型：物理模型描述数据在存储介质上的实际存储方式。它包括数据的存储结构、存取路径、索引设计等。物理模型的设计目标是提高数据的存储和查询效率。

（2）数据库结构

数据库结构是数据库系统的核心组成部分，它决定了数据是如何存储和组织的。理解数据库结构对于设计和使用数据库至关重要。

- 表：数据库中的数据存储在表中，表由行（记录）和列（字段）组成。每个表都有一个唯一的表名，每个字段都有一个字段名和字段类型。表的设计应该满足规范化要求，以避免数据冗余和更新异常。
- 索引：索引是用于快速查找数据的特殊数据结构。数据库系统使用索引来提高查询效率。索引的创建和管理是数据库性能优化的关键方面。
- 视图：视图是虚拟表，由一个或多个表的查询结果构成。视图可以简化复杂的查询，提供数据的安全性，隔离表结构的变化。视图不存储数据，它的数据来自基表。
- 存储过程：存储过程是一组预编译的SQL语句，存储在数据库中，可以重复使用。存储过程可以接收输入参数，返回输出参数，进行复杂的业务逻辑处理。使用存储过程可以提高数据处理的效率，减少网络通信开销。

（3）数据库操作

数据库操作包括数据的增、删、改、查等操作。这些操作可以通过数据操作语言来实现。

- INSERT：INSERT语句用于向数据库表中插入新的数据行。指定表名和插入的数据值，可以添加新的记录到表中。
- UPDATE：UPDATE语句用于修改数据库表中已经存在的数据。指定表名、更新字段和更新条件，可以修改满足条件的记录。
- DELETE：DELETE语句用于删除数据库表中的数据行。指定表名和删除条件，可以删除满足条件的记录。
- SELECT：SELECT语句用于从数据库表中查询数据。指定查询的字段、表名和查询条件，可以检索满足条件的记录。SELECT 语句还可以进行排序、分组和聚合操作。

（4）数据库管理

数据库管理是确保数据库系统正常运行和有效管理的重要组成部分。理解数据库管理对于维护数据的可靠性和一致性至关重要。

- 备份与恢复：备份与恢复是数据库管理的重要方面。定期备份数据库可以防止数据丢失或损坏。当数据库发生故障时，可以使用备份来恢复数据。
- 安全性：数据库中的数据通常包含敏感信息，因此需要采取适当的安全措施来保护数据。管理用户权限、加密敏感数据、监控数据库活动等是确保数据库安全的关键措施。
- 性能优化：数据库性能优化是提高数据库系统响应速度和吞吐量的重要方面。调整数据库结构、创建索引、优化查询等方式，可以提高数据库的性能。

（5）数据库设计

数据库设计是构建数据库系统的关键步骤。良好的数据库设计可以确保数据的完整性、一致性、可靠性和高效访问。

- 规范化：规范化是设计数据库表的过程，旨在消除数据冗余和更新异常。规范化包括第一范式、第二范式、第三范式等，每个范式都有一定的规则和要求，用于指导表的设计。
- ER 图：ER 图是实体关系图，用于可视化地表示实体及其相互关系。ER 图可以帮助理解实体之间的关系，指导数据库的设计。
- 数据字典：数据字典是记录数据库中所有数据元素的定义和属性的文档。数据字典包括表名、字段名、字段类型、约束等信息，用于管理和维护数据库结构。

了解这些基本原理对于使用和维护数据库至关重要。通过学习这些原理，可以更好地理解数据库的工作原理，并能够有效地管理数据库。

1.3.2 熟练掌握 SQL 语句

熟练掌握 SQL 查询语句是数据库管理的基础。SQL 是用于与数据库进行交互的标准化语言。SQL 查询语句用于检索、操作和分析数据库中的数据。以下是一些基本的 SQL 查询语句。

（1）SELECT 语句

功能：用于检索数据。

基本语法：

```
SELECT column1, column2, ... FROM table_name WHERE condition;
```

（2）INSERT 语句

功能：用于向数据库表中插入新数据。
基本语法：

```
INSERT INTO table_name (column1, column2, ...) VALUES (value1, value2,
...);
```

（3）UPDATE 语句

功能：用于修改表中已存在的数据。
基本语法：

```
UPDATE table_name SET column1 = value1, column2 = value2, ... WHERE
condition;
```

（4）DELETE 语句

功能：用于删除表中的数据。
基本语法：

```
DELETE FROM table_name WHERE condition;
```

（5）JOIN 语句

功能：用于将两个或多个表的数据结合起来。
基本语法：

```
SELECT column1, column2, ... FROM table1 INNER JOIN table2 ON table1.
column = table2.column;
```

（6）GROUP BY 语句

功能：用于对查询结果进行分组，通常与聚合函数一起使用。
基本语法：

```
SELECT column1, column2, ..., COUNT(column3) FROM table_name GROUP BY
column1, column2, ...;
```

（7）ORDER BY 语句

功能：用于对查询结果进行排序。
基本语法：

```
SELECT column1, column2, ... FROM table_name ORDER BY column1 ASC,
column2 DESC;
```

（8）LIKE 和通配符

功能：用于在WHERE子句中进行模糊查询。

基本语法：

```
SELECT column1, column2, ... FROM table_name WHERE column1 LIKE
'%value%';
```

（9）子查询

功能：用于在SELECT语句中嵌套另一个SELECT语句。

基本语法：

```
SELECT column1, column2, ... FROM table_name WHERE column1 IN (SELECT
column1 FROM table2);
```

（10）聚合函数

功能：用于计算数据组的统计值。

基本语法：

```
SELECT COUNT(column1), SUM(column2), AVG(column3), MAX(column4),
MIN(column5) FROM table_name;
```

熟练掌握这些SQL查询语句是进行数据库操作的基础。通过不断实践和学习，可以提高编写SQL查询语句的能力，从而更有效地管理和分析数据库中的数据。

1.4 利用 ChatGPT 学习数据库

ChatGPT是一个基于大语言模型的人工智能助手，可以回答有关数据库的各种问题。我们可以利用ChatGPT学习数据库。

- 学习数据库的基本概念和术语，例如关系型数据库、非关系型数据库、数据模型、表、行、列等。
- 了解不同类型的数据库，例如MySQL、Oracle、SQL Server、PostgreSQL等，以及它们的特点和适用场景。
- 学习 SQL 语句，包括 SELECT、INSERT、UPDATE、DELETE 等基本操作，以及如何使用 JOIN、GROUP BY、ORDER BY 等高级查询功能。
- 了解数据库设计原则，例如规范化理论、实体关系模型、关系代数和关系演算等。
- 学习数据库的安全性和权限管理，包括用户和角色的创建、权限的分配和回收，以及如何防止 SQL 注入等安全威胁。

- 掌握数据库的性能优化和调优技巧，例如索引设计、查询优化、数据库配置等。
- 了解数据库在不同应用场景中的应用，例如在线购物网站、社交媒体平台等。

通过与ChatGPT互动，可以逐步学习数据库的基础知识和技能等。当然，实际操作和项目实践也是提高数据库技能的重要途径。

案例1-1：数据库表设计

数据库表设计是数据库系统中非常重要的一环，它直接影响到数据的存储和查询性能。因此，合理的数据库表设计对于数据库系统的运行和性能有着重要的影响。合理的数据库表设计能够提高查询效率，减少冗余数据和冗余操作。

输入的提示语如下：

你是精通数据库的专家，具备如下能力和知识：

（1）数据库设计：熟悉数据库设计的流程和步骤，包括数据库设计方案、数据库架构、数据库存储、表设计等。

（2）基本SQL技能：熟悉MySQL、Oracle、SQL Server等关系数据库，熟悉复杂查询、存储过程等的编写。

（3）数据库管理：管理数据库中的数据，包括数据的增删改查等操作，以及数据的备份、恢复、分区、安全性等。

（4）数据库开发：熟悉数据库开发的流程和技术，如数据库设计、数据库编程、数据库测试等。

（5）数据库性能优化：使用优化技术优化数据库的性能，如索引优化、事务处理、缓存，以及数据备份和恢复等。

（6）数据备份：定期备份数据库，确保数据的可用性，并在需要时进行数据恢复。

（7）系统维护：管理数据库系统的日常运维，包括系统备份、系统监控、故障排除等。

（8）数据库性能调优：进行数据库性能优化，如查询优化、索引优化、缓存优化等。

现有客户信息、供货商信息、订单信息数据，请设计数据库表及其之间的关系，并输出详细代码。

ChatGPT的输出如下：

根据需求，我们将设计一个简单的数据库模型，包括客户信息、供货商信息和订单信息。这个设计将使用MySQL数据库。

数据库设计如下：

1.客户信息表（Customers）

客户ID（CustomerID）：主键，自增

客户姓名（Name）

联系方式（Contact）

邮箱（Email）

地址（Address）

2.供货商信息表（Suppliers）

供货商ID（SupplierID）：主键，自增

供货商名称（Name）

联系方式（Contact）

邮箱（Email）

地址（Address）

3.订单信息表（Orders）

订单ID（OrderID）：主键，自增

客户ID（CustomerID）：外键，关联客户信息表

供货商ID（SupplierID）：外键，关联供货商信息表

订单日期（OrderDate）

金额（Amount）

SQL代码如下：

```
CREATE TABLE Customers (
        CustomerID INT AUTO_INCREMENT PRIMARY KEY,
        Name VARCHAR(255) NOT NULL,
        Contact VARCHAR(255),
        Email VARCHAR(255),
        Address TEXT
);

CREATE TABLE Suppliers (
        SupplierID INT AUTO_INCREMENT PRIMARY KEY,
        Name VARCHAR(255) NOT NULL,
        Contact VARCHAR(255),
        Email VARCHAR(255),
        Address TEXT
);

CREATE TABLE Orders (
        OrderID INT AUTO_INCREMENT PRIMARY KEY,
        CustomerID INT,
        SupplierID INT,
        OrderDate DATE,
        Amount DECIMAL(10, 2),
        FOREIGN KEY (CustomerID) REFERENCES Customers(CustomerID),
        FOREIGN KEY (SupplierID) REFERENCES Suppliers(SupplierID)
);
```

数据表关系说明：

客户信息表和订单信息表之间的关系是一对多的关系，即一个客户可以有多个订单。

供货商信息表和订单信息表之间的关系也是一对多的关系，即一个供货商可以供应多个订单。

这个设计是基于简化的业务逻辑。根据实际业务需求，可能还需要添加更多的字段和表，例如订单详情表（OrderDetails）来存储订单中的每个商品的信息，或者支付信息表（Payments）来记录支付详情等。此外，性能优化、安全性和备份策略也是设计数据库时需要考虑的重要方面。

案例1-2：生成SQL语句

生成SQL语句指的是根据特定的需求或条件，通过编程或工具自动创建出符合

SQL语法的查询或操作数据库的语句。这些SQL语句可以用于创建表，插入、更新、删除数据，或者查询数据等操作。

通过与ChatGPT交互，ChatGPT可以轻松地生成各种SQL语句，以满足数据库操作需求。不过需要注意，生成的SQL语句需要符合所在数据库的语法规则，并且可能需要根据实际情况进行调整。

输入的提示语如下：

数据默认存储在MySQL中，以订单表（orders）和供应商信息表（suppliers）为例，详细介绍如何输出最近一个月的退单商品是由哪些供货商提供的。

ChatGPT的输出如下：

在MySQL中，你可以使用以下的SQL查询来输出最近一个月的退单商品是由哪些供货商提供的。这个查询首先找出最近一个月的退单，然后通过订单表和供应商信息表的关联，找出这些退单商品的供货商。

```sql
SELECT s.supplier_name, o.product_name
FROM orders o
JOIN suppliers s ON o.SupplierID = s.SupplierID
WHERE o.OrderDate >= DATE_SUB(CURDATE(), INTERVAL 1 MONTH)
AND o.order_status = '退单';
```

这个查询的步骤如下：

1. 从orders表中选择product_name和SupplierID，并将其与suppliers表中的SupplierID关联，以获取supplier_name。

2. 使用DATE_SUB(CURDATE(), INTERVAL 1 MONTH)来获取当前日期的一个月前的日期，然后使用o.OrderDate >=来筛选最近一个月的订单。

3. 使用o.order_status = '退单'来筛选出退单的订单。

请注意，这个查询假设orders表中的OrderDate字段是订单的日期，order_status字段是订单的状态，suppliers表中的SupplierID字段是供货商的ID，supplier_name字段是供货商的名称。如果你的表结构不同，你可能需要调整这个查询。

案例1-3：数据库安全性问题

可以通过与ChatGPT交互，解答数据库安全性方面的问题。数据库安全性是指数据库系统在面对各种威胁和攻击时，能够保护数据库中的数据不受损失、泄露或被未经授权的人员访问的能力。

输入的提示语如下：

在MySQL数据库开发中，安全性是一个重要的问题，如何解决此类问题。

ChatGPT的输出如下：

在数据库开发中，确保数据的安全性是至关重要的。以下是一些常见的解决方法：

（1）访问控制：通过实施严格的访问控制策略，限制对数据库的访问权限。只有经过授权的用户才能访问数据库，并且只能执行其具有权限的操作。

（2）数据加密：通过对敏感数据进行加密，即使数据被盗取，也无法直接读取其内容。可以使用对称加密或非对称加密算法来实现数据加密。

（3）定期备份：定期备份数据库是防止数据丢失的重要措施。备份应该在安全的位置存储，并且需要测试备份的恢复过程，以确保数据的完整性和可用性。

（4）强密码策略：强制要求用户使用复杂的密码，并定期更改密码。密码应包含字母、数字和特殊字符，并且长度应足够长。

（5）防火墙：使用防火墙保护数据库服务器，限制对数据库的网络访问。只允许来自可信来源的连接，并且只开放必要的端口。

（6）安全审计：记录和监控数据库的访问和操作，以便及时发现异常行为。安全审计可以帮助追踪和识别潜在的安全威胁。

（7）更新和修补：定期更新数据库软件和操作系统，以获取最新的安全补丁和修复程序。及时修补已知的漏洞可以防止黑客利用这些漏洞入侵数据库。

（8）数据库审计：对数据库进行审计，检查是否存在安全漏洞或配置错误。通过审计可以发现潜在的安全问题，并及时采取措施加以修复。

综上所述，通过实施访问控制、数据加密、定期备份、强密码策略、防火墙、安全审计、更新和修补以及数据库审计等措施，可以有效提高数据库的安全性。

2

搭建数据库环境

▼

为了搭建数据库环境，首先需要安装数据库并进行相关环境的配置。在安装好数据库后，我们还需要选择合适的数据库管理工具来管理和维护数据库。通过这些步骤，我们可以建立一个稳定、高效的数据库环境，以支持业务需求。本章介绍如何搭建MySQL数据库。

为方便读者学习，提高效率，本章内容以电子版的形式提供，扫描二维码即可获取电子文档，有选择性地学习。

3

数据库基础知识

▼

数据库基础知识涵盖了创建数据库、数据库存储引擎的选择、数据库编码的设置，以及数据类型和运算符的应用等。在设计数据库时，选择合适的存储引擎对数据的处理效率至关重要。此外，正确的数据库编码和数据类型的选择能够确保数据的准确性和完整性。本章介绍数据库的一些重要基础知识。

3.1 创建及删除数据库

3.1.1 SQL 创建及删除数据库

在MySQL中创建数据库及其相关表是数据库设计和开发的基础步骤。以下是创建和删除数据库的步骤以及一些注意事项。

（1）创建数据库

创建一个数据库trove，用来存储订单表（orders）、客户信息表（customers）和供应商信息表（suppliers），输入语句如下：

```
CREATE DATABASE trove;
```

（2）删除数据库

在MySQL中，删除数据库是一个重要且危险的操作，因为它会永久移除数据库及其所有内容。在执行此操作之前，务必确保已经备份了所有重要数据，并确认不再需要这些数据。以下是删除数据库的基本步骤、语法、案例以及注意事项。

删除数据库的基本语法如下：

```
DROP DATABASE IF EXISTS database_name;
```

其中，database_name是想要删除的数据库的名称；IF EXISTS是一个可选项，用于避免在数据库不存在时引发错误。

删除数据库的注意事项如下：

- 数据备份：在删除数据库之前，务必备份任何重要数据。
- 权限检查：确保有足够的权限来删除数据库。通常需要数据库管理员级别的权限。
- 影响评估：评估删除数据库对应用程序和用户的影响，确保没有任何服务依赖于即将删除的数据库。
- 使用"IF EXISTS"：使用"IF EXISTS"可以避免在数据库不存在时，尝试删除数据库导致的错误。
- 事务性考虑：注意"DROP DATABASE"操作不是事务性的，这意味着一旦执行，就无法撤销。

案例3-1：

假设有个数据库trove，存储了订单表、客户信息表和供应商信息表，现在需要删除这个数据库。

```
#删除`trove`数据库
DROP DATABASE IF EXISTS trove;
```

解释：在上述案例中，使用了"DROP DATABASE IF EXISTS"语句来删除指定的数据库。使用"IF EXISTS"选项可以避免在数据库不存在时出现错误，这是一个直接且有效的方法来移除不再需要的数据库及其所有数据。

在执行这些操作之前，应该进行彻底的数据备份，以防需要恢复数据。此外，确保在删除数据库之前，没有任何应用程序或服务正在访问这些数据库，以避免潜在的服务中断或数据丢失。总之，删除数据库是一个需要谨慎操作的过程，应该在充分准备和考虑所有潜在影响后进行。

3.1.2 Navicat 创建数据库及导入数据

⭕ （1）创建数据库

Navicat成功连接MySQL后，需要新建数据库，在连接名上点击鼠标右键，选择"新建数据库"选项，如图3-1所示。

在"新建数据库"页面（如图3-2所示），填写数据库名，数据库名通常与源码空间站提供的SQL文件名相同；字符集一般选择utf8mb4，排序规则选择utf8mb4_0900_ai_ci。MySQL在5.5.3版本之后增加了utf8mb4的编码，mb4是most bytes 4的意思，专门用来兼容4字节的unicode，utf8mb4是utf8的超集。除了将编码改为utf8mb4外，不需要做其他转换。

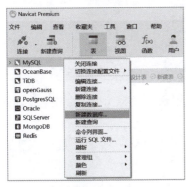

图 3-1　新建数据库

图 3-2　填写相关信息

⭕ （2）MySQL 数据库导入数据

数据库创建成功后，需要导入SQL文件，在数据库名上点击鼠标右键，选择【运行SQL文件】，如图3-3所示。找到SQL文件所在的本地路径，选中后，点击【开始】，执行SQL文件，如图3-4所示。

执行完成后，会有执行是否成功的提示。成功显示"Finished successfully"，如图3-5所示；如果不成功，会显示错误信息，这可能是因为版本问题导致的语法不兼容等。

图 3-3　选择【运行 SQL 文件】

图 3-4　点击【开始】运行

执行成功后，会看到数据表还是空的。明明已经执行成功了，为什么没有表呢？这是因为执行完成后要【刷新】数据，如图3-6所示。在【表】上点击鼠标右键，选择【刷新】，刷新完成后，即可显示出上述导入的数据表。

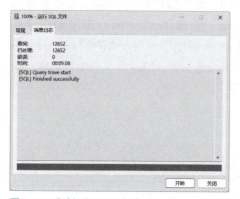

图 3-5　成功运行 SQL 文件

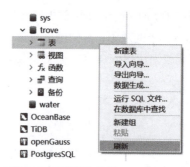

图 3-6　【刷新】数据

3.2　数据库存储引擎

3.2.1　什么是存储引擎

存储引擎实际上是存储数据、为存储的数据建立索引和更新、查询数据等技术的实现方法。因为在关系型数据库中数据是以表的形式存储的，所以存储引擎也可以称为表类型，即存储和操作此表的类型。

Oracle中不存在存储引擎的概念，数据处理大致可以分成两大类：联机事务处理

（OLTP）、联机分析处理（OLAP）。OLTP是传统的关系型数据库的主要应用，主要是基本的、日常的事务处理，例如银行交易。OLAP是数据仓库系统的主要应用，支持复杂的分析操作，侧重决策支持，并且提供直观易懂的查询结果。

SQL Server存储引擎包括涉及访问和管理数据的所有组件，主要包括3部分：访问方法、锁定和事务服务，以及实用工具命令。另外，还包含用于控制实用工具的组件，如大容量加载、DBCC命令、全文索引填充与管理，以及备份和还原操作。日志管理器确保日志记录的写入方式能保证事务的持久性和可恢复性。

MySQL数据库提供了多种存储引擎。用户可以根据不同的需求为数据表选择不同的存储引擎，也可以根据自己的需要编写自己的存储引擎。

3.2.2　MySQL 存储引擎

下面介绍MySQL数据库中的存储引擎，查询SQL语句如下：

```
show engines;
```

输出如下：

| 消息 | 摘要 | 结果1 | 剖析 | 状态 |

Engine	Support	Comment	Transactions	XA	Savepoints
MEMORY	YES	Hash based, stored in me	NO	NO	NO
MRG_MYISAM	YES	Collection of identical My	NO	NO	NO
CSV	YES	CSV storage engine	NO	NO	NO
FEDERATED	NO	Federated MySQL storag	(Null)	(Null)	(Null)
PERFORMANCE_S	YES	Performance Schema	NO	NO	NO
MyISAM	YES	MyISAM storage engine	NO	NO	NO
InnoDB	DEFAULT	Supports transactions, ro	YES	YES	YES
BLACKHOLE	YES	/dev/null storage engine	NO	NO	NO
ARCHIVE	YES	Archive storage engine	NO	NO	NO

可以看出在MySQL 8.0数据库中，存储引擎共有9种类型，分别是MEMORY、MRG_MYISAM、CSV、FEDERATED、PERFORMANCE_SCHEMA、MyISAM、InnoDB、BLACKHOLE、ARCHIVE，默认引擎是InnoDB。

在MySQL数据库中，不需要在整个服务器中使用同一种存储引擎，针对具体的要求，可以对每一个表使用不同的存储引擎。Support列的值表示某种引擎是否能使用。YES表示可以使用，NO表示不能使用，DEFAULT表示该引擎为当前默认的存储引擎。

MySQL有多种存储引擎，每种都有其特点和适用场景，以下是一些主要存储引擎及其特性描述。

（1）MyISAM 存储引擎

MyISAM是MySQL数据库中的一种存储引擎，虽然在新版本的MySQL中默认使用的是InnoDB存储引擎，但MyISAM依然在一些特定场景下有其独特的应用价值。以下是MyISAM存储引擎的一些主要特性：

① 表级锁定（tablelevel locking）：MyISAM在执行查询（SELECT）或更新（INSERT、UPDATE、DELETE）操作时，会对整个表进行锁定。这意味着在对某个表进行写操作时，其他的读或写操作必须等待，这可能会成为高并发环境下的性能瓶颈。

② 不支持事务：MyISAM不支持事务处理，这意味着它不能保证操作的原子性、一致性、隔离性和持久性（ACID属性）。因此，MyISAM不适合需要事务支持的应用场景。

③ 全文索引（full-text indexing）：MyISAM支持全文索引，这使得它在执行全文搜索操作时非常高效。这是MyISAM相对于其他存储引擎的一个显著优势，尤其适用于需要执行大量文本搜索的应用。

④ 压缩表（compressed tables）：MyISAM允许表数据被压缩以节省磁盘空间。压缩表只能读取，不能写入，适用于静态数据的存储。

⑤ 空间和内存使用：MyISAM表通常占用较少的磁盘空间。但是，MyISAM不支持高级的缓存和内存管理特性。

⑥ 延迟写入（delayed inserts）：MyISAM支持延迟写入操作，这可以提高插入数据的速度，尤其是在批量插入数据时。

⑦ 数据和索引文件分离：MyISAM存储引擎的数据文件（.MYD）和索引文件（.MYI）是分开的，这有助于在某些恢复操作中只处理索引或数据文件。

⑧ 简单的备份和恢复：由于数据和索引文件的分离，MyISAM表的备份和恢复相对简单，可以通过直接复制数据文件和索引文件来完成。

总之，MyISAM存储引擎以其简单高效的全文索引功能、较低的系统资源消耗以及易于管理的特性，在一些特定的应用场景下仍然具有一定的优势；它不支持事务处理和支持表级锁定可能会限制其在高并发环境下的应用。

（2）InnoDB 存储引擎

InnoDB是事务数据库的首选引擎，支持事务安全表、行级锁定和外键约束。InnoDB是默认的MySQL引擎。

InnoDB具有以下主要特性：

① 事务支持：InnoDB存储引擎是一个事务安全的存储引擎，它遵循ACID（原子性、一致性、隔离性和持久性）属性，这意味着它支持事务的完整性和一致性。

② 行级锁定：InnoDB存储引擎支持行级锁定，这意味着它可以在并发环境中提供更好的性能，因为它只锁定需要的行，而不是整个表。

③ 外键约束：InnoDB存储引擎支持外键约束，这是一种数据完整性的保证，它可以确保关联表之间的数据一致性。

④ 热备份：InnoDB存储引擎支持热备份，这意味着可以在数据库运行的同时进行备份，而不需要停止数据库。

⑤ 自动崩溃恢复：InnoDB存储引擎支持自动崩溃恢复，这意味着如果在数据库崩溃时，InnoDB可以自动恢复到崩溃前的状态。

⑥ 自动增长：InnoDB存储引擎支持自动增长，这意味着可以定义一个列为自动增长列，每次插入新行时，这个列的值会自动增加。

⑦ 支持全文索引：InnoDB存储引擎支持全文索引，这意味着可以在文本字段上创建全文索引，以便进行全文搜索。

⑧ 支持空间数据类型：InnoDB存储引擎支持空间数据类型，这意味着可以在数据库中存储和查询空间数据，如点、线、多边形等。

⑨ 支持外部存储引擎：InnoDB存储引擎支持外部存储引擎，这意味着可以在InnoDB表中存储其他存储引擎的数据，如MyISAM、MEMORY等。

总之，InnoDB存储引擎是一个功能强大、性能优越的存储引擎，它在处理大量数据和高并发访问时表现出色。

（3）ARCHIVE 存储引擎

ARCHIVE存储引擎是MySQL数据库中的一种特殊存储引擎，主要用于存储大量归档数据，如日志信息。它的主要特性包括：

① 压缩存储：ARCHIVE存储引擎在存储数据时会自动进行压缩，这样可以大幅度减少磁盘空间的使用。数据在读取时会自动解压。

② 插入操作优化：ARCHIVE存储引擎主要针对插入操作进行了优化，适合写入操作远多于读取操作的应用场景，如日志记录。

③ 不支持事务处理：ARCHIVE存储引擎不支持事务处理。这意味着一旦数据被插入，就不能被更新或删除。

④ 不支持索引：ARCHIVE表不支持索引，因此查询操作可能会比较慢，尤其是在数据量非常大的情况下。

⑤ 行级锁定：尽管ARCHIVE存储引擎主要用于插入操作，但它支持行级锁定，这有助于提高并发插入的性能。

⑥ 支持BLOB和TEXT类型：与其他一些存储引擎不同，ARCHIVE支持BLOB和TEXT类型的字段，这使得它可以用于存储大型的文本数据。

⑦ 查询操作：虽然ARCHIVE存储引擎不支持索引，但它仍然支持基本的SELECT查询操作。对于复杂的查询，其性能可能不佳。

⑧ 适用场景：ARCHIVE存储引擎非常适合存储日志文件、审计信息等，只需要插入操作，而几乎不需要更新和删除操作的数据。

总之，ARCHIVE存储引擎提供了一种高效的方式来存储大量的只读数据，特别是当数据压缩和插入性能是主要考虑因素时。然而，它的一些限制，如不支持事务和索引，意味着它不适合所有类型的应用场景。

3.2.3 存储引擎的比较

　　MySQL支持多种存储引擎，每种存储引擎都有其特定的优势。以下是MEMORY、MRG_MYISAM、CSV、FEDERATED、PERFORMANCE_SCHEMA、MyISAM、InnoDB、BLACKHOLE、ARCHIVE等存储引擎的简要比较。

（1）InnoDB

特点：支持事务处理、外键约束和行级锁定，提供了崩溃恢复能力。

适用场景：需要事务支持的应用，如金融、电子商务网站。

（2）MyISAM

特点：不支持事务处理和外键约束，支持表级锁定，读取速度快。

适用场景：主要用于只读数据或插入操作远多于更新和删除操作的场景。

（3）MEMORY

特点：将数据存储在内存中，访问速度极快，但数据在数据库重启时会丢失。

适用场景：适用于临时数据存储，如会话信息。

（4）MRG_MYISAM

特点：允许将多个MyISAM表合并为一个，便于查询多个表中的数据。

适用场景：适用于需要并行处理大量静态数据的情况。

（5）CSV

特点：数据以逗号分隔值的格式存储，可以直接用文本编辑器查看。

适用场景：适用于需要将数据导出为CSV格式的应用。

（6）FEDERATED

特点：允许访问远程MySQL服务器上的表，就像访问本地数据库一样。

适用场景：适用于需要分布式数据库解决方案的场景。

（7）PERFORMANCE_SCHEMA

特点：用于监控MySQL服务器的性能参数和统计信息。

适用场景：适用于数据库性能分析和调优。

（8）BLACKHOLE

特点：接收但不存储数据，类似于黑洞。

适用场景：适用于日志记录或复制配置中的中继服务器。

（9）ARCHIVE

特点：专为存储大量的归档数据设计，支持高压缩比，只支持INSERT和

SELECT操作。

适用场景：适用于日志数据或历史数据的长期存储。

总之，每种存储引擎都有其特性和最佳使用场景。选择合适的存储引擎可以显著提高应用的性能和效率。在实际应用中，应根据具体需求选择最合适的存储引擎。

查看MySQL当前默认的数据库引擎语句如下：

```
SHOW VARIABLES LIKE 'default_storage_engine%';
```

其中，"default_storage_engine%"表示查询默认数据库存储引擎。

运行以上语句，显示MySQL数据库的默认引擎是InnoDB。还可以使用下面的语句修改数据库临时的默认存储引擎，但是再次重启客户端后，默认存储引擎仍然会变为InnoDB。

```
SET default_storage_engine=<存储引擎名>
```

如果要永久修改数据库默认的存储引擎，可以通过修改"my.ini"文件实现，在文件中添加如下的代码：

```
defaultstorageengine=数据库引擎名
```

3.3 数据库编码

3.3.1 什么是数据库编码

通过分析把现实世界事物及其联系转换为信息世界里的概念模型，再经过数据库设计，将得到的概念模型转化为计算机世界的数据模型，这一过程需要使用数据库系统来实现。但是计算机只能识别二进制代码，为了使计算机不仅能做科学计算，也能处理文字信息，人们想出了给每个文字符号编码的方法，以便于计算机的识别与处理，这就是数据库编码产生的原因。

字符编码（character encoding）是为了方便文本在计算机中存储并通过通信网络进行传递，把指定集合中某一对象字符集中的字符进行编码。常见的例子包括将拉丁字母表编码成摩斯电码和ASCII码。其中，ASCII码将字母、数字和其他符号编码，并用7位的二进制来表示这个整数。通常会额外使用一个扩充的位，以便以1个字节的方式存储。

数据库中常见的编码方式有以下几种：

- Latin1编码方式。Latin1字符集是一种标准字符集（standard character set），支持英文和许多西欧语言。

- UTF8编码方式。UTF8字符集是一种支持大部分语言的字符集，为了提高Unicode的编码效率，于是就出现了UTF8编码。UTF8可以根据不同的符号自动选择编码的长短。比如英文字母可以只用1个字节。
- GB2312码是ANSI编码的一种，是为了满足国内在计算机中使用汉字的需要，由国家发布的一系列字符集国家标准编码，GB2312是一个简体的中文字符集。
- GBK即汉字内码扩展规范，K为扩展的汉语拼音中"扩"字的声母。关于字符集、语言等信息文件都存放在MySQL软件目录结构下的share文件中。

3.3.2 MySQL 数据库编码

MySQL数据库编码是数据库设计中的重要环节，正确选择和设置编码方式能够提高数据库的性能和稳定性，确保数据的完整性和可靠性。

（1）查看 MySQL 数据库编码

登录MySQL之后，输入如下SQL语句：

```
show variables like "char%";
```

数据库编码输出如下：

| 消息 | 摘要 | 结果 1 | 剖析 | 状态 |

Variable_name	Value
character_set_client	utf8mb4
character_set_connection	utf8mb4
character_set_database	gb2312
character_set_filesystem	binary
character_set_results	utf8mb4
character_set_server	utf8mb4
character_set_system	utf8mb3
character_sets_dir	F:\Uninstall\MySQL\share\charsets\

每种编码的说明如下：

- character_set_client: utf8mb4。表示MySQL的客户端采用的是utf8mb4编码，即对于MySQL客户端将要向MySQL服务器端发送的SQL请求内容，客户端会采用utf8mb4字符集编码规则进行编码发送。
- character_set_connection: utf8mb4。表示连接MySQL数据库时采用utf8mb4编码格式。
- character_set_database: gb2312。表示创建MySQL数据库时采用gb2312编码格式。
- character_set_filesystem: binary。用于设置文件系统字符集类型，默认采用binary。

- character_set_results：utf8mb4。表示数据库返回给客户端查询结果时采用的编码格式。
- character_set_server：utf8mb4。表示服务器安装时采用的默认编码格式，不建议修改。
- character_set_system：utf8mb3。表示数据库系统使用的编码格式，是存储元数据时采用的编码格式，无须设置。
- character_sets_dir：指向字符集安装的目录位置。

其中，三个系统变量不会影响到是否出现乱码，包括character_set_filesystem、character_set_system、character_sets_dir，而只需要关注其他几个变量。

○ （2）MySQL 字符集和排序规则

以创建数据表为例，可以为表中的每一个字段指定字符集和排序规则，如图3-7所示。

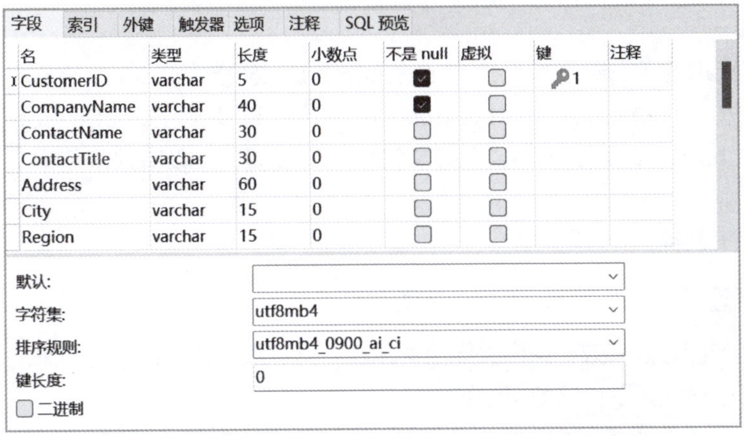

图 3-7　字段设置字符集和排序规则

字符集和排序规则说明如下：

- 每一种字符集都对应着一套具体的编码规范，如果在只包含客户端和服务器的消息传递过程中，双方采用的字符集不一致，就会造成双方解码失败，产生乱码。
- 排序规则指定了在指定字符集下，字符以及序列的排序规则，通常有一些固定的命名规范。以MySQL中的utf8mb4字符集为例（如图3-8所示），例如，_ci结尾表示大小写不敏感，_cs表示大小写敏感，_bin表示二进制的比较。

3.3.3　中文乱码及解决方案

通常，在命令行窗口中进行SQL查询时，如果结果集中包含中文汉字，就会显示乱码，这是由于此时MySQL客户端默认采用GBK编码格式，而MySQL服务器端是以utf8mb4编码格式发送数据。

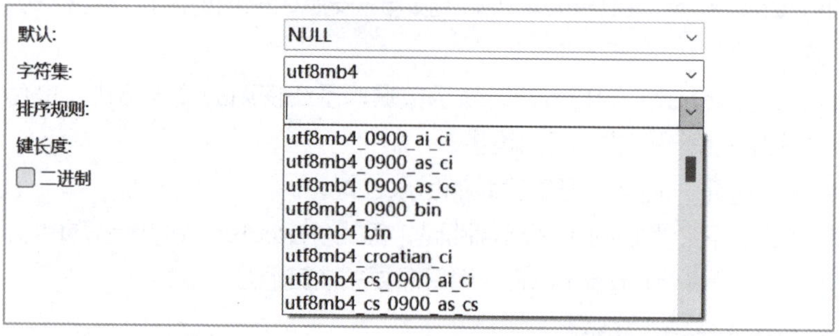

图 3-8 排序规则

为了避免遇到中文乱码的情况，需要对MySQL的编码格式进行修改。修改MySQL的编码格式，可以通过在配置文件中设置字符集参数来实现，确保数据库、表和字段的编码格式一致。

通过修改MySQL客户端（character_set_client）、连接（character_set_connection）、数据库（character_set_database）、结果集（character_set_results）、服务器（character_set_server）等字符集进行设置，可以有效避免中文乱码问题的发生。

设置的方法有以下两种。

● （1）临时性设置

这种设置只在当前窗口内有效，窗口关闭后再重新打开，编码格式还原为原来的编码格式。在命令行中输入如下代码即可设置：

```
SET character_set_client=utf8mb4;
SET character_set_connection=utf8mb4;
SET character_set_database=utf8mb4;
SET character_set_results=utf8mb4;
SET character_set_server=utf8mb4;
```

● （2）永久性设置

修改安装目录下的配置文件"my.ini"，在文件中添加如下的内容：

```
[client]
defaultcharacterset=utf8mb4
[MySQL]
defaultcharacterset=utf8mb4
[MySQLd]
charactersetserver=utf8mb4
```

然后，重新启动MySQL数据库即可永久修改。

3.4 数据类型与运算符

3.4.1 数值类型简介

数据表由多个字段构成，每个字段可以指定不同的数据类型，指定数据类型后，就决定了向字段中插入的数据内容。不同的数据类型也决定了MySQL在存储时使用的方式，以及在使用时选择什么运算符号进行运算。

数值类型主要用来存储数字，不同的数值类型提供不同的取值范围，可以存储的值范围越大，所需要的存储空间也越大。数值类型主要分为整数类型、浮点数类型和定点数类型。

（1）整数类型

整数类型的相关介绍如表3-1所示。

表3-1　整数类型

类型名称	说明	存储需求	有符号的取值范围	无符号的取值范围
TINYINT	很小的整数	1个字节	−128 ~ 127	0 ~ 255
SMALLINT	小的整数	2个字节	−32768 ~ 32767	0 ~ 65535
MEDIUMINT	中等大小的整数	3个字节	−8388608 ~ 8388607	0 ~ 16777215
INT	普通大小的整数	4个字节	−2147483648 ~ 2147483647	0 ~ 4294967295
BIGINT	大整数	8个字节	−9223372036854775808 ~ 9223372036854775807	0 ~ 18446744073709551615

（2）浮点数类型和定点数类型

MySQL中使用浮点数和定点数来表示小数（表3-2）。浮点数有两种类型，即单精度浮点数（FLOAT）和双精度浮点数（DOUBLE）。定点数只有DECIMAL。

表3-2　浮点数类型和定点数类型

类型名称	说明	存储需求	有符号的取值范围	无符号的取值范围
FLOAT	单精度浮点数	4个字节	$-3.402823466 \times 10^{-38}$ ~ $3.402823466 \times 10^{-38}$	
DOUBLE	双精度浮点数	8个字节	$-1.7976931348623157 \times 10^{308}$ ~ $1.7976931348623157 \times 10^{308}$	
DECIMAL	压缩的"严格"定点数	$M+2$个字节	不固定	不固定

浮点数和定点数都可以用（*M*，*N*）来表示。其中，*M*是精度，表示总共的位数；*N*是标度，表示小数的位数。

DECIMAL实际是以字符串形式存放的，在对精度要求比较高的时候（如货币、科学数据等）使用DECIMAL类型会比较好。

浮点数相对于定点数的优点是在长度一定的情况下，浮点数能够表示更大的数据范围，它的缺点是会引起精度问题。

3.4.2 日期 / 时间类型

MySQL有多种表示日期的数据类型，比如当只记录年的数据时，可以使用YEAR类型，而没有必要使用DATE类型。日期/时间类型包括：YEAR、TIME、DATE、DATETIME、TIMESTAMP。

每一种类型都有合法的取值范围，当指定确实不合法的值时，系统将"零"值插入到数据库中。

（1）YEAR 类型

- 格式1：以4位字符串格式表示的YEAR，范围为'1901' ~ '2155'。
- 格式2：以4位数字格式表示的YEAR，范围为1901 ~ 2155。
- 格式3：以2位字符串格式表示的YEAR，范围为'00' ~ '99'，其中'00' ~ '69'被转换为2000 ~ 2069，'70' ~ '99'被转换为1970 ~ 1999。
- 格式4：以2位数字格式表示的YEAR，范围为1 ~ 99，其中，1 ~ 69被转换为2001 ~ 2069，70 ~ 99被转换为1970 ~ 1999。

（2）TIME 类型

TIME类型的格式为HH:MM:SS，HH表示小时，MM表示分钟，SS表示秒。

- 格式1：以'HHMMSS'格式表示的TIME。例如'101112'被理解为10:11:12，但如果插入不合法的时间，如'109712'，则被存储为00:00:00。
- 格式2：以'D HH:MM:SS'字符串格式表示的TIME。其中D表示日，可以取0 ~ 34之间的值，在插入数据库的时候D会被转换成小时，如'2 10:10'在数据库中表示为58:10:00，即2×24+10=58。

（3）DATE 类型

DATE类型的格式为YYYYMMDD，其中YYYY表示年, MM表示月, DD表示日。

- 格式1：'YYYY-MM-DD'或'YYYYMMDD'。其取值范围为'10000101' ~ '99991231'。
- 格式2：'YY-MM-DD'或'YYMMDD'。这里YY表示两位的年值，范围为'00' ~ '99'，其中'00' ~ '69'被转换为2000 ~ 2069，'70' ~ '99'被转

换为1970 ~ 1999。

- 格式3: YY-MM-DD或YYMMDD。数字格式表示的日期,YY范围为00 ~ 99,其中00 ~ 69被转换为2000 ~ 2069,70 ~ 99被转换为1970 ~ 1999。

(4) DATETIME 类型

DATETIME类型的格式为YYYYMMDD HH:MM:SS。其中,YYYY表示年,MM表示月,DD表示日,HH表示小时,MM表示分钟,SS表示秒。

- 格式1: 'YYYYMMDD HH:MM:SS'或'YYYYMMDDHHMMSS'。字符串格式,取值范围为'10000101 00:00:00' ~ '99991231 23:59:59'。
- 格式2: 'YYMMDD HH:MM:SS'或'YYMMDDHHMMSS'。字符串格式,YY范围为'00' ~ '99',其中,'00' ~ '69'被转换为2000 ~ 2069,'70' ~ '99'被转换为1970 ~ 1999。
- 格式3: YYYYMMDDHHMMSS或YYMMDDHHMMSS。数字格式,取值范围同上。

(5) TIMESTAMP 类型

- TIMESTAMP类型的格式为YYYYMMDD HH:MM:SS,显示宽度固定在19个字符。
- TIMESTAMP与DATETIME的区别在于TIMESTAMP的取值范围小于DATETIME的取值范围。
- TIMESTAMP的取值范围为19700101 00:00:01 UTC ~ 20380119 03:14:07 UTC,其中UTC是世界标。

3.4.3 字符串类型

字符串类型用来存储字符串数据,还可以存储如图片和音频等的二进制数据。MySQL支持两种字符串类型: 文本字符串和二进制字符串。

(1) CHAR 和 VARCHAR

在数据库中,CHAR和VARCHAR是两种用于存储字符串数据的数据类型。它们的主要区别在于存储和处理数据的方法。

- CHAR: CHAR是一种固定长度的数据类型,它总是占用固定数量的存储空间,不管实际存储的数据量。例如,如果定义一个"CHAR(10)"的列,那么无论存储的是1个字符还是10个字符,总是占用10个字符的存储空间。这种类型的数据在存储和检索时的速度通常比VARCHAR更快,因为它们的长度是固定的。

- VARCHAR：VARCHAR是一种可变长度的数据类型，它只占用实际存储的数据量加上一些额外长度信息的存储空间。例如，如果定义一个"VARCHAR(10)"的列，那么当存储1个字符时，这个列只会占用1个字符的存储空间，但是当存储10个字符时，会占用10个字符的存储空间。这种类型的数据在存储和检索时的速度通常比CHAR更慢，因为它们的长度是可变的。

（2）TEXT 类型

- TINYTEXT最大长度为255个字符。
- TEXT最大长度为65535个字符。
- MEDIUMTEXT最大长度为16777215个字符。
- LONGTEXT最大长度为4294967295个字符。

（3）ENUM 类型

- 在基本的数据类型中，无外乎就是数字和字符，但是某些事物很难用数字和字符来准确地表示。比如一周有七天，分别是Sunday、Monday、Tuesday、Wednesday、Thursday、Friday和Saturday。如果用整数0、1、2、3、4、5、6来表示这七天，那么多下来的那些整数该怎么办？而且这样的设置很容易让数据出错，即取值超出范围。能否自创一种数据类型，使数据的取值范围就是这七天呢？因此有了ENUM（enumeration，枚举）类型，它允许用户自己定义一种数据类型，并且列出该数据类型的取值范围。
- ENUM是一个字符串对象，其值为表创建时在列规定中枚举（即列举）的一列值，语法格式为：字段名 ENUM（'值1', '值2', ...'值n'）。字段名指将要定义的字段，值n指枚举列表中的第n个值。ENUM类型的字段在取值时，只能在指定的枚举列表中取，而且一次只能取一个。如果创建的成员中有空格时，其尾部的空格将自动删除。
- ENUM值在内部用整数表示，每个枚举值均有一个索引值。列表值所允许的成员值从1开始编号，MySQL存储的就是这个索引编号。枚举最多可以有65535个元素。

（4）SET 类型

- SET是一个字符串对象，可以有零个或多个值，SET列最多可以有64个成员，其值为表创建时规定的一列值，语法为：SET（'值1', '值2', ...'值n'）。
- 与ENUM类型相同的是，SET值在内部用整数表示，列表中每一个值都有一个索引编号。
- 与ENUM类型不同的是，ENUM类型的字段只能从定义的列值中选择一个值插入，而SET类型的列可从定义的列值中选择多个字符联合。

- 如果插入SET字段中的列值有重复，则MySQL自动删除重复的值。插入SET字段的值的顺序并不重要，MySQL会在存入数据库时，按照定义的顺序显示。

（5）BIT 类型

- BIT数据类型用来保存位字段值，即以二进制的形式来保存数据，如保存数据13，则实际保存的是13的二进制值，即1101。
- BIT是位字段类型，BIT(M)中的M表示每个值的位数，范围为1～64。如果M被省略，则默认为1。如果为BIT(M)列分配的值的长度小于M位，则在值的左边用0填充。
- 如果需要位数至少为4位的BIT类型，即可定义为BIT(4)，则大于1111（二进制）的数据是不能被插入的。

（6）BINARY 和 VARBINARY 类型

- BINARY和VARBINARY类似于CHAR和VARCHAR，不同的是它们包含二进制字节字符串。
- BINARY类型的长度是固定的，指定长度之后，不足最大长度的，将在它们右边填充 '\0' 以补齐指定长度。
- VARBINARY类型的长度是可变的，指定长度之后，其长度可以在0到长度最大值之间取值。

（7）BLOB 类型

- BLOB用来存储可变数量的二进制字符串，分为TINYBLOB、BLOB、MEDIUMBLOB、LONGBLOB四种类型。
- BLOB存储的是二进制字符串，TEXT存储的是文本字符串。
- BLOB没有字符集，并且排序和比较基于列值字节的数值；TEXT有一个字符集，并且根据字符集对值进行排序和比较。

3.4.4　MySQL 运算符

在MySQL数据库中，运算符和语法是执行数据操作的基础。以下是一些常用的MySQL运算符和语法，以及如何在订单表（orders）、客户信息表（customers）和供应商信息表（suppliers）上应用它们的案例。

（1）比较运算符

比较运算符用于比较两个表达式的值。常见的比较运算符包括 =（等于）、<>或 !=（不等于）、<（小于）、>（大于）、<=（小于等于）、>=（大于等于）。

案例3-2：

查找特定客户的订单。

```
SELECT * FROM orders
WHERE CustomerID = 101;
```

这个查询使用＝运算符来查找CustomerID等于101的所有订单。

（2）逻辑运算符

逻辑运算符用于组合多个条件。常见的逻辑运算符包括AND、OR和NOT。

案例3-3：

查找特定时间范围内的订单，排除特定客户。

```
SELECT * FROM orders
WHERE OrderDate BETWEEN'20230101' AND '20230131'
AND CustomerID != 101;
```

这个查询使用BETWEEN、AND和!=运算符来查找2023年1月份的所有订单，但排除了客户ID为101的订单。

（3）算术运算符

算术运算符用于执行数学计算。常见的算术运算符包括+（加）、–（减）、*（乘）、/（除）和%（模）。

案例3-4：

计算订单总额。

假设orders表有一个quantity字段和一个unit_price字段，计算每个订单的总价。

```
SELECT OrderID, quantity * unit_price AS total_price
FROM orders;
```

这个查询使用*运算符来计算每个订单的总价。

（4）字符串运算符

在MySQL中，CONCAT()函数用于连接字符串。

案例3-5：

合并客户的名和姓。

假设customers表有first_name和last_name字段，将两者合并的代码如下：

```
SELECT CONCAT(first_name, ' ', last_name) AS full_name
FROM customers;
```

这个查询使用CONCAT()函数来生成客户的全名。

上述案例展示了如何使用不同类型的MySQL运算符来执行数据查询和操作。通过结合使用这些运算符，可以构建出复杂的查询来满足业务需求。然而，重要的是要注意查询的性能和效率，尤其是在处理大型数据集时。优化查询和合理使用索引可以显著提高数据库的响应速度和处理能力。

3.4.5 运算符优先级

MySQL 中的运算符优先级决定了表达式中各运算符计算的先后顺序。当一个表达式中包含多种运算符时，优先级高的运算符先执行。

以下是 MySQL 中常用的运算符以及它们的优先级（从高到低）：

① 括号：括号内的表达式优先计算。

② 求幂：POWER(2, 3) 是 2 的 3 次幂，即 8。

③ 一元运算符：+（正号）、-（负号）。

④ 乘法/除法：*（乘）、/（除）。

⑤ 加法/减法：+（加）、-（减）。

⑥ 位运算符：&（按位与）、|（按位或）、^（按位异或）、~（按位取反）、>>（右移）、<<（左移）。

⑦ 比较运算符：<、>、<=、>=、<=>（IS NULL 或 IS NOT NULL，MySQL 特有）、=、<>（或者 !=）。

⑧ 逻辑运算符：NOT、AND、OR、XOR。

⑨ BETWEEN、CASE、WHEN、THEN、ELSE、END（CASE 表达式中的）。

优先级高的运算符应先与其运算数进行运算，然后再进行优先级较低的运算。如果需要先执行低优先级的运算，可以使用括号来改变运算的顺序。

运算符优先级的注意事项：

● 括号的使用：使用括号可以改变运算的顺序，确保查询按照预期的方式执行。

● 逻辑运算符的顺序：AND 操作通常优先于 OR 操作。如果查询中同时使用了 AND 和 OR，并且希望先执行 OR，则需要使用括号明确指定。

● 性能考虑：复杂的表达式可能会影响查询性能，特别是在处理大型数据集时。优化表达式和使用索引可以帮助提高性能。

假设有三个表，即订单表（orders）、客户信息表（customers）、供应商信息表（suppliers），下面通过案例展示如何使用运算符优先级来构建查询。

案例 3-6：

查询特定客户的订单。

查询客户 ID 为 1，且订单金额大于 100 或订单备注包含"紧急"的所有订单。

```
SELECT * FROM orders
WHERE CustomerID = 1 AND (amount > 100 OR remarks LIKE '%紧急%');
```

在这个查询中，括号确保了 OR 条件首先被评估，然后与 AND 条件结合，以正确地筛选订单。

案例3-7：

查询供应商信息，同时满足多个条件。

查询所有在北京或上海地区的供应商，且供应商的评级大于等于8。

```sql
SELECT * FROM suppliers
WHERE (city = '北京' OR city = '上海') AND rating >= 8;
```

此查询中，括号用于确保地区条件首先被评估，然后与评级条件结合。

案例3-8：

查询客户信息，根据复杂条件筛选。

查询所有来自"北京"的客户，或者客户ID小于100且客户名称包含"科技"的客户。

```sql
SELECT * FROM customers
WHERE city = '北京' OR (CustomerID < 100 AND name LIKE '%科技%');
```

在这个查询中，括号确保AND条件首先被评估，然后与OR条件结合，以正确地筛选客户。

通过上述案例，可以看到运算符优先级在构建SQL查询时的重要性。使用括号来明确指定运算的顺序是一个好习惯，它不仅可以帮助避免逻辑错误，还可以提高查询的可读性。

3.5　利用ChatGPT创建数据库

ChatGPT不具备直接创建数据库的功能，但是可以通过编写代码，利用ChatGPT和其他工具来实现创建数据库的目的。

下面演示如何利用ChatGPT创建数据库，输入的提示语如下：

你是精通数据库的专家，具备如下能力和知识：

（1）数据库设计：熟悉数据库设计的流程和步骤，包括数据库设计方案、数据库架构、数据库存储、表设计等。

（2）基本SQL技能：熟悉MySQL、Oracle、SQL Server等关系数据库，熟悉复杂查询、存储过程等的编写。

（3）数据库管理：管理数据库中的数据，包括数据的增删改查等操作，以及数据的备份、恢复、分区、安全性等。

（4）数据库开发：熟悉数据库开发的流程和技术，如数据库设计、数据库编程、数据库测试等。

（5）数据库性能优化：使用优化技术优化数据库的性能，如索引优化、事务处理、缓存，以及数据备份和恢复等。

（6）数据备份：定期备份数据库，确保数据的可用性，并在需要时进行数据恢复。

（7）系统维护：管理数据库系统的日常运维，包括系统备份、系统监控、故障排除等。

（8）数据库性能调优：进行数据库性能优化，如查询优化、索引优化、缓存优化等。

使用pymysql库，连接本地MySQL数据库，端口号是3306，用户名是root，密码是root，创建数据库，数据库名是demo，字符集选择gb2312，排序规则选择gb2312_chinese_ci，程序中需要添加详细的中文注释。

ChatGPT的输出如下：

```
import pymysql

# 连接本地MySQL数据库
connection = pymysql.connect(host='localhost',
                            user='root',
                            password='root',
                            charset='gb2312',
                            cursorclass=pymysql.cursors.DictCursor)


try:
    with connection.cursor() as cursor:
        # 创建数据库demo，字符集为gb2312，排序规则为gb2312_chinese_ci
        cursor.execute("CREATE DATABASE IF NOT EXISTS demo
CHARACTER SET gb2312 COLLATE gb2312_chinese_ci;")
        print("数据库demo创建成功")
finally:
    # 关闭数据库连接
    connection.close()
```

运行上述ChatGPT的输出，就会显示创建成功信息，如下所示。

数据库demo创建成功

此外，可以在Navicat中查看是否创建成功，包括数据库名、字符集等，如图3-9所示。

图3-9　demo数据库

4

数据表操作

▼

数据表操作是数据库管理中的重要环节，它涵盖了创建数据表、修改数据表，以及插入、更新与删除数据等核心功能。通过创建数据表，可以定义数据的结构和约束条件，确保数据的有效存储和管理。借助修改数据表，可以添加、删除或修改表的列，修改列的数据类型、约束条件，以及对存储引擎、外键等进行更改。而插入、更新与删除数据则是数据表操作中常见的操作，用于向数据表中添加新的数据、删除数据或更新已有数据。本章介绍上述的数据表基础操作。

4.1 创建数据表

4.1.1 CREATE 语句

MySQL 数据库中的 CREATE TABLE 语句用于创建新的数据表。
基本语法如下：

```
CREATE TABLE table_name (
    column1 datatype constraint,
    column2 datatype constraint,
    column3 datatype constraint,
    ...
);
```

- table_name 是想要创建的表的名称。
- column1、column2、column3……是表中列的名称。
- datatype 指定列的数据类型，如 VARCHAR、INT、DATE 等。
- constraint 是可选的，用于为列定义规则（如 NOT NULL、UNIQUE、PRIMARY KEY 等）。

案例 4-1：

创建订单表（orders）。

```
CREATE TABLE orders (
    OrderID VARCHAR(20) PRIMARY KEY,
    OrderDate DATE NOT NULL,
    CustomerID VARCHAR(20),
    CustomerName VARCHAR(50),
    CustomerType VARCHAR(20),
    ProductID VARCHAR(20),
    ProductName VARCHAR(50),
    SupplierID INT,
    Category VARCHAR(20),
    Sales DECIMAL(10, 2),
    Amount INT
);
```

这个 CREATE TABLE 语句创建了一个名为 orders 的表，包含订单编号、订单日期、客户编号等字段。OrderID 被指定为主键，OrderDate 列不能为 NULL。

案例 4-2：

创建客户信息表（customers）。

```
CREATE TABLE customers (
```

```
    CustomerID VARCHAR(20) PRIMARY KEY,
    Gender VARCHAR(10),
    Age INT,
    Education VARCHAR(50),
    Occupation VARCHAR(50),
    Income DECIMAL(10, 2),
    Telephone VARCHAR(20),
    Marital VARCHAR(10),
    Email VARCHAR(50),
    Address VARCHAR(100),
    Retire VARCHAR(5),
    Custcat VARCHAR(20)
);
```

这个CREATE TABLE语句创建了一个名为customers的表，包含客户编号、性别、年龄等字段。CustomerID被指定为主键。

案例4-3:

创建供应商信息表（suppliers）。

```
CREATE TABLE suppliers (
    SupplierID INT PRIMARY KEY,
    CompanyName VARCHAR(50),
    ContactName VARCHAR(50),
    ContactTitle VARCHAR(50),
    Address VARCHAR(100),
    City VARCHAR(50),
    Region VARCHAR(50),
    PostalCode VARCHAR(20),
    Country VARCHAR(50),
    Phone VARCHAR(20),
    Fax VARCHAR(20),
    HomePage VARCHAR(100)
);
```

这个CREATE TABLE语句创建了一个名为suppliers的表，包含供应商编号、公司名称、联系人姓名等字段。SupplierID被指定为主键。

在这三个案例中，使用了CREATE TABLE语句来定义数据表的结构，包括表名、列名、数据类型以及任何必要的约束。指定主键（PRIMARY KEY）能确保表中每行的唯一性。此外，设置NOT NULL约束可以确保某些列（如OrderDate）在插入新记录时必须有值。这些案例展示了如何根据实际需求设计和创建数据库表。

4.1.2　设置主键约束

在MySQL数据库中，主键（primary key）是一种约束，用于唯一标识表中的每一行。主键的值必须是唯一的，且不能为NULL。一个表只能有一个主键，但主键可以包含多个列（复合主键）。

设置主键约束条件的语法如下。

当创建表时，可以通过以下语法指定主键约束：

```
CREATE TABLE table_name (
    column1 datatype PRIMARY KEY,
    column2 datatype,
    column3 datatype,
    ...
);
```

对于复合主键，语法如下：

```
CREATE TABLE table_name (
    column1 datatype,
    column2 datatype,
    column3 datatype,
    ...
    PRIMARY KEY (column1, column2)
);
```

案例4-4:

创建订单表（orders）并设置主键。

```
CREATE TABLE orders (
    OrderID VARCHAR(20) PRIMARY KEY,
    OrderDate DATE,
    CustomerID VARCHAR(20),
    CustomerName VARCHAR(50),
    CustomerType VARCHAR(20),
    ProductID VARCHAR(20),
    ProductName VARCHAR(50),
    SupplierID INT,
    Category VARCHAR(20),
    Sales DECIMAL(10, 2),
    Amount INT
);
```

在这个案例中，OrderID被设置为主键，这意味着每个订单都将有一个唯一的OrderID值。

案例4-5:

创建客户信息表（customers）并设置主键。

```
CREATE TABLE customers (
    CustomerID VARCHAR(20) PRIMARY KEY,
    Gender VARCHAR(10),
```

```
    Age INT,
    Education VARCHAR(50),
    Occupation VARCHAR(50),
    Income DECIMAL(10, 2),
    Telephone VARCHAR(20),
    Marital VARCHAR(5),
    Email VARCHAR(50),
    Address VARCHAR(100),
    Retire VARCHAR(5),
    Custcat VARCHAR(20)
);
```

在这个案例中，CustomerID是主键，确保每个客户都有一个唯一的标识符。

案例4-6：

创建供应商信息表（suppliers）并设置复合主键。

```
CREATE TABLE suppliers (
    SupplierID INT,
    CompanyName VARCHAR(50),
    ContactName VARCHAR(50),
    ContactTitle VARCHAR(50),
    Address VARCHAR(100),
    City VARCHAR(50),
    Region VARCHAR(50),
    PostalCode VARCHAR(20),
    Country VARCHAR(50),
    Phone VARCHAR(20),
    Fax VARCHAR(20),
    HomePage VARCHAR(100),
    PRIMARY KEY (SupplierID, Country)
);
```

在这个案例中，使用了复合主键"PRIMARY KEY (SupplierID, Country)"，这意味着供应商在同一个国家内的SupplierID必须是唯一的，但在不同国家可以有相同的SupplierID。

设置主键约束能确保表中每行的唯一性。这对于维护数据的完整性非常重要，因为它防止了重复记录的出现，并允许我们通过主键快速定位和引用特定的行。在复合主键的情况下，它允许我们使用多个列来唯一标识表中的记录，这在某些业务场景中非常有用。

4.1.3　设置外键约束

在MySQL数据库中，外键约束用于建立两个表之间的关系，确保数据的一致性和完整性。外键约束强制子表的数据必须在父表中有对应的值。

　　创建带有外键约束的表的基本语法如下：

```
CREATE TABLE 子表名 (
    列名 数据类型,
    ...
    FOREIGN KEY (外键列名) REFERENCES 父表名(父表列名)
    ON DELETE 约束动作
    ON UPDATE 约束动作
);
```

- FOREIGN KEY（外键列名）定义了子表中的外键列。
- REFERENCES 父表名（父表列名）指定外键指向的父表和列。
- ON DELETE 和 ON UPDATE 定义了当父表中的记录被删除或更新时，子表中相应记录的行为。
- 约束动作如下。

CASCADE：父表记录更新或删除时，子表中匹配的记录也会相应地更新或删除。

SET NULL：父表记录更新或删除时，子表中匹配的记录外键列会被设置为 NULL（前提是允许设置 NULL 值）。

NO ACTION：如果子表中存在依赖于父表中将要被删除或更新的记录，操作会被拒绝。

RESTRICT：与 NO ACTION 相同，阻止删除或更新父表中的记录。

SET DEFAULT：将子表的外键列设置为默认值（较少使用）。

案例 4-7：

　　假设有 customers（父表）和 orders（子表），以及 suppliers（另一个父表）和 orders 之间的关系，确保每个订单都对应一个客户，并且每个订单都有一个供应商。

　　① 创建 customers 表（父表）。

```
CREATE TABLE customers (
    CustomerID INT PRIMARY KEY,
    CustomerName VARCHAR(100)
);
```

　　② 创建 suppliers 表（父表）。

```
CREATE TABLE suppliers (
    SupplierID INT PRIMARY KEY,
    CompanyName VARCHAR(100)
);
```

　　③ 创建 orders 表（子表），包含外键约束。

```
CREATE TABLE orders (
    OrderID INT PRIMARY KEY,
    OrderDate DATE,
```

```
    CustomerID INT,
    SupplierID INT,
    FOREIGN KEY (CustomerID) REFERENCES customers(CustomerID)
    ON DELETE CASCADE ON UPDATE CASCADE,
    FOREIGN KEY (SupplierID) REFERENCES suppliers(SupplierID)
    ON DELETE CASCADE ON UPDATE CASCADE
);
```

解释：在orders表中，CustomerID和SupplierID列被定义为外键，分别引用customers表的CustomerID列和suppliers表的SupplierID列。如果尝试在orders表中插入一个不存在于customers或suppliers表中的CustomerID或SupplierID，操作将会失败，保证了数据的引用完整性。ON DELETE CASCADE和ON UPDATE CASCADE确保当customers或suppliers表中的记录被更新或删除时，orders表中相应的记录也会被自动更新或删除，保持数据的一致性。

4.1.4　设置非空约束

在MySQL数据库中，非空约束用于确保列中的值不能为NULL，这是数据完整性的一个重要方面。非空约束可以在创建表时或通过修改表结构来添加。

① 创建表时添加非空约束。

```
CREATE TABLE table_name (
    column1 datatype NOT NULL,
    column2 datatype NOT NULL,
    ...
);
```

② 修改表结构添加非空约束。

```
ALTER TABLE table_name MODIFY column_name datatype NOT NULL;
```

案例4-8：

创建客户信息表时添加非空约束。

假设在创建客户信息表（customers）时，希望确保CustomerID、Email和Address字段不为空。

```
CREATE TABLE customers (
    CustomerID INT PRIMARY KEY,
    Email VARCHAR(255) NOT NULL,
    Address VARCHAR(255) NOT NULL,
    ...
);
```

解释：在此案例中，Email和Address字段被设置为非空，这意味着在添加或更新客户信息时，这两个字段不能留空。

案例4-9:

修改现有订单表, 添加非空约束。

假设订单表 (orders) 已经存在, 需要确保OrderDate字段不为空, 代码如下:

```
ALTER TABLE orders MODIFY OrderDate DATE NOT NULL;
```

解释: 此操作将OrderDate字段修改为非空, 确保每个订单都必须有一个订单日期。

案例4-10:

创建供应商信息表时添加多个非空约束。

在创建供应商信息表 (suppliers) 时, 设置CompanyName、ContactName和Phone字段不为空, 代码如下:

```
CREATE TABLE suppliers (
    SupplierID INT PRIMARY KEY,
    CompanyName VARCHAR(255) NOT NULL,
    ContactName VARCHAR(255) NOT NULL,
    Phone VARCHAR(20) NOT NULL,
    ...
);
```

解释: 在供应商信息表中, CompanyName、ContactName和Phone字段被设置为非空, 确保录入供应商信息时, 这些关键信息不会遗漏。

非空约束是数据库设计中用于确保数据完整性的重要工具。通过在关键字段上设置非空约束, 可以避免数据的不完整性, 确保数据库中的信息是准确和可靠的。在实际应用中, 根据业务需求合理设置非空约束, 是数据库设计和开发的重要考虑因素。

4.1.5 设置唯一性约束

唯一性约束 (unique constraint) 确保一列或列组合中的所有值都是不同的, 即在表中的任何两行都不会有相同的值。这对于保持数据的完整性非常重要, 尤其是在需要防止重复记录的情况下。

基本语法如下:

① 在创建表时添加唯一性约束:

```
CREATE TABLE table_name (
    column1 datatype UNIQUE,
    column2 datatype,
    ...
);
```

② 为已存在的表添加唯一性约束:

```
ALTER TABLE table_name
ADD UNIQUE (column1);
```

③ 对于多列的唯一性约束，在创建表时添加唯一性约束的语法如下：

```
CREATE TABLE table_name (
    column1 datatype,
    column2 datatype,
    ...
    UNIQUE (column1, column2)
);
```

为已存在的表添加唯一性约束，语法如下：

```
ALTER TABLE table_name
ADD UNIQUE (column1, column2);
```

案例4-11：

客户信息表中的电子邮件地址唯一。

假设希望在customers表中的Email字段上设置唯一性约束，以确保每个客户的电子邮件地址都是唯一的。代码如下：

```
ALTER TABLE customers
ADD UNIQUE (Email);
```

解释：这个操作确保了customers表中不会有两个客户具有相同的电子邮件地址，有助于避免重复数据。

案例4-12：

供应商信息表中的公司电话号码唯一。

在suppliers表中，需要保证每个供应商的电话号码是唯一的，以避免混淆。代码如下：

```
ALTER TABLE suppliers
ADD UNIQUE (Phone);
```

解释：通过为Phone字段添加唯一性约束，可以确保suppliers表中不会有两个供应商具有相同的电话号码。

案例4-13：

订单表中的订单编号和客户编号组合唯一。

在某些业务场景中，需要保证同一个客户在同一个订单编号下只能有一条记录。代码如下：

```
ALTER TABLE orders
ADD UNIQUE (OrderID, CustomerID);
```

解释：这个操作确保了在orders表中，同一个客户（CustomerID）不会对应多个相同的订单编号（OrderID），这有助于防止同一订单的重复记录。

唯一性约束是数据库设计中一个重要的概念，它帮助维护数据的完整性和一致性。在MySQL中正确使用唯一性约束，可以防止数据表中出现重复的记录，确保数据的准确性。上述案例展示了如何在实际数据库设计中应用唯一性约束，以满足不同的业务需求。

4.1.6 设置默认约束

在MySQL数据库中，约束条件用于限制被输入到数据库表中的数据类型。这些约束可以确保数据的准确性和可靠性，以及满足数据之间的逻辑关系。常见的约束条件除了NOT NULL、UNIQUE、PRIMARY KEY、FOREIGN KEY外，还有DEFAULT。

在创建或修改表时，可以为表的列指定默认值。如果在插入记录时没有为这些列提供值，将自动填充默认值。

设置默认约束条件的语法如下：

```
CREATE TABLE table_name (
    column1 datatype DEFAULT default_value,
    column2 datatype DEFAULT default_value,
    ...
);
```

或者，如果表已经存在，可以使用ALTER TABLE语句为列添加默认值：

```
ALTER TABLE table_name
ALTER COLUMN column_name SET DEFAULT default_value;
```

案例4-14：

客户信息表（customers）设置默认城市。

假设大多数客户来自"New York"，可以为City列设置默认值"New York"。

```
CREATE TABLE customers (
    CustomerID INT PRIMARY KEY,
    Name VARCHAR(100),
    City VARCHAR(100) DEFAULT 'New York',
    ...
);
```

解释：在此案例中，如果在插入客户信息时没有指定城市，City列将自动设置为"New York"。

案例4-15：

订单表（orders）设置默认订单日期。

对于订单表，可以为订单日期设置默认值为当前日期。

```
CREATE TABLE orders (
    OrderID INT PRIMARY KEY,
    OrderDate DATE DEFAULT CURRENT_DATE,
    CustomerID INT,
    ...
```

```
    FOREIGN KEY (CustomerID) REFERENCES customers(CustomerID)
);
```

解释：在此案例中，如果在创建订单时没有指定订单日期，OrderDate列将自动设置为当前日期。

案例4-16：

供应商信息表（suppliers）设置默认国家。

如果大部分供应商来自"China"，可以为Country列设置默认值"China"。

```
CREATE TABLE suppliers (
    SupplierID INT PRIMARY KEY,
    CompanyName VARCHAR(255),
    Country VARCHAR(100) DEFAULT 'China',
    ...
);
```

解释：在此案例中，如果在插入供应商信息时没有指定国家，Country列将自动设置为"China"。

通过设置默认值，可以简化数据插入过程，确保数据的完整性，特别是对于那些经常重复的值。在设计数据库和表时，合理使用默认约束条件可以提高数据录入的效率和准确性。

4.1.7　设置属性自动增加

在MySQL数据库中，设置属性自动增加通常用于主键字段，以确保每次插入新记录时，该字段的值自动增加，从而保持唯一性。这种属性在MySQL中通过AUTO_INCREMENT关键字实现。

自动增加属性的条件和语法如下。

（1）条件

- 该字段必须是索引的一部分，通常是主键。
- 只能有一个AUTO_INCREMENT字段，并且它必须是定义为索引的一部分。
- AUTO_INCREMENT字段的类型必须是数值类型。

（2）语法

在创建表时，指定AUTO_INCREMENT属性给相应的字段。

```
CREATE TABLE table_name (
    column1 datatype AUTO_INCREMENT PRIMARY KEY,
    column2 datatype,
    ...
);
```

案例 4-17：

创建客户信息表（customers）自动增加的主键。

```
CREATE TABLE customers (
    CustomerID INT AUTO_INCREMENT PRIMARY KEY,
    Name VARCHAR(100),
    Email VARCHAR(100)
);
```

解释：在这个例子中，CustomerID 是自动增加的主键，每当插入一个新的客户记录时，CustomerID 会自动增加，确保每个客户都有一个唯一的标识符。

案例 4-18：

创建供应商信息表（suppliers）自动增加的主键。

```
CREATE TABLE suppliers (
    SupplierID INT AUTO_INCREMENT PRIMARY KEY,
    CompanyName VARCHAR(255),
    ContactName VARCHAR(255)
);
```

解释：在供应商信息表中，SupplierID 字段设置为自动增加，这样每个新增的供应商记录都会自动分配一个唯一的 SupplierID。

案例 4-19：

创建订单表（orders）自动增加。

```
CREATE TABLE orders (
    OrderID INT AUTO_INCREMENT PRIMARY KEY,
    CustomerID INT,
    SupplierID INT,
    OrderDate DATE,
    FOREIGN KEY (CustomerID) REFERENCES customers(CustomerID),
    FOREIGN KEY (SupplierID) REFERENCES suppliers(SupplierID)
);
```

解释：订单表中的 OrderID 字段设置为自动增加，保证每个订单都有一个唯一的订单编号。同时，通过外键约束，CustomerID 和 SupplierID 字段分别引用客户信息表和供应商信息表中的记录，确保数据的一致性和完整性。

通过设置 AUTO_INCREMENT 属性，MySQL 能够自动管理唯一标识符的生成，这对于维护数据库表中记录的唯一性非常重要。在设计数据库时，合理使用自动增加属性可以简化数据插入过程，提高数据管理的效率。

4.1.8 设置编码格式

MySQL 数据库提供了多种编码类型，每种编码类型都有其特点和适用条件。正确选择适合场景的编码类型可以确保数据的存储和检索正常运行，并支持数据库中不同语言字符的存储和比较。根据实际需求和数据特点，选择合适的编码类型对于数据库设计和数据管理非常重要。

在MySQL数据库中，设置数据表的编码格式是一个重要的步骤，因为它决定了表中数据的字符集，影响数据的存储、检索和比较。正确的编码设置可以避免字符集不匹配导致的乱码问题，特别是在处理多语言数据时尤为重要。

设置编码格式的条件和语法如下。

（1）条件

在创建数据表时，可以通过CHARSET和COLLATE子句指定表的默认字符集和校对规则。如果在列级别指定了字符集和校对规则，列级别的设置将覆盖表级别的默认设置。

（2）基本语法

```
CREATE TABLE table_name (
    column1 datatype,
    column2 datatype,
    ...
) ENGINE=InnoDB DEFAULT CHARSET=charset_name COLLATE=collation_name;
```

其中：

- charset_name是字符集名称，如utf8mb4。
- collation_name是校对规则名称，如utf8mb4_unicode_ci。

案例4-20：

创建客户信息表（customers），并设置使用UTF8编码。

```
CREATE TABLE customers (
    CustomerID INT PRIMARY KEY,
    Name VARCHAR(100),
    Email VARCHAR(100),
    Address TEXT
) ENGINE=InnoDB DEFAULT CHARSET=utf8mb4 COLLATE=utf8mb4_unicode_ci;
```

解释：在这个例子中，customers表被设置为使用utf8mb4字符集和utf8mb4_unicode_ci校对规则。这样设置可以支持存储Unicode字符，包括表情符号，同时在比较字符串时能够按照Unicode标准进行。

案例4-21：

创建订单表（orders），并指定列级别的编码格式。

```
CREATE TABLE orders (
    OrderID INT PRIMARY KEY,
    OrderDate DATE,
    CustomerID INT,
```

```
    ProductDetails TEXT CHARSET utf8mb4 COLLATE utf8mb4_unicode_ci,
    FOREIGN KEY (CustomerID) REFERENCES customers(CustomerID)
) ENGINE=InnoDB DEFAULT CHARSET=latin1;
```

解释：在这个例子中，orders表默认使用latin1字符集，但ProductDetails列被明确设置为使用utf8mb4字符集和utf8mb4_unicode_ci校对规则。这样的设置允许ProductDetails列存储Unicode字符，而表的其他部分则使用较小的latin1字符集，这可能有助于节省存储空间。

案例4-22：

创建供应商信息表（suppliers）并指定编码格式。

```
CREATE TABLE suppliers (
    SupplierID INT PRIMARY KEY,
    CompanyName VARCHAR(255),
    ContactName VARCHAR(100),
    Country VARCHAR(50),
    Phone VARCHAR(20)
) ENGINE=InnoDB DEFAULT CHARSET=utf8mb4 COLLATE=utf8mb4_general_ci;
```

解释：suppliers表被设置为使用utf8mb4字符集和utf8mb4_general_ci校对规则。与utf8mb4_unicode_ci相比，utf8mb4_general_ci校对规则在性能上可能略有优势，但在某些语言的字符比较上可能不如utf8mb4_unicode_ci准确。

在MySQL中设置数据表的编码格式是根据数据的特性和需求来决定的。使用utf8mb4字符集是推荐的做法，因为它支持更广泛的Unicode字符，包括表情符号。在选择校对规则时，utf8mb4_unicode_ci提供了基于Unicode标准的比较，适合多语言环境，而utf8mb4_general_ci可能在性能上有优势。在特定列需要支持多语言文本时，可以在列级别覆盖表级别的默认字符集和校对规则。

4.1.9　设置存储引擎

MySQL数据库提供了多种存储引擎，每种存储引擎都有其特点和适用条件。根据应用的需求和场景特点，选择合适的存储引擎对于数据库的性能、可靠性和功能支持至关重要。正确选择存储引擎可以提高数据库的性能、可靠性和灵活性，从而更好地满足不同应用的需求。

在MySQL中，存储引擎是数据库底层软件组件，负责数据库中表的存储和提取。MySQL支持多种存储引擎，每种引擎都有其特定的功能、优势和限制。选择合适的存储引擎对于优化数据库性能、提高数据处理效率至关重要。

在创建或修改表时，可以指定或更改表的存储引擎。常用的存储引擎包括InnoDB、MyISAM、MEMORY等，InnoDB是MySQL的默认存储引擎。

创建表时指定存储引擎的语法如下：

```
CREATE TABLE table_name (
    ...
) ENGINE=storage_engine;
```

修改现有表的存储引擎的语法如下：

```
ALTER TABLE table_name ENGINE=storage_engine;
```

案例4-23：

创建订单表（orders），设置使用InnoDB存储引擎。

InnoDB支持事务处理和外键约束，适用于需要高可靠性和事务性的应用场景。

```
CREATE TABLE orders (
    OrderID INT AUTO_INCREMENT PRIMARY KEY,
    CustomerID INT,
    OrderDate DATE,
    ...
) ENGINE=InnoDB;
```

解释：在此案例中，创建orders表后指定InnoDB存储引擎，确保了数据的完整性和事务安全。

案例4-24：

创建客户信息表（customers），设置使用MyISAM存储引擎。

MyISAM提供高速存取，适用于读密集型的应用场景。

```
CREATE TABLE customers (
    CustomerID INT AUTO_INCREMENT PRIMARY KEY,
    Name VARCHAR(100),
    Email VARCHAR(100),
    ...
) ENGINE=MyISAM;
```

解释：在此案例中，创建customers表后指定MyISAM存储引擎，优化了读取速度，适用于不需要事务处理的场景。

案例4-25：

创建供应商信息表（suppliers），设置使用MEMORY存储引擎。

MEMORY存储引擎将数据存储在内存中，适用于临时数据存储和快速数据访问。

```
CREATE TABLE suppliers (
    SupplierID INT AUTO_INCREMENT PRIMARY KEY,
    CompanyName VARCHAR(255),
    ContactName VARCHAR(100),
    ...
) ENGINE=MEMORY;
```

解释：在此案例中，suppliers表使用MEMORY存储引擎创建，适用于需要快速访问的临时数据存储，如缓存数据。但需注意，数据在数据库重启后会丢失。

在设计数据库时，应根据数据的特性、访问模式和业务需求选择最适合的存储引擎。

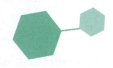

4.2 修改数据表

4.2.1 修改数据表名称

在MySQL数据库中，修改数据表名称是一个常见的操作，可以通过RENAME TABLE语句来实现。这个操作对于重构数据库、调整表的命名规范或者合并数据库特别有用。

修改数据表名称的语法如下：

```
RENAME TABLE old_table_name TO new_table_name;
```

这条语句将old_table_name的名称更改为new_table_name。如果需要在同一个操作中重命名多个表，可以通过逗号分隔每个重命名操作。

案例4-26：

重命名订单表（orders）。

将orders表重命名为customer_orders，以更准确地反映表的内容。

```
RENAME TABLE orders TO customer_orders;
```

解释：这个操作将orders表的名称更改为customer_orders。这样的命名更明确地指出这个表包含的是客户的订单信息。

案例4-27：

同时重命名客户信息表（customers）和供应商信息表（suppliers）。

如果想要同时重命名customers表为client_info和suppliers表为vendor_info，可以在一个操作中完成。

```
RENAME TABLE customers TO client_info, suppliers TO vendor_info;
```

解释：这个操作同时更改了两个表的名称，customers表更改为client_info，而suppliers表更改为vendor_info。这种批量重命名操作可以提高效率，避免逐个更改表名。

案例4-28：

重命名表并转移到另一个数据库。

在某些情况下，可能需要将表从一个数据库移动到另一个数据库，并在此过程中重命名表。这可以通过在新表名前指定数据库名来实现。

```
RENAME TABLE current_db.orders TO archive_db.archived_orders;
```

解释：这个操作不仅更改了orders表的名称为archived_orders，而且还将表从current_db数据库移动到了archive_db数据库。这对于数据归档和组织管理非常有用。

通过上述案例，可以看到RENAME TABLE语句在MySQL数据库管理中的灵活性和实用性。无论是简单的重命名操作，还是更复杂的重命名并转移表到另一个数据库的操作，RENAME TABLE都能简洁高效地完成任务。正确使用这个命令可以帮助数据库管理员有效地管理和组织数据库中的数据表。

4.2.2　修改字段数据类型

在MySQL数据库中，修改字段数据类型是一个常见的操作，特别是在数据库设计阶段或者当业务需求发生变化时。修改字段数据类型可以通过ALTER TABLE语句实现。

修改字段数据类型的语法如下：

```
ALTER TABLE table_name
MODIFY COLUMN column_name new_data_type;
```

其中，table_name是要修改的表名，column_name是要修改的列名，new_data_type是新的数据类型。

案例4-29：

修改客户信息表（customers）中的Income字段数据类型。

假设原来Income字段的数据类型是INT，现在需要修改为DECIMAL (10,2)，以更准确地表示收入，包括小数。

```
ALTER TABLE customers
MODIFY COLUMN Income DECIMAL(10,2);
```

解释：这个操作将customers表中Income字段的数据类型从INT修改为DECIMAL(10,2)，允许存储小数点后两位的数值，适用于表示金钱数额。

案例4-30：

修改订单表（orders）中的OrderDate字段数据类型。

如果原来OrderDate字段的数据类型是VARCHAR(255)，现在需要修改为DATE类型，以便更好地处理日期。

```
ALTER TABLE orders
MODIFY COLUMN OrderDate DATE;
```

解释：这个操作将orders表中OrderDate字段的数据类型从VARCHAR (255)修改为DATE，使得该字段能够以日期格式存储数据，便于进行日期相关的操作和计算。

案例4-31：

修改供应商信息表（suppliers）中的Phone字段数据类型。

考虑到电话号码可能包含特殊字符（如＋、空格等），需要将Phone字段的数据类型从INT修改为VARCHAR(20)。

```
ALTER TABLE suppliers
MODIFY COLUMN Phone VARCHAR(20);
```

解释：这个操作将suppliers表中Phone字段的数据类型从INT修改为VARCHAR(20)，允许电话号码中包含数字以外的字符，提高了数据的灵活性和准确性。

总之，修改字段数据类型是调整数据库结构以适应业务需求变化的重要手段。在执行这类操作时，需要考虑数据类型的兼容性，确保数据的准确性和完整性不受影响。此外，修改数据类型可能会影响数据库性能，特别是在大型数据库中，因此在执行这些操作之前应进行充分的测试。

4.2.3 修改数据表字段

在MySQL数据库中，修改数据表字段是一项常见的数据库维护任务。这包括更改字段的名称、数据类型，添加新字段和删除现有字段等。以下是修改数据表字段的基本语法和三个具体案例，以订单表（orders）、客户信息表（customers）和供应商信息表（suppliers）为例。

基本语法如下：

① 添加新字段：

```
ALTER TABLE table_name ADD column_name datatype;
```

② 删除字段：

```
ALTER TABLE table_name DROP COLUMN column_name;
```

③ 修改字段类型：

```
ALTER TABLE table_name MODIFY COLUMN column_name new_datatype;
```

④ 更改字段名称和类型：

```
ALTER TABLE table_name CHANGE old_column_name new_column_name new_
datatype;
```

案例4-32：

在订单表（orders）中添加一个新字段。

假设需要在orders表中添加一个名为DeliveryDate的新字段，用于记录订单的预计送达日期。

```
ALTER TABLE orders ADD DeliveryDate DATE;
```

解释：此命令在orders表中添加了一个新的日期类型字段DeliveryDate，用于存储每个订单的预计送达日期。

案例4-33：

修改客户信息表（customers）中的字段类型。

假设需要将customers表中Income字段的数据类型从INT更改为DECIMAL (10,2)，以更准确地表示客户的收入。

```
ALTER TABLE customers MODIFY COLUMN Income DECIMAL(10, 2);
```

解释：此命令修改了customers表中Income字段的数据类型，将INT更改为DECIMAL(10, 2)，允许存储小数点后两位的数值，更适合表示收入。

案例4-34：

更改供应商信息表（suppliers）中的字段名称和类型。

假设需要将suppliers表中的Phone字段名称更改为ContactPhone，同时将其数据类型从VARCHAR(20)更改为VARCHAR(30)。

```
ALTER TABLE suppliers CHANGE Phone ContactPhone VARCHAR(30);
```

解释：此命令不仅更改了suppliers表中字段的名称，从Phone更改为ContactPhone，还将其数据类型从VARCHAR(20)更改为VARCHAR(30)，以便能够存储更长的电话号码。

总之，修改数据表字段是数据库管理和维护的重要部分。通过使用ALTER TABLE语句，可以轻松地添加新字段、删除不再需要的字段、修改字段的数据类型或更改字段的名称。在进行这些操作时，应该考虑到数据的完整性和应用程序的兼容性，以避免数据丢失或应用程序出错。

4.2.4 添加数据表字段

在MySQL数据库中，添加数据表字段是一个常见的操作，用于在现有表中插入新的列。这项操作可以通过ALTER TABLE语句实现，允许在表的结构中添加新字段，而不影响表中已存在的数据。

添加数据表字段的语法如下：

```
ALTER TABLE table_name
ADD column_name datatype [constraint];
```

其中：

- table_name：要修改的表名。
- column_name：要添加的新列的名称。
- datatype：新列的数据类型。
- constraint：可选，指定列的任何约束（例如，NOT NULL、PRIMARY KEY、FOREIGN KEY、DEFAULT等）。

案例4-35：

向客户信息表（customers）添加邮政编码字段。

假设需要在customers表中添加一个名为PostalCode的字段，用于存储客户的邮政编码。

```
ALTER TABLE customers
ADD PostalCode VARCHAR(10);
```

解释：此操作在customers表中添加了一个名为PostalCode的新字段，数据类型为VARCHAR，长度为10。这允许在客户信息中存储邮政编码。

案例4-36：

向订单表（orders）添加订单状态字段。

如果想跟踪订单的状态（例如，Pending、Completed、Cancelled等），可以向orders表中添加一个名为Status的字段。

```
ALTER TABLE orders
ADD Status VARCHAR(20) DEFAULT 'Pending';
```

解释：这个操作在orders表中添加了一个名为Status的新字段，数据类型为VARCHAR，长度为20，并且默认值为Pending。这样，新创建的订单默认状态为Pending，直到状态被更新。

案例4-37：

向供应商信息表（suppliers）添加联系人邮箱字段。

为了能够存储供应商联系人的电子邮件地址，可以向suppliers表中添加一个名为ContactEmail的字段。

```
ALTER TABLE suppliers
ADD ContactEmail VARCHAR(255);
```

解释：此操作在suppliers表中添加了一个名为ContactEmail的新字段，数据类型为VARCHAR，长度为255。这允许存储供应商联系人的电子邮件地址。

总之，通过使用ALTER TABLE语句添加新字段，可以灵活地扩展数据库表的结构，以适应应用程序的发展和数据存储需求的变化。在添加新字段时，考虑数据类型、默认值和约束是非常重要的，这有助于确保数据的完整性和准确性。

4.2.5 删除数据表字段

在MySQL数据库中，删除数据表字段是一个常见的操作，尤其是在调整数据库结构或移除不再需要的数据时。这个操作应该谨慎进行，因为一旦执行，相关的数据将会永久丢失。

删除数据表字段的语法如下：

```
ALTER TABLE table_name DROP COLUMN column_name;
```

这条命令会从table_name表中删除名为column_name的列。

案例4-38：

从订单表（orders）中删除SupplierID字段。

假设不再需要在订单表中跟踪供应商信息，可以删除SupplierID字段。

```
ALTER TABLE orders DROP COLUMN SupplierID;
```

解释：这个命令从orders表中删除了SupplierID列，移除了订单与供应商之间的直接关联。

案例4-39：

从客户信息表（customers）中删除Email字段。

如果决定不通过数据库跟踪客户的电子邮件地址，可以删除Email字段。

```
ALTER TABLE customers DROP COLUMN Email;
```

解释：执行这个命令后，customers表中的Email列将被删除，意味着所有关于客户电子邮件地址的数据都将丢失。

案例4-40：

从供应商信息表（suppliers）中删除Fax字段。

考虑到现代通信方式的变化，如果决定不再保留供应商的传真号码信息，可以删除Fax字段。

```
ALTER TABLE suppliers DROP COLUMN Fax;
```

解释：这个命令将从suppliers表中删除Fax列，去除存储供应商传真号码的字段。

注意事项：

- 数据备份：在删除字段之前，应该备份相关的数据或整个数据库，以防止意外数据丢失。
- 影响分析：删除字段可能会影响数据库中的其他表或应用程序的功能，因此在执行删除操作之前，应该进行彻底的影响分析。
- 更新应用程序：如果应用程序使用了被删除的字段，需要更新应用程序代码，以适应数据库结构的变化。
- 删除数据表字段是一个不可逆的操作，因此在执行之前需要仔细考虑。确保已经评估了所有潜在的影响，并且已经采取了适当的预防措施，如数据备份。

4.2.6 修改存储引擎

在MySQL数据库中，修改表的存储引擎可以根据应用的需求来优化性能、提高数据的处理效率或满足特定的数据一致性和恢复需求。修改存储引擎是一个重要的决策，应该基于对不同存储引擎特性的理解以及对现有数据和应用性能的评估。

MySQL提供了ALTER TABLE语句来修改现有表的存储引擎，基本语法如下：

```
ALTER TABLE table_name ENGINE = new_storage_engine;
```

其中，table_name是要修改的表名，new_storage_engine是新的存储引擎名称。

案例4-41：

将客户信息表（customers）的存储引擎从MyISAM更改为InnoDB。

原因：InnoDB支持事务处理、行级锁定和外键约束，适合需要这些特性的应用。

SQL语句如下：

```
ALTER TABLE customers ENGINE = InnoDB;
```

解释：此操作将customers表的存储引擎从MyISAM更改为InnoDB，以利用InnoDB提供的事务安全和更好的并发支持。

案例4-42：

将订单表（orders）的存储引擎从InnoDB更改为MyISAM。

原因：如果orders表主要用于读取操作，且不需要事务处理或外键约束，MyISAM可能提供更好的性能。

SQL语句如下：

```
ALTER TABLE orders ENGINE = MyISAM;
```

解释：此操作将orders表的存储引擎从InnoDB更改为MyISAM，可能会提高读取操作的性能，但牺牲了事务处理和外键约束的支持。

案例4-43：

将供应商信息表（suppliers）的存储引擎从InnoDB更改为MEMORY。

原因：如果suppliers表用于频繁查询的静态数据，将其存储在内存中可以显著提高查询速度。

SQL语句如下：

```
ALTER TABLE suppliers ENGINE = MEMORY;
```

解释：此操作将suppliers表的存储引擎从InnoDB更改为MEMORY，以提高数据访问速度。需要注意的是，MEMORY存储引擎存储的数据在数据库重启后会丢失，因此适用于临时数据或可以从其他地方恢复的数据。

总之，修改存储引擎是根据应用需求对数据库性能进行优化的一种方式。选择合适的存储引擎可以提高数据处理效率、优化资源使用和满足特定的数据管理需求。在进行存储引擎更改之前，应该仔细评估不同存储引擎的特性和应用需求，以确保数据的安全性和应用的性能。

4.2.7　删除外键约束

在MySQL数据库中，删除外键约束是一个常见的操作，特别是在需要修改表结构或优化数据库性能时。删除外键约束可以减少数据维护的复杂性，但同时也需要确保不会破坏数据的完整性。

要删除外键约束，首先需要知道外键约束的名称。如果不知道名称，可以通过查询数据库的信息模式（INFORMATION_SCHEMA）来找到。

查询外键约束名称的语法：

```
SELECT CONSTRAINT_NAME
FROM INFORMATION_SCHEMA.KEY_COLUMN_USAGE
WHERE  TABLE_NAME = 'your_table_name' AND  TABLE_SCHEMA = 'your_
database_name';
```

删除外键约束的语法：

```
ALTER TABLE your_table_name DROP FOREIGN KEY foreign_key_name;
```

案例4-44：

删除订单表（orders）中的外键约束。

假设订单表（orders）中有一个外键约束，名称为fk_CustomerID，指向客户信息表（customers）的CustomerID字段。删除外键约束的SQL代码如下：

```
ALTER TABLE orders DROP FOREIGN KEY fk_CustomerID;
```

解释：此操作将从orders表中删除名为fk_CustomerID的外键约束，解除orders表和customers表之间的直接关联。在执行此操作前，应确保不会因此破坏数据的完整性。

案例4-45：

删除客户信息表（customers）中的外键约束。

假设客户信息表（customers）中有一个外键约束，指向另一个表，需要先查询外键约束的名称，然后删除它。

查询外键名称的代码如下：

```
SELECT CONSTRAINT_NAME
FROM INFORMATION_SCHEMA.KEY_COLUMN_USAGE
WHERE TABLE_NAME = 'customers' AND TABLE_SCHEMA = 'your_database_
name';
```

删除外键约束（假设外键约束名称为fk_some_constraint）的代码如下：

```
ALTER TABLE customers DROP FOREIGN KEY fk_some_constraint;
```

解释：首先查询customers表中所有外键约束的名称，然后根据得到的外键约束名称（例如fk_some_constraint），从表中删除该外键约束。

案例4-46：

删除供应商信息表（suppliers）中的外键约束。

假设供应商信息表（suppliers）中有一个外键约束，名称为fk_region_id，指向一个地区表（regions）的RegionID字段。删除外键约束的SQL代码如下：

```
ALTER TABLE suppliers DROP FOREIGN KEY fk_region_id;
```

解释：此操作将从suppliers表中删除名为fk_region_id的外键约束，解除suppliers表和regions表之间的直接关联。在执行此操作前，应确保不会因此破坏数据的完整性。

总之，删除外键约束是调整数据库结构的一个重要步骤，但在执行此操作时必须谨慎，以避免破坏数据的完整性。在删除外键约束之前，应充分理解外键约束的作用，并确保数据之间的逻辑关系不会因此受到影响。

4.2.8　删除关联数据表

在MySQL数据库中，删除关联数据表通常涉及外键约束的处理。外键约束确保了数据库的引用完整性，通过外键约束，可以在删除或更新关联表中的数据时，对主表中的数据进行级联删除、级联更新或其他操作，以保持数据的一致性。

在删除关联数据表之前，需要考虑外键约束的影响。如果尝试删除的数据被其他表通过外键引用，直接删除可能会导致错误。处理方法包括：

① 删除外键约束：先删除外键约束，然后删除数据。

② 使用级联删除：在外键约束中使用ON DELETE CASCADE选项，当主表中的记录被删除时，自动删除外键表中的相关记录。

删除外键约束的语法如下：

```
ALTER TABLE table_name DROP FOREIGN KEY fk_name;
```

删除表的语法：

```
DROP TABLE table_name;
```

案例4-47：

假设orders表中的CustomerID是外键，引用customers表中的CustomerID。删除订单表（orders）中的记录，同时删除客户信息表（customers）中的相关记录。

```
ALTER TABLE orders ADD CONSTRAINT fk_customer
FOREIGN KEY (CustomerID) REFERENCES customers(CustomerID)
ON DELETE CASCADE;
```

解释：在orders表中添加外键约束fk_customer，并设置ON DELETE CASCADE选项。这样，当customers表中的某个CustomerID被删除时，orders表中所有引用该CustomerID的记录也会自动删除，保持数据的一致性。

案例4-48：

删除供应商信息表（suppliers）中的记录，不影响订单表（orders）。

如果orders表中的SupplierID引用了suppliers表中的SupplierID，但希望删除suppliers表中的记录而不自动删除orders表中的相关记录，代码如下：

```
ALTER TABLE orders DROP FOREIGN KEY fk_supplier;
```

解释：首先删除orders表中的外键约束fk_supplier。这样，即使suppliers表中的记录被删除，也不会影响orders表中的记录。之后，可以安全地删除suppliers表中的记录。

案例4-49：

删除客户信息表（customers）和订单表（orders）。

在删除customers表之前，确保没有表通过外键引用customers表中的数据，或者已经设置了适当的级联操作。

```
DROP TABLE IF EXISTS orders;
DROP TABLE IF EXISTS customers;
```

解释：首先删除orders表，因为它可能包含引用customers表中数据的外键。然后删除customers表。使用IF EXISTS选项避免由表不存在而导致的错误。

总之，在处理关联数据表的删除操作时，必须仔细考虑外键约束的影响。正确处理外键约束可以保持数据库的引用完整性，避免数据不一致的问题。在实际操作中，可能需要根据具体情况选择删除外键约束、使用级联删除或先删除引用表中的数据。

4.3 插入、更新与删除数据

4.3.1 数据表插入数据

在MySQL数据库中，插入数据是将新行添加到表中的基本操作之一。这个过程涉及指定要插入的表和提供要插入的值。下面是插入数据的基本语法和三个具体的案例，分别针对订单表（orders）、客户信息表（customers）和供应商信息表（suppliers）。

插入数据的基本语法如下：

```
INSERT INTO table_name (column1, column2, column3, ...)
VALUES (value1, value2, value3, ...);
```

其中：table_name是想要插入数据的表名，"column1, column2, column3, ..."是表中的列名，而"value1, value2, value3, ..."是对应列的值。

案例4-50：

向客户信息表（customers）插入数据。

假设要为客户信息表添加一个新客户，代码如下：

```
INSERT INTO customers (CustomerID, Name, Email, Age, Address)
VALUES (1, 'John Doe', 'john.doe@example.com', 30, '123 Main St');
```

解释：这个例子向customers表中插入了一个新的客户记录，包括客户ID、姓名、电子邮箱、年龄和地址。

案例4-51：

向订单表（orders）插入数据。

假设要添加一个新订单，该订单由客户ID为1的客户下达，代码如下：

```
INSERT INTO orders (OrderID, CustomerID, OrderDate, Amount)
VALUES (101, 1, '20230401', 150.00);
```

解释：这个例子向orders表中插入了一个新的订单记录，包括订单ID、客户ID、订单日期和订单金额。

案例4-52：

向供应商信息表（suppliers）插入数据。

假设要为供应商信息表添加一个新的供应商，代码如下：

```
INSERT INTO suppliers (SupplierID, CompanyName, ContactName, Phone,
Address, City)
VALUES (1, 'Acme Corporation', 'Alice Jones', '5551234', '456 Elm St',
'Metropolis');
```

解释：这个例子向suppliers表中插入了一个新的供应商记录，包括供应商ID、公司名称、联系人姓名、电话、地址和城市。

上述案例展示了如何在MySQL数据库中向不同的表插入数据。插入数据是数据库管理和应用程序开发中的一个基本操作，它允许我们向数据库中添加新的记录。在实际应用中，根据业务需求，可能需要插入各种不同的数据。掌握插入数据的基本语法和方法对于有效地管理和利用数据库至关重要。

4.3.2 数据表更新数据

在MySQL数据库中，更新数据是常见的操作，允许修改表中的现有记录。这种操作对于维护数据库的准确性和时效性至关重要。

更新数据的基本语法如下：

```
UPDATE table_name
SET column1 = value1, column2 = value2, ...
WHERE condition;
```

其中：

- table_name：要更新数据的表名。
- "SET column1 = value1, column2 = value2, ..."：指定要更新的列和它们的新值。
- WHERE condition：指定哪些记录需要被更新。如果省略，所有记录都会被更新，这可能导致数据丢失。

案例4-53：

更新客户信息表中的客户邮箱。

假设需要更新客户信息表（customers）中某个客户的电子邮件地址，代码如下：

```
UPDATE customers
SET Email = 'newemail@example.com'
WHERE CustomerID = 1;
```

解释：这个例子将customers表中CustomerID为1的客户的Email字段更新为newemail@example.com。WHERE子句确保只有指定的记录被更新。

案例4-54：

批量更新供应商信息表中的国家名称。

如果需要将供应商信息表（suppliers）中所有位于"United States"的供应商的国家名称更新为"USA"，代码如下：

```
UPDATE suppliers
SET Country = 'USA'
WHERE Country = 'United States';
```

解释：此语句查找suppliers表中所有Country字段为"United States"的记录，并将这些记录的Country字段更新为"USA"。

案例4-55：

更新订单表中的销售额和数量。

假设对于订单表（orders），将订单ID为123的订单的销售额增加10%，数量增加2，代码如下：

```
UPDATE orders
SET Sales = Sales * 1.1, Amount = Amount + 2
WHERE OrderID = 123;
```

解释：在这个例子中，orders表中OrderID为123的记录的Sales字段被更新为原来的1.1倍，Amount字段的值增加2。这种类型的更新对于应对价格调整或数量变更等情况非常有用。

总之，更新操作是数据库管理中的核心任务之一，它能帮助维护数据的准确性和时效性。使用UPDATE语句，可以修改一个或多个记录的一个或多个字段。在执行更新操作时，使用WHERE子句来指定哪些记录应该被更新是非常重要的，以避免不必要的数据修改。在没有WHERE子句的情况下，表中的所有记录都会被更新，这可能导致数据丢失。

4.3.3　数据表删除数据

在MySQL数据库中，删除数据是一个常见的操作，它可以帮助我们管理和维护数据库的数据完整性和存储效率。删除数据操作可以通过DELETE语句实现，该语句允许根据特定条件删除表中的行。

删除数据基本语法如下：

```
DELETE FROM table_name WHERE condition;
```

其中：

- table_name：指定要从中删除数据的表名。
- condition：指定行被删除的条件。如果省略此条件，将删除表中的所有行（这是一个危险操作，因为它会清空整个表）。

案例4-56：

删除特定客户的所有订单。

假设需要删除客户ID为123的所有订单，可以使用以下DELETE语句：

```
DELETE FROM orders WHERE CustomerID = 123;
```

解释：这个语句会删除orders表中所有CustomerID为123的行。这对于移除特定客户的所有订单记录很有用。

案例4-57：

删除过期的供应商信息。

如果某些供应商不再与我们合作，可能需要删除这些供应商的信息。假设供应商ID为456的供应商不再合作，将其删除的SQL代码如下：

```
DELETE FROM suppliers WHERE SupplierID = 456;
```

解释：此语句将从suppliers表中删除SupplierID为456的行。这有助于保持供应商信息的准确性和最新性。

案例4-58：

删除没有订单的客户。

如果某些客户从未下过订单，我们可能想要清理这些客户的信息。这需要更复杂的查询，例如，使用NOT EXISTS子查询：

```
DELETE FROM customers WHERE NOT EXISTS (SELECT * FROM orders WHERE
orders.CustomerID = customers.CustomerID);
```

解释：这个语句会删除在orders表中没有订单记录的客户。这有助于清理那些可能只是注册但从未进行交易的客户记录。

注意事项：

- 在执行DELETE操作前，应确保已经备份了重要数据，以防不小心删除了不应该删除的数据。
- 使用WHERE子句明确指定删除条件，避免不必要的数据丢失。
- 在涉及外键约束的表上执行DELETE操作时，需要特别注意，因为删除操作可能会因为外键约束而失败，或者触发级联删除，影响到其他表的数据。

通过这些案例，可以看到DELETE语句在数据库管理中的重要性和灵活性，它允许根据特定条件删除数据，帮助维护数据库的整洁和有效管理数据存储。

4.4 利用 ChatGPT 操作数据表

ChatGPT不具备直接查询、插入、更新和删除数据表数据的功能，但是可以通过编写代码，利用ChatGPT和其他工具来实现这些操作。

4.4.1 利用 ChatGPT 创建数据表

下面演示如何利用ChatGPT创建数据表，输入的提示语如下：

你是精通数据库的专家，具备如下能力和知识：

（1）数据库设计：熟悉数据库设计的流程和步骤，包括数据库设计方案、数据库架构、数据库存储、表设计等。

（2）基本SQL技能：熟悉MySQL、Oracle、SQL Server等关系数据库，熟悉复杂查询、存储过程等的编写。

（3）数据库管理：管理数据库中的数据，包括数据的增删改查等操作，以及数据的备份、恢复、分区、安全性等。

（4）数据库开发：熟悉数据库开发的流程和技术，如数据库设计、数据库编程、数据库测试等。

（5）数据库性能优化：使用优化技术优化数据库的性能，如索引优化、事务处理、缓存，以及数据备份和恢复等。

（6）数据备份：定期备份数据库，确保数据的可用性，并在需要时进行数据恢复。

（7）系统维护：管理数据库系统的日常运维，包括系统备份、系统监控、故障排除等。

（8）数据库性能调优：进行数据库性能优化，如查询优化、索引优化、缓存优化等。

使用pymysql库，连接本地MySQL数据库，端口号是3306，用户名是root，密码是root，数据库是demo，创建表person，字段包括id、name、age、info，主键是id，程序中需要添加详细的中文注释。

ChatGPT的输出如下：

```
import pymysql

# 连接本地MySQL数据库
connection = pymysql.connect(host='localhost',
                             user='root',
                             password='root',
                             database='demo',
                             port=3306,
                             charset='utf8mb4',
                             cursorclass=pymysql.cursors.DictCursor)

try:
    # 使用cursor()方法获取操作游标
    with connection.cursor() as cursor:
```

```
# 创建person表的SQL语句
create_table_sql = """
CREATE TABLE IF NOT EXISTS person (
    id INT AUTO_INCREMENT PRIMARY KEY,
    name VARCHAR(255) NOT NULL,
    age INT NOT NULL,
    info TEXT
)  ENGINE=INNODB;
"""
# 执行SQL语句
cursor.execute(create_table_sql)
# 提交到数据库执行
connection.commit()
finally:
    # 关闭数据库连接
    connection.close()
```

运行上述 ChatGPT 的输出，就会在 demo 数据库中创建一张 person 表，如图 4-1 所示。

图 4-1 创建 person 表

4.4.2 利用 ChatGPT 修改字段

下面演示如何利用 ChatGPT 修改数据表字段，输入的提示语如下：

你是精通数据库的专家，具备如下能力和知识：

（1）数据库设计：熟悉数据库设计的流程和步骤，包括数据库设计方案、数据库架构、数据库存储、表设计等。

（2）基本 SQL 技能：熟悉 MySQL、Oracle、SQL Server 等关系数据库，熟悉复杂查询、存储过程等的编写。

（3）数据库管理：管理数据库中的数据，包括数据的增删改查等操作，以及数据的备份、恢复、分区、安全性等。

（4）数据库开发：熟悉数据库开发的流程和技术，如数据库设计、数据库编程、数据库测试等。

（5）数据库性能优化：使用优化技术优化数据库的性能，如索引优化、事务处理、缓存，以及数据备份和恢复等。

（6）数据备份：定期备份数据库，确保数据的可用性，并在需要时进行数据恢复。

（7）系统维护：管理数据库系统的日常运维，包括系统备份、系统监控、故障排除等。

（8）数据库性能调优：进行数据库性能优化，如查询优化、索引优化、缓存优化等。

使用 pymysql 库，连接本地 MySQL 数据库，端口号是 3306，用户名是 root，密码是 root，

69

数据库是demo，创建表person，将person表中的'info'字段修改为'job'，程序中需要添加详细的中文注释。

ChatGPT的输出如下：

```python
import pymysql

def modify_column():
    # 连接数据库
    try:
        # 使用pymysql库连接本地MySQL数据库
        connection = pymysql.connect(host='localhost',
                                     user='root',
                                     password='root',
                                     database='demo',
                                     port=3306)
        print("数据库连接成功")

        # 创建一个游标对象
        cursor = connection.cursor()

        # SQL语句：修改person表中的info字段为job
        modify_sql = "ALTER TABLE person CHANGE COLUMN info job VARCHAR(255);"

        # 执行SQL语句
        cursor.execute(modify_sql)

        # 提交到数据库执行
        connection.commit()
        print("字段修改成功")

    except pymysql.MySQLError as e:
        print(f"数据库错误 {e}")
        # 发生错误时回滚
        connection.rollback()
    finally:
        # 关闭数据库连接
        if connection:
            connection.close()
            print("数据库连接已关闭")

# 调用函数
modify_column()
```

运行上述ChatGPT的输出，就会修改person表的字段信息，如图4-2所示。

图 4-2 修改 person 表的字段信息

4.4.3 利用 ChatGPT 插入数据

下面演示如何利用 ChatGPT 向数据表插入数据，输入的提示语如下：

你是精通数据库的专家，具备如下能力和知识：

（1）数据库设计：熟悉数据库设计的流程和步骤，包括数据库设计方案、数据库架构、数据库存储、表设计等。

（2）基本 SQL 技能：熟悉 MySQL、Oracle、SQL Server 等关系数据库，熟悉复杂查询、存储过程等的编写。

（3）数据库管理：管理数据库中的数据，包括数据的增删改查等操作，以及数据的备份、恢复、分区、安全性等。

（4）数据库开发：熟悉数据库开发的流程和技术，如数据库设计、数据库编程、数据库测试等。

（5）数据库性能优化：使用优化技术优化数据库的性能，如索引优化、事务处理、缓存，以及数据备份和恢复等。

（6）数据备份：定期备份数据库，确保数据的可用性，并在需要时进行数据恢复。

（7）系统维护：管理数据库系统的日常运维，包括系统备份、系统监控、故障排除等。

（8）数据库性能调优：进行数据库性能优化，如查询优化、索引优化、缓存优化等。

使用 pymysql 库，连接本地 MySQL 数据库，端口号是 3306，用户名是 root，密码是 root，数据库是 demo，向 person 表中插入一条新记录，id 值为 11，name 值为 Harry，age 值为 30，job 值为 lawyer，程序中需要添加详细的中文注释。

ChatGPT 的输出如下：

```python
import pymysql

# 连接本地MySQL数据库
conn = pymysql.connect(host='localhost', port=3306, user='root',
password='root', database='demo', charset='utf8')
try:
    # 创建游标对象
    with conn.cursor() as cursor:
        # SQL插入语句
        insert_sql = "INSERT INTO person (id, name, age, job) VALUES
(%s, %s, %s, %s)"
        # 要插入的数据
        new_record = (11, 'Harry', 30, 'lawyer')
        # 执行SQL语句
        cursor.execute(insert_sql, new_record)
```

```
        # 提交到数据库执行
        conn.commit()
        print("数据插入成功")
except pymysql.MySQLError as e:
    print("数据插入错误", e)
    # 发生错误时回滚
    conn.rollback()
finally:
    # 关闭数据库连接
    conn.close()
```

运行上述ChatGPT的输出，就会向person表插入数据，如图4-3所示。

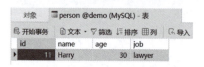

图 4-3　向 person 表插入数据

4.4.4　利用 ChatGPT 更新数据

下面演示如何利用ChatGPT更新数据表记录，输入的提示语如下：

你是精通数据库的专家，具备如下能力和知识：

（1）数据库设计：熟悉数据库设计的流程和步骤，包括数据库设计方案、数据库架构、数据库存储、表设计等。

（2）基本SQL技能：熟悉MySQL、Oracle、SQL Server等关系数据库，熟悉复杂查询、存储过程等的编写。

（3）数据库管理：管理数据库中的数据，包括数据的增删改查等操作，以及数据的备份、恢复、分区、安全性等。

（4）数据库开发：熟悉数据库开发的流程和技术，如数据库设计、数据库编程、数据库测试等。

（5）数据库性能优化：使用优化技术优化数据库的性能，如索引优化、事务处理、缓存，以及数据备份和恢复等。

（6）数据备份：定期备份数据库，确保数据的可用性，并在需要时进行数据恢复。

（7）系统维护：管理数据库系统的日常运维，包括系统备份、系统监控、故障排除等。

（8）数据库性能调优：进行数据库性能优化，如查询优化、索引优化、缓存优化等。

使用pymysql库，连接本地MySQL数据库，端口号是3306，用户名是root，密码是root，数据库是demo，在person表中，更新id值为11的记录，将name字段值改为LiMing，将age字段值改为35，程序中需要添加详细的中文注释。

ChatGPT的输出如下：

```
import pymysql


def update_person_record():
```

```
# 连接数据库
connection = pymysql.connect(host='localhost',
                             user='root',
                             password='root',
                             database='demo',
                             port=3306,
                             charset='utf8mb4',
                             cursorclass=pymysql.cursors.DictCursor)
try:
    # 创建游标对象
    with connection.cursor() as cursor:
        # SQL更新语句
        update_sql = "UPDATE person SET name = 'LiMing', age = 35
WHERE id = 11"
        # 执行SQL语句
        cursor.execute(update_sql)
        # 提交到数据库执行
        connection.commit()
        print("记录更新成功")
except Exception as e:
    print(f"数据库操作出现问题: {e}")
    # 发生错误时回滚
    connection.rollback()
finally:
    # 关闭数据库连接
    connection.close()

# 调用函数更新记录
update_person_record()
```

运行上述ChatGPT的输出，就会更新person表的字段信息，如图4-4所示。

图 4-4　更新 person 表的字段信息

5

数据库基础查询

数据库基础查询是数据库管理的重要组成部分，主要包括单表查询、聚合查询和连接查询。单表查询用于从一个表中检索数据，聚合查询用于对数据进行汇总和统计，连接查询用于在多个表之间建立关联并检索相关数据。掌握这些基础查询技能对于有效管理和分析数据库中的信息至关重要。本章介绍上述的数据库基础查询。

5.1　单表查询

5.1.1　按指定字段查询

在MySQL数据库中，按指定字段查询是最基本也是最常用的查询操作之一。它允许从一个表中检索数据，可以根据特定的条件过滤结果，选择特定的列，以及对结果进行排序。

基本语法如下：

```
SELECT column1, column2, ...
FROM table_name
WHERE condition
ORDER BY column1, column2, ... ASC|DESC;
```

其中：

- SELECT后面为要选择的列名。
- FROM指定了要从哪个表中检索数据。
- WHERE子句是可选的，用于指定查询的条件。
- ORDER BY也是可选的，用于对结果进行排序。

案例5-1：

查询订单表中所有订单的详细信息。

如果想要查看订单表（orders）中所有订单的详细信息，可以使用以下查询语句：

```
SELECT * FROM orders;
```

其中：*代表选择所有列，即获取订单表中所有订单的所有信息。

案例5-2：

查询客户信息表中特定年龄段的客户。

如果想要查询客户信息表（customers）中年龄在20～30岁之间的客户的姓名和电子邮件地址，可以使用以下查询语句：

```
SELECT CustomerName, Email
FROM customers
WHERE Age BETWEEN 20 AND 30;
```

其中，WHERE子句使用了BETWEEN操作符来过滤年龄在20～30岁之间的记录。

案例5-3：

按销售额降序查询订单表中的订单。

如果想要查看订单表（orders）中的订单，并按销售额（Sales）从高到低排序，可以使用以下查询语句：

```
SELECT OrderID, CustomerName, Sales
```

```
FROM orders
ORDER BY Sales DESC;
```

其中，ORDER BY子句指定了按照Sales列降序排序结果，DESC关键字表示降序，如果想要升序可以使用ASC或省略（默认为升序）。

这3个案例展示了如何在MySQL数据库中进行基本的单表查询，包括选择特定的列、使用条件过滤结果以及对结果进行排序。通过这些基本的查询操作，可以灵活地从数据库表中检索出需要的信息。

5.1.2　使用 WHERE 条件查询

在MySQL数据库中，WHERE子句用于过滤查询结果，只返回满足指定条件的记录。它可以用在SELECT、UPDATE、DELETE等语句中，以限制哪些行应该被包含在结果集中或者被操作。

案例5-4：

查询特定客户的订单信息。

如果想要查询客户编号为Cust19345的所有订单信息，可以在orders表中使用WHERE子句来实现。

```
SELECT * FROM orders
WHERE CustomerID = 'Cust19345';
```

这条查询语句会返回orders表中所有CustomerID字段值为Cust19345的记录。

案例5-5：

查询特定年龄段的客户信息。

如果想要查询年龄在30～40岁之间的所有客户，可以在customers表中使用WHERE子句来过滤年龄。

```
SELECT * FROM customers
WHERE Age BETWEEN 30 AND 40;
```

这条查询语句会返回customers表中所有Age字段值在30～40之间的记录。

案例5-6：

查询特定国家的供应商信息。

如果需要找出所有位于中国('中国')的供应商，可以在suppliers表中使用WHERE子句来过滤国家。

```
SELECT * FROM suppliers
WHERE Country = '中国';
```

这条查询语句会返回suppliers表中所有Country字段值为中国的记录。

解释：

● 在案例5-4中，WHERE子句通过匹配CustomerID字段的值来过滤订单，只返回特定客户的订单。

- 在案例5-5中，WHERE子句使用BETWEEN操作符来过滤年龄，只返回年龄在指定范围内的客户。
- 在案例5-6中，WHERE子句通过匹配Country字段的值来过滤供应商，只返回特定国家的供应商。

通过使用WHERE子句，可以根据特定的条件来过滤数据库中的记录，这是数据库查询中非常强大且常用的功能。

5.1.3 使用 IN 关键字范围查询

MySQL数据库中的IN关键字用于在WHERE子句中指定一个范围，查询这个范围内的值。使用IN关键字可以使查询更加简洁，尤其是当需要匹配多个值时，比使用多个OR条件更为高效和易读。

案例5-7：

查询特定客户的订单。

如果想要查询客户编号为Cust19345和Cust20005的所有订单，可以在orders表中使用IN关键字进行查询。

```
SELECT * FROM orders
WHERE CustomerID IN ('Cust19345', 'Cust20005');
```

这条查询返回orders表中所有CustomerID为Cust19345或Cust20005的记录。

案例5-8：

查询特定类别的产品。

如果想要查询办公类和技术类的所有产品，可以在orders表中使用IN关键字。

```
SELECT * FROM orders
WHERE Category IN ('办公类', '技术类');
```

这条查询返回orders表中所有Category为办公类或技术类的记录。

案例5-9：

查询特定供应商提供的产品。

如果想要找出供应商编号为10和22提供的所有产品，可以在orders表中使用IN关键字进行查询。

```
SELECT * FROM orders
WHERE SupplierID IN (10, 22);
```

这条查询返回orders表中所有SupplierID为10或22的记录。

在以上3个案例中，IN关键字后面跟着一个括号，括号内是想要匹配的值列表。当WHERE子句中的列值匹配列表中的任何一个值时，该记录就会被选中。使用IN关键字可以不必为每个想要匹配的值重复写OR条件，从而使查询更加简洁和高效。

5.1.4　使用 BETWEEN AND 关键字查询

在 MySQL 数据库中，BETWEEN AND 关键字用于在两个值之间选择数据范围，包括这两个值。它可以用于数字、文本（字符串）和日期数据类型的字段。这个关键字使得查询特定范围的数据变得简单和直观。

案例 5-10：

查询特定日期范围内的订单。

如果想要查询 orders 表中 2023 年 1 月 1 日至 2023 年 1 月 31 日之间的所有订单，代码如下：

```
SELECT * FROM orders
WHERE OrderDate BETWEEN '20230101' AND '20230131';
```

这个查询会返回 OrderDate 字段在 2023 年 1 月 1 日至 2023 年 1 月 31 日之间的所有记录。

案例 5-11：

查询特定收入范围的客户。

如果想要从 customers 表中找出年收入在 50000 ~ 100000 之间的客户，代码如下：

```
SELECT * FROM customers
WHERE Income BETWEEN '50000' AND '100000';
```

这个查询会返回 Income 字段值在 50000 ~ 100000 之间的所有客户记录。注意，如果 Income 字段是数值类型，引号不是必需的。

案例 5-12：

查询特定供应商编号范围的供应商信息。

如果需要查询 suppliers 表中供应商编号在 5 ~ 10 之间的供应商信息，代码如下：

```
SELECT * FROM suppliers
WHERE SupplierID BETWEEN 5 AND 10;
```

这个查询将返回 SupplierID 在 5 ~ 10 之间的所有供应商记录，包括 5 和 10。

解释：

- BETWEEN AND 关键字定义了查询的上下限（包含这两个边界值）。
- 它可以用于多种数据类型，如日期、数值和字符串等。
- 这种查询方式简化了需要指定上下限范围的查询操作，使得 SQL 代码更加简洁易读。
- 在使用 BETWEEN AND 时，要确保起始值小于或等于结束值，特别是对于数值和日期类型的数据，以避免返回空结果集。

5.1.5　使用 DISTINCT 查询结果去重

在 MySQL 数据库中，DISTINCT 关键字用于在查询结果中去除重复的记录，只返回唯一不同的值。这在分析数据时非常有用，尤其是当想知道某个字段中有多少种不同的值时。

案例5-13：

查询订单表（orders）中不同的商品类别。

```
SELECT DISTINCT Category FROM orders;
```

这个查询会返回orders表中所有不同的Category值。使用DISTINCT关键字，即使某个类别在多个订单中出现，也只会被列出一次。

案例5-14：

查询客户信息表（customers）中不同的教育程度。

```
SELECT DISTINCT Education FROM customers;
```

此查询返回customers表中所有客户的不同教育程度。这对于了解客户群体的教育背景分布非常有帮助。

案例5-15：

查询供应商信息表（suppliers）中不同的国家。

```
SELECT DISTINCT Country FROM suppliers;
```

这个查询返回suppliers表中所有供应商所在的不同国家。这有助于了解供应商网络覆盖了哪些国家。

在以上这3个案例中，DISTINCT关键字的使用非常直接。它紧跟在SELECT关键字之后，指定数据库系统在返回结果前，需要去除指定列中的重复值。这对于数据分析和报告非常有用，因为它能快速识别出数据中的唯一值集合。注意，当使用DISTINCT对多列进行查询时，返回的结果是这些列组合起来的唯一值。

5.1.6　使用 LIMIT 限制查询结果数量

在MySQL数据库中，LIMIT关键字用于限制查询结果的数量，这在处理大量数据时非常有用，尤其是在需要分页显示结果时。LIMIT可以单独使用，也可以与OFFSET一起使用来跳过指定数量的行。

案例5-16：

查询前10个订单。

假设想要查看orders表中的前10个订单，可以使用以下SQL查询：

```
SELECT * FROM orders LIMIT 10;
```

这条查询将返回orders表中的前10行。这在只需要查看表的部分数据时非常有用，比如进行快速检查或者测试。

案例5-17：

查询5个特定客户信息。

如果想要从customers表中获取5个客户的信息，可以使用LIMIT来实现：

```
SELECT * FROM customers LIMIT 5;
```

这将返回customers表中前5个客户的所有信息。这种查询通常用于需要获取表中的小部分数据进行分析或展示的情况。

案例5-18：

分页查询供应商信息。

在实际应用中，分页是一个常见需求。比如，想要获取第2页的供应商信息，假设每页显示5条记录。这时，可以使用LIMIT结合OFFSET来实现：

```
SELECT * FROM suppliers LIMIT 5 OFFSET 5;
```

或者等价的简写形式：

```
SELECT * FROM suppliers LIMIT 5, 5;
```

这里，"LIMIT 5 OFFSET 5"表示跳过前5条记录，然后返回接下来的5条记录。如果把这个视为分页，那么这实际上是获取第2页的数据（假设每页5条记录）。OFFSET的值等于页数（此案例为1）×每页记录数。

解释：

- LIMIT关键字：用于限制SQL查询结果的数量。
- OFFSET关键字：用于指定从哪一条记录开始返回结果，通常与LIMIT一起使用来实现数据的分页显示。
- 在实际应用中，LIMIT和OFFSET的组合非常有用，特别是在需要处理大量数据并且只需要展示部分数据时，如网页或应用程序中的分页功能。

5.1.7　使用 ORDER BY 查询结果排序

在MySQL数据库中，ORDER BY关键字用于对查询结果集进行排序。默认情况下，ORDER BY按照升序（ASC）排序，也可以指定降序（DESC）排序。

基本语法如下：

```
SELECT column1, column2, ...
FROM table_name
ORDER BY column1 [ASC|DESC], column2 [ASC|DESC], ...;
```

案例5-19：

按订单日期降序排序订单。

如果想查看订单表（orders），并按订单日期（OrderDate）从高到低排序，SQL语句如下：

```
SELECT OrderID, CustomerName, OrderDate
FROM orders
ORDER BY OrderDate DESC;
```

这个查询会返回订单列表，按订单日期从高到低排序，快速识别最近的订单。

案例5-20：

按年龄升序排序客户。

如果想根据年龄对客户信息表（customers）进行排序，以便了解客户年龄分布，SQL语句如下：

```
SELECT CustomerID, Name, Age
FROM customers
ORDER BY Age ASC;
```

这个查询按客户的年龄从小到大排序，可以帮助分析不同年龄段的客户群体。

案例5-21：

按公司名称排序供应商。

当需要查看供应商信息表（suppliers），并希望按公司名称（CompanyName）字母顺序排序时，SQL语句如下：

```
SELECT SupplierID, CompanyName, ContactName
FROM suppliers
ORDER BY CompanyName ASC;
```

这个查询按公司名称的字母顺序排序供应商，便于查找特定的供应商信息。

解释：

- ORDER BY关键字后面跟着想要排序的列名。如果有多个列，它们将按照列出的顺序进行排序。
- 默认情况下，排序是升序的（从小到大，或从A到Z）。使用ASC来明确指定升序排序，虽然这通常不是必需的。
- 使用DESC关键字可以实现降序排序（从大到小，或从Z到A）。
- 在多列排序时，第一列是主要排序依据。只有当第一列中的值相等时，才会考虑第二列，以此类推。

通过这3个案例，可以看到ORDER BY关键字是如何灵活地用于不同的查询中，以满足数据分析和报告的需求的。

5.1.8 使用 LIKE 关键字模糊查询

MySQL数据库中的LIKE关键字用于在WHERE子句中执行模糊查询。它允许搜索列中的数据，这些数据匹配指定的模式。在LIKE模式中，% 表示任意数量的字符。

案例5-22：

查找特定名称的客户。

如果想要找到所有名字中包含"张"的客户，SQL语句如下：

```
SELECT * FROM customers
WHERE CustomerName LIKE '%张%';
```

这个查询会返回customers表中CustomerName字段包含"张"的所有记录。"%张%"模式意味着"张"可以出现在名字的任何位置。

案例5-23：

查找特定类别的产品订单。

如果想要找到所有类别为"办公类"的订单，SQL语句如下：

```
SELECT * FROM orders
WHERE Category LIKE '办公类';
```

这个查询返回orders表中所有Category字段是"办公类"的记录。由于没有使用"%"或"_"，这是一个精确匹配。

案例5-24：

查找特定地区的供应商。

如果想要找到所有位于"华北"地区的供应商，SQL语句如下：

```
SELECT * FROM suppliers
WHERE Region LIKE '华北%';
```

这个查询会返回suppliers表中Region字段以"华北"为开头的所有记录。"华北%"模式意味着任何以"华北"为开头，后面跟着任意字符的数据都会被匹配。

解释：

- 在案例5-22中，使用"%张%"模式来找到所有包含"张"的客户名。这里的%允许在"张"前后有任意数量的其他字符。
- 在案例5-23中，没有使用通配符，因为需要精确匹配"办公类"这个词。
- 在案例5-24中，使用"华北%"模式来匹配所有以"华北"为开头的地区。这里的%表示"华北"后面可以有任意数量的字符。

LIKE关键字提供了一种灵活的方式来进行模糊匹配，非常适合在只知道部分信息时进行搜索。

5.1.9 使用 NOT 关键字条件查询

MySQL数据库中的NOT关键字用于否定一个条件，常与IN、EXISTS、BETWEEN和LIKE等操作符一起使用，以执行逆向条件查询。使用NOT可以帮助选择不匹配指定条件的行。

案例5-25：

使用NOT IN查询订单表（orders），找出不是特定客户类型的订单。

```
SELECT * FROM orders
WHERE CustomerType NOT IN ('消费者', '小型企业');
```

这个查询将返回orders表中所有不属于消费者或小型企业的订单。NOT IN操作符用于排除列表中的值。

案例5-26：

使用NOT EXISTS查询客户信息表（customers），找出没有订单的客户。

```
SELECT * FROM customers c
WHERE NOT EXISTS (
    SELECT * FROM orders o
    WHERE c.CustomerID = o.CustomerID
);
```

这个查询将返回在orders表中没有订单记录的客户。NOT EXISTS子查询用于检查外部查询中的每一行是否满足子查询条件，如果不满足（即不存在匹配的行），则选择外部查询的行。

案例5-27：

使用NOT LIKE查询供应商信息表（suppliers），找出公司名称中不包含"佳"字的供应商。

```
SELECT * FROM suppliers
WHERE CompanyName NOT LIKE '%佳%';
```

这个查询将返回suppliers表中公司名称不包含"佳"字的所有供应商。LIKE操作符用于模式匹配，而NOT LIKE则用于选择不匹配指定模式的行。

通过这些案例，可以看到NOT关键字在单表查询中的强大用途，它能更灵活地定义查询条件，从而精确地获取所需数据。

5.1.10　使用 AND 多条件且查询

在MySQL数据库中，AND关键字用于在查询中组合多个条件，以便仅当所有条件均为真时，查询结果才会返回记录。这是执行多条件查询的基础，特别是当需要从数据库表中检索满足所有给定条件的记录时。

案例5-28：

订单表查询。

如果想要查询订单表（orders），找出所有在特定日期（例如20231231）下，销售额超过500的订单，SQL代码如下：

```
SELECT * FROM orders
WHERE OrderDate = '20231231' AND Sales > 500;
```

这个查询使用AND关键字结合了两个条件：订单日期必须是20231231；销售额必须超过500。只有同时满足这两个条件的记录才会被检索出来。

案例5-29：

客户信息表查询。

如果需要从客户信息表（customers）中找出所有年龄大于30且属于特定价值等级（例如高价值）的客户，SQL代码如下：

```
SELECT * FROM customers
WHERE Age > 30 AND Custcat = '高价值';
```

此查询结合了两个条件：客户的年龄必须大于30；客户的价值等级必须是高价值。只有同时满足这两个条件的客户记录才会被返回。

案例5-30：

供应商信息表查询。

如果想要查询供应商信息表（suppliers），找出所有位于特定城市（例如北京）且所在地区为华北的供应商，SQL代码如下：

```
SELECT * FROM suppliers
WHERE City = '北京' AND Region = '华北';
```

这个查询使用AND关键字来确保只有既位于北京城市，同时所在地区为华北的供应商才会被选中。

通过这3个案例，可以看到AND关键字在执行多条件查询时的强大作用，它能精确地从大量数据中筛选出满足所有指定条件的记录。

5.1.11 使用 OR 多条件或查询

在MySQL数据库中，OR关键字用于在查询时组合多个条件，使得查询结果满足任一条件。使用OR关键字可以在单表查询中灵活地筛选数据，以下是使用OR关键字进行单表查询的三个案例，分别基于订单表（orders）、客户信息表（customers）和供应商信息表（suppliers）。

案例5-31：

订单表查询（orders）。

目标：查询订单日期为20231231或销售额大于500的订单。

```
SELECT * FROM orders
WHERE OrderDate = '20231231' OR Sales > 500;
```

解释：此查询从orders表中选择所有字段（*），条件是订单日期等于20231231或订单的销售额大于500。使用OR关键字允许任一条件满足即可选出记录。

案例5-32：

客户信息表查询（customers）。

目标：查询年龄大于30或教育程度为本科的客户。

```
SELECT * FROM customers
WHERE Age > 30 OR Education = '本科';
```

解释：该查询从customers表中选择所有字段，条件是客户年龄大于30或客户的教育程度为本科。这意味着满足年龄或教育程度任一条件的客户都将被选出。

案例 5-33：

供应商信息表查询（suppliers）。

目标：查询公司所在城市为北京或公司所在国家为中国的供应商。

```
SELECT * FROM suppliers
WHERE City = '北京' OR Country = '中国';
```

解释：此查询从 suppliers 表中选择所有字段，条件是供应商的公司所在城市为北京或公司所在国家为中国。这里使用 OR 关键字允许任一地理位置条件满足即可选出记录。

通过这 3 个案例，可以看出 OR 关键字在单表查询中的强大用途，它允许基于多个条件筛选数据，只要记录满足其中任一条件即可被包含在查询结果中。

5.1.12　使用 GROUP BY 分组查询

MySQL 数据库中的 GROUP BY 关键字用于结合聚合函数[如 COUNT()、MAX()、MIN()、SUM()、AVG()等]来对结果集进行分组。当使用 GROUP BY 关键字时，返回的结果集是按照一个或多个列进行分组的，这意味着对于每个组，可以执行聚合计算。

案例 5-34：

计算每种商品类别的总销售额。

如果想要从 orders 表中计算每个商品类别（Category）的总销售额（Sales），SQL 语句如下：

```
SELECT Category, SUM(Sales) AS TotalSales
FROM orders
GROUP BY Category;
```

这个查询首先按 Category 列对 orders 表中的记录进行分组，然后计算每个组的销售额总和。结果集将包含每个商品类别及其对应的总销售额。

案例 5-35：

统计每个客户的订单数量。

如果想知道 customers 表中每个客户的订单数量，可以这样做：

```
SELECT CustomerID, COUNT(OrderID) AS NumberOfOrders
FROM orders
GROUP BY CustomerID;
```

按 CustomerID 分组，并使用 COUNT()函数计算每个客户的订单数量。结果集将展示每个客户 ID 及其对应的订单数量。

案例 5-36：

查找每个供应商提供的产品数量。

如果想要知道 suppliers 表中每个供应商提供了多少种产品，SQL 语句如下：

```
SELECT SupplierID, COUNT(ProductID) AS NumberOfProducts
FROM orders
GROUP BY SupplierID;
```

在这个查询中，按SupplierID分组，并计算每个供应商的产品数量。结果集将包含每个供应商ID及其提供的产品数量。

在这3个案例中，GROUP BY关键字允许将数据分组为基于一个或多个列的子集，然后对每个子集应用聚合函数来计算如总数、平均值、最大值、最小值等。这是分析数据、生成报告和洞察数据趋势的强大工具。

5.2 聚合查询

5.2.1 SUM 求和函数

MySQL 数据库中的SUM()函数是一个聚合函数，用于计算数值列中值的总和。这个函数通常在SELECT语句中与GROUP BY子句结合使用，以便对一组行进行汇总计算。

基本语法如下：

```
SELECT SUM(column_name)
FROM table_name
WHERE condition;
```

案例5-37：

计算特定客户的所有订单的总销售额。

如果想要计算客户ID为1的客户所有订单的总销售额，SQL语句如下：

```
SELECT CustomerID, SUM(Sales) AS TotalSales
FROM orders
WHERE CustomerID = 1;
```

解释：这个查询从orders表中选择客户ID为1的所有订单，使用SUM (Sales)计算这些订单的销售额总和，并将这个总和命名为TotalSales。

案例5-38：

计算每个客户的总销售额。

如果想要计算每个客户的总销售额，可以使用GROUP BY子句。

```
SELECT CustomerID, SUM(Sales) AS TotalSales
FROM orders
GROUP BY CustomerID;
```

解释：这个查询计算orders表中每个客户的总销售额。通过GROUP BY CustomerID，它将订单按客户ID分组，并为每组计算销售额的总和。

案例5-39：

计算每个商品类别在所有订单中的总销售额。

如果想要了解每个商品类别在所有订单中的总销售额，SQL语句如下：

```sql
SELECT Category, SUM(Sales) AS TotalSales
FROM orders
GROUP BY Category;
```

解释：这个查询通过GROUP BY Category将订单按商品类别分组，并计算每个类别的销售额总和。这对于分析哪个商品类别最受欢迎或产生最多收入非常有用。

使用SUM()函数的注意事项如下：

① 非数值列：SUM()函数只能应用于数值列。尝试对非数值列使用SUM()将导致错误。

② NULL值：SUM()函数在计算总和时会自动忽略NULL值。

③ 精度：在处理非常大的数值时，要注意数值的精度问题，以避免溢出或精度损失。

④ 性能：在大型数据集上进行聚合计算时，要考虑使用索引优化查询性能，特别是在GROUP BY子句中涉及的列上。

通过这3个案例，可以看到SUM()函数在数据分析和报告中的强大用途，特别是在需要对大量数据进行汇总计算时。

5.2.2　AVG平均值函数

MySQL数据库中的AVG()函数是一个聚合函数，用于计算数值列中值的平均值。这个函数通常在SELECT语句中与GROUP BY子句结合使用，以便对一组行进行汇总计算并得出平均值。

基本语法如下：

```sql
SELECT AVG(column_name)
FROM table_name
WHERE condition;
```

案例5-40：

计算特定客户所有订单的平均销售额。

如果想要计算客户ID为1的客户所有订单的平均销售额，SQL语句如下：

```sql
SELECT CustomerID, AVG(Sales) AS AverageSales
FROM orders
WHERE CustomerID = 1;
```

解释：这个查询从orders表中选择客户ID为1的所有订单，使用AVG (Sales)

计算这些订单的销售额平均值，并将这个平均值命名为 AverageSales。

案例 5-41：

计算每个客户的平均销售额。

如果想要计算每个客户的平均销售额，可以使用 GROUP BY 子句。

```
SELECT CustomerID, AVG(Sales) AS AverageSales
FROM orders
GROUP BY CustomerID;
```

解释：这个查询计算 orders 表中每个客户的平均销售额。通过 GROUP BY CustomerID，该查询将订单按客户 ID 分组，并为每组计算销售额的平均值。

案例 5-42：

计算每个商品类别的平均销售额。

如果想要了解每个商品类别的平均销售额，SQL 语句如下：

```
SELECT Category, AVG(Sales) AS AverageSales
FROM orders
GROUP BY Category;
```

解释：这个查询通过 GROUP BY Category 将订单按商品类别分组，并计算每个类别的销售额平均值。这对于分析哪个商品类别的表现最均衡或者哪个类别的商品平均销售额最高非常有用。

使用 AVG() 函数的注意事项如下：

① 非数值列：AVG() 函数只能应用于数值列。尝试对非数值列使用 AVG() 将导致错误。

② NULL 值：AVG() 函数在计算平均值时会自动忽略 NULL 值。

③ 精度：在处理平均值时，要注意数值的精度问题，以避免精度损失。

④ 性能：在大型数据集上进行聚合计算时，要考虑使用索引优化查询性能，特别是在 GROUP BY 子句中涉及的列上。

通过这 3 个案例，可以看到 AVG() 函数在数据分析和报告中的重要作用，特别是在需要对大量数据进行汇总并计算平均值时。

5.2.3 MAX 最大值函数

MySQL 数据库中的 MAX() 函数是一个聚合函数，用于找出一组值中的最大值。这个函数可以应用于数值型和日期型数据，常用于 SELECT 语句中，与 GROUP BY 子句结合使用，对一组行进行汇总以找出最大值。

基本语法如下：

```
SELECT MAX(column_name)
FROM table_name
WHERE condition;
```

案例5-43:

查找特定客户的最大订单销售额。

如果想要找出客户ID为1的客户单个订单中的最大销售额，SQL语句如下：

```
SELECT CustomerID, MAX(Sales) AS MaxSales
FROM orders
WHERE CustomerID = 1;
```

解释：这个查询从orders表中选择客户ID为1的所有订单，使用MAX(Sales)找出这些订单中的最大销售额，并将这个最大值命名为MaxSales。

案例5-44:

查找每个客户的最大订单销售额。

如果想要对每个客户找出其单个订单中的最大销售额，可以使用GROUP BY子句。

```
SELECT CustomerID, MAX(Sales) AS MaxSales
FROM orders
GROUP BY CustomerID;
```

解释：这个查询计算orders表中每个客户的最大订单销售额。通过GROUP BY CustomerID，该查询将订单按客户ID分组，并为每组找出销售额的最大值。

案例5-45:

查找每个商品类别的最大销售额。

如果想要了解每个商品类别单个订单中的最大销售额，SQL语句如下：

```
SELECT Category, MAX(Sales) AS MaxSales
FROM orders
GROUP BY Category;
```

解释：这个查询通过GROUP BY Category将订单按商品类别分组，并计算每个类别中单个订单的最大销售额。这对于分析哪个商品类别的单个订单销售额最高非常有用。

使用MAX()函数的注意事项如下：

① 数据类型：MAX()函数可以应用于数值型和日期型数据，但使用时要确保数据类型的正确性。

② NULL值：MAX()函数在计算最大值时会自动忽略NULL值。

③ 性能：在大型数据集上进行聚合计算时，考虑使用索引优化查询性能，特别是在GROUP BY子句中涉及的列上。

通过这3个案例，可以看到MAX()函数在数据分析和报告中的重要作用，特别是在需要对大量数据进行汇总并找出最大值时。

5.2.4　MIN 最小值函数

MySQL数据库中的MIN()函数是一个聚合函数，用于找出一组值中的最小值。

这个函数可以应用于数值型和日期型数据，常用于SELECT语句中，与GROUP BY子句结合使用，对一组行进行汇总以找出最小值。

基本语法如下：

```
SELECT MIN(column_name)
FROM table_name
WHERE condition;
```

案例5-46：

查找特定客户的最小订单销售额。

如果想要找出客户ID为1的客户单个订单中的最小销售额，SQL语句如下：

```
SELECT CustomerID, MIN(Sales) AS MinSales
FROM orders
WHERE CustomerID = 1;
```

解释：这个查询从orders表中选择客户ID为1的所有订单，使用MIN(Sales)找出这些订单中的最小销售额，并将这个最小值命名为MinSales。

案例5-47：

查找每个客户的最小订单销售额。

如果想要对每个客户找出其单个订单中的最小销售额，可以使用GROUP BY子句。

```
SELECT CustomerID, MIN(Sales) AS MinSales
FROM orders
GROUP BY CustomerID;
```

解释：这个查询计算orders表中每个客户的最小订单销售额。通过GROUP BY CustomerID，它将订单按客户ID分组，并为每组找出销售额的最小值。

案例5-48：

查找每个商品类别的最小销售额。

如果想要了解每个商品类别单个订单中的最小销售额，SQL语句如下：

```
SELECT Category, MIN(Sales) AS MinSales
FROM orders
GROUP BY Category;
```

解释：这个查询通过GROUP BY Category将订单按商品类别分组，并计算每个类别中单个订单的最小销售额。这对于分析哪个商品类别的单个订单销售额最低非常有用，可能指示出哪些类别的商品较难销售。

使用MIN()函数的注意事项如下：

① 数据类型：MIN()函数可以应用于数值型和日期型数据，但使用时要确保数据类型的正确性。

② NULL值：MIN()函数在计算最小值时会自动忽略NULL值。

③ 性能：在大型数据集上进行聚合计算时，考虑使用索引优化查询性能，特别

是在GROUP BY子句中涉及的列上。

通过这3个案例，可以看到MIN()函数在数据分析和报告中的重要作用，特别是在需要对大量数据进行汇总并找出最小值时。

5.2.5　COUNT 计数函数

MySQL 数据库中的COUNT()函数是一个聚合函数，用于计算表中行的数量，或者满足特定条件的行数。这个函数可以应用于具体的列或者＊来代表所有列，常用于SELECT语句中，与GROUP BY子句结合使用，对一组行进行计数。

基本语法如下：

```
SELECT COUNT(column_name or *)
FROM table_name
WHERE condition;
```

案例5-49：

计算特定客户的订单数量。

如果想要计算客户ID为1的客户的订单数量，SQL语句如下：

```
SELECT CustomerID, COUNT(*) AS NumberOfOrders
FROM orders
WHERE CustomerID = 1;
```

解释：这个查询从orders表中选择客户ID为1的所有订单，使用COUNT(*)计算这些订单的数量，并将这个数量命名为NumberOfOrders。

案例5-50：

计算每个客户的订单数量。

如果想要对每个客户计算其订单数量，可以使用GROUP BY子句。

```
SELECT CustomerID, COUNT(*) AS NumberOfOrders
FROM orders
GROUP BY CustomerID;
```

解释：这个查询计算orders表中每个客户的订单数量。通过GROUP BY CustomerID，它将订单按客户ID分组，并为每组计算订单的数量。

案例5-51：

计算每个商品类别的订单数量。

如果想要了解每个商品类别的订单数量，SQL语句如下：

```
SELECT Category, COUNT(*) AS NumberOfOrders
FROM orders
GROUP BY Category;
```

解释：这个查询通过GROUP BY Category将订单按商品类别分组，并计算每个类别的订单数量。这对于分析哪个商品类别最受欢迎或者哪个类别的商品销售数量最多非常有用。

使用COUNT()函数的注意事项如下：

① NULL值：当COUNT()函数应用于具体的列时，它会忽略该列的NULL值。如果需要计算包括NULL值在内的总行数，应使用COUNT(*)。

② 性能：在大型数据集上进行聚合计算时，考虑使用索引优化查询性能，特别是在GROUP BY子句中涉及的列上。

③ 精确性：COUNT()函数返回的是精确的行数，不是估计值。

通过这3个案例，可以看到COUNT()函数在数据分析和报告中的重要作用，特别是在需要对数据进行计数时。

5.3 连接查询

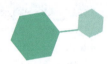

5.3.1 内连接及其案例

MySQL数据库的内连接（INNER JOIN）是一种常用的连接类型，用于查询两个或多个表中满足连接条件的记录。内连接只返回两个表中匹配的行。如果表中的行在另一表中没有匹配，则这些行不会出现在查询结果中。

基本语法如下：

```
SELECT columns
FROM table1
INNER JOIN table2
ON table1.column_name = table2.column_name;
```

案例5-52：

查询所有订单及对应的客户信息。

如果想要查询所有订单及每个订单对应的客户信息，SQL语句如下：

```
SELECT orders.OrderID, orders.OrderDate, customers.CustomerName
FROM orders
INNER JOIN customers ON orders.CustomerID = customers.CustomerID;
```

解释：这个查询通过orders表和customers表的CustomerID字段进行内连接，选择订单ID、订单日期和客户姓名。只有当orders表中的CustomerID在customers表中有对应记录时，这些订单和客户信息才会出现在结果中。

案例5-53：

查询特定供应商提供的所有产品的订单信息。

如果想要查询供应商ID为1的供应商提供的所有产品的订单信息，SQL语句如下：

```
SELECT orders.OrderID, orders.ProductName, suppliers.CompanyName
FROM orders
INNER JOIN suppliers ON orders.SupplierID = suppliers.SupplierID
WHERE suppliers.SupplierID = 1;
```

解释：这个查询通过orders表和suppliers表的SupplierID字段进行内连接，选择订单ID、产品名称和供应商公司名称。通过在WHERE子句中指定SupplierID＝1，查询限制了结果只显示供应商ID为1的相关订单信息。

案例5-54：

查询每个客户的最新订单信息。

```
SELECT customers.CustomerName, latest_orders.OrderID, latest_orders.
OrderDate
FROM customers
INNER JOIN (
    SELECT CustomerID, OrderID, OrderDate
    FROM orders
    ORDER BY OrderDate DESC
) AS latest_orders ON customers.CustomerID = latest_orders.CustomerID
GROUP BY customers.CustomerID;
```

解释：这个稍微复杂的查询首先对orders表进行排序和分组，以便为每个客户获取最新的订单信息，然后通过CustomerID将这个临时表（子查询）与customers表进行内连接。结果是每个客户的名称及其最新订单的ID和日期。应注意，这个查询的具体实现需要根据实际的数据库结构和需求进行调整。

使用内连接的注意事项如下：

① 性能：内连接可能会影响查询的性能，特别是在连接大型表时。适当的索引可以帮助提高性能。

② 匹配行：内连接只返回两个表中匹配的行。如果需要返回即使在另一表中没有匹配也要显示的行，应考虑使用外连接（LEFT JOIN或RIGHT JOIN）。

③ 连接条件：应确保连接条件正确无误，错误的连接条件可能导致错误的结果或性能问题。

通过这3个案例，可以看到内连接在关系数据库中查询相关联表数据时的强大功能和灵活性。

5.3.2 外连接及其案例

MySQL数据库的外连接（OUTER JOIN）用于查询两个表中的记录，即使在另一个表中没有匹配的记录。外连接分为左外连接（LEFT JOIN）和右外连接（RIGHT JOIN）。左外连接返回左表（FROM子句中的表）的所有记录和右表中匹配的记录；如果没有匹配，右表中的列将返回NULL。右外连接则相反，它返回右表的所有记录和左表中匹配的记录；如果没有匹配，左表中的列将返回NULL。

基本语法如下：

① 左外连接（LEFT JOIN）：

```
SELECT columns
FROM table1
LEFT JOIN table2
ON table1.column_name = table2.column_name;
```

② 右外连接（RIGHT JOIN）：

```
SELECT columns
FROM table1
RIGHT JOIN table2
ON table1.column_name = table2.column_name;
```

案例5-55：

查询所有客户及其可能存在的订单信息。

```
SELECT customers.CustomerName, orders.OrderID
FROM customers
LEFT JOIN orders ON customers.CustomerID = orders.CustomerID;
```

解释：这个查询通过customers表和orders表的CustomerID字段进行左外连接，选择客户姓名和订单ID。即使某些客户没有订单，他们的信息也会出现在查询结果中，此时OrderID为NULL。

案例5-56：

查询所有供应商及其可能提供的订单信息。

```
SELECT suppliers.CompanyName, orders.OrderID
FROM suppliers
LEFT JOIN orders ON suppliers.SupplierID = orders.SupplierID;
```

解释：这个查询通过suppliers表和orders表的SupplierID字段进行左外连接，选择供应商公司名称和订单ID。即使某些供应商没有提供任何订单，他们的信息也会出现在查询结果中，此时OrderID为NULL。

案例5-57：

查询所有订单及其对应的客户信息，包括没有客户信息的订单。

```
SELECT orders.OrderID, customers.CustomerName
FROM orders
LEFT JOIN customers ON orders.CustomerID = customers.CustomerID;
```

解释：这个查询通过orders表和customers表的CustomerID字段进行左外连接，选择订单ID和客户姓名。即使某些订单没有对应的客户信息，它们也会出现在查询结果中，此时CustomerName为NULL。

使用外连接的注意事项如下：

① 性能：外连接可能会影响查询的性能，特别是在连接大型表时。适当的索引

可以帮助提高性能。

②NULL值：在使用外连接时，需要注意处理结果中可能出现的NULL值。

③选择合适的外连接类型：根据查询需求选择是使用左外连接还是右外连接。在大多数情况下，左外连接（LEFT JOIN）比右外连接（RIGHT JOIN）更常用。

通过这3个案例，可以看到外连接在关系数据库中查询相关联表数据时的强大功能，尤其是在需要包含没有直接关联记录的数据时。

5.3.3　复合条件连接查询

在MySQL数据库中，复合条件连接查询是一种使用多个条件来连接两个或多个表的查询。这种查询允许在ON子句中使用AND、OR等逻辑运算符来指定多个连接条件，从而实现更复杂和更精确的数据检索。

基本语法如下：

```
SELECT columns
FROM table1
JOIN table2
ON table1.column_name1 = table2.column_name1
AND/OR table1.column_name2 = table2.column_name2
...
WHERE other_conditions;
```

案例5-58：

查询特定客户的订单及对应的供应商信息。

如果想要查询客户ID为1的所有订单，以及这些订单对应的供应商信息，SQL语句如下：

```
SELECT orders.OrderID, customers.CustomerName, suppliers.CompanyName
FROM orders
JOIN customers ON orders.CustomerID = customers.CustomerID
JOIN suppliers ON orders.SupplierID = suppliers.SupplierID
WHERE customers.CustomerID = 1;
```

解释：这个查询首先通过orders表和customers表的CustomerID字段进行连接，然后通过orders表和suppliers表的SupplierID字段进行连接。查询结果包括订单ID、客户姓名和供应商公司名称，但只限于客户ID为1的订单。

案例5-59：

查询特定时间段内特定供应商提供的订单。

如果想要查询在2023年1月1日至2023年3月31日之间，由供应商ID为2的供应商提供的所有订单，SQL语句如下：

```
SELECT orders.OrderID, orders.OrderDate, suppliers.CompanyName
FROM orders
```

```
JOIN suppliers ON orders.SupplierID = suppliers.SupplierID
WHERE suppliers.SupplierID = 2
AND orders.OrderDate BETWEEN '20230101' AND '20230331';
```

解释：这个查询通过orders表和suppliers表的SupplierID字段进行连接，并使用WHERE子句指定复合条件，即供应商ID为2，且订单日期在指定的时间段内。

案例5-60：

查询所有没有匹配供应商信息的订单。

如果想要查询所有在orders表中有记录，但在suppliers表中没对应供应商信息的订单，SQL语句如下：

```
SELECT orders.OrderID, orders.SupplierID
FROM orders
LEFT JOIN suppliers ON orders.SupplierID = suppliers.SupplierID
WHERE suppliers.SupplierID IS NULL;
```

解释：这个查询通过orders表和suppliers表进行左外连接，并使用WHERE子句查找在suppliers表中没有对应SupplierID的订单。这里的复合条件是通过左外连接产生的NULL值来实现的，即查找那些没有匹配供应商信息的订单。

使用复合条件连接查询的注意事项如下：

① 性能考虑：复合条件连接查询可能会影响查询性能，特别是在涉及大型数据集时。适当的索引优化和查询优化是必要的。

② 逻辑准确性：在使用AND、OR等逻辑运算符定义复合条件时，需要确保逻辑的准确性，以避免返回错误的数据集。

③ NULL值处理：在进行外连接查询时，特别是使用复合条件时，需要注意NULL值的处理，确保查询逻辑正确。

通过这3个案例，可以看到复合条件连接查询在处理复杂数据关系时的强大功能，它能以灵活的方式检索和分析数据。

5.4 利用 ChatGPT 进行基础查询

ChatGPT本身不具备直接进行数据库查询的功能，但是可以通过编写代码，利用ChatGPT和其他工具来实现进行数据库查询的目的。

下面演示如何利用ChatGPT进行数据库的基础查询，输入的提示语如下：

> 你是精通数据库的专家，具备如下能力和知识：
> （1）数据库设计：熟悉数据库设计的流程和步骤，包括数据库设计方案、数据库架构、数据库存储、表设计等。

（2）基本SQL技能：熟悉MySQL、Oracle、SQL Server等关系数据库，熟悉复杂查询、存储过程等的编写。

（3）数据库管理：管理数据库中的数据，包括数据的增删改查等操作，以及数据的备份、恢复、分区、安全性等。

（4）数据库开发：熟悉数据库开发的流程和技术，如数据库设计、数据库编程、数据库测试等。

（5）数据库性能优化：使用优化技术优化数据库的性能，如索引优化、事务处理、缓存，以及数据备份和恢复等。

（6）数据备份：定期备份数据库，确保数据的可用性，并在需要时进行数据恢复。

（7）系统维护：管理数据库系统的日常运维，包括系统备份、系统监控、故障排除等。

（8）数据库性能调优：进行数据库性能优化，如查询优化、索引优化、缓存优化等。

使用pymysql库，连接本地MySQL数据库，端口号是3306，用户名是root，密码是root，数据库是trove，利用订单表（orders）、客户信息表（customers）统计2023年不同性别（Gender）客户的订单额（Sales），单位万元，保留两位有效数字，程序中需要添加详细的中文注释。

ChatGPT的输出如下：

```
import pymysql
import pymysql.cursors

# 连接数据库
connection = pymysql.connect(host='localhost',
                             user='root',
                             password='root',
                             database='trove',
                             cursorclass=pymysql.cursors.DictCursor)

try:
    with connection.cursor() as cursor:
        # SQL查询语句：统计2023年不同性别客户的订单额
        sql = """
        SELECT c.Gender, ROUND(SUM(o.Sales)/10000, 2) AS TotalSales
        FROM orders o
        JOIN customers c ON o.CustomerID = c.CustomerID
        WHERE YEAR(o.OrderDate) = 2023
        GROUP BY c.Gender;
        """
        cursor.execute(sql)
        # 获取查询结果
        result = cursor.fetchall()
        # 打印结果
        for row in result:
            print(f"性别: {row['Gender']}, 订单额(万元): {row ['TotalSales']}")
```

```
finally:
    # 关闭数据库连接
    connection.close()
```

运行上述 ChatGPT 的输出，显示统计信息，如下所示。

```
性别：女，订单额：293.17 万元
性别：男，订单额：298.15 万元
```

6

数据库高级查询

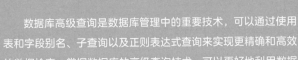

数据库高级查询是数据库管理中的重要技术，可以通过使用表和字段别名、子查询以及正则表达式查询来实现更精确和高效的数据检索。掌握数据库的高级查询技术，可以更好地利用数据库系统的功能，实现更高效的数据管理和分析。本章介绍上述的数据库高级查询。

6.1 表和字段别名

6.1.1 使用表别名

在MySQL中，使用表别名（alias）可以使查询更简洁易读，特别是在涉及多表连接（JOINs）和子查询时。表别名允许为表名称或查询结果集指定一个临时名称，这样可以在查询中简化引用。

基本语法如下：

```
SELECT column_name(s)
FROM table_name AS alias_name
```

在没有AS关键字的情况下，语法如下：

```
SELECT column_name(s)
FROM table_name alias_name
```

注意事项如下：

① 当查询涉及多个表时，使用别名可以减少重复书写完整的表名。

② 在使用JOIN时，别名可以帮助区分不同表中的同名字段。

③ 别名在查询执行完毕后不会保留，它们只存在于查询执行的上下文中。

④ 使用别名时，后续的查询、条件和操作中必须使用别名而非原始表名。

案例6-1：

基本的表别名使用。

查询customers表中的所有客户姓名和年龄，使用别名简化引用。

```
SELECT c.CustomerName, c.Age
FROM customers AS c;
```

这里，customers表被赋予了别名c，使得选择列时可以简化表名的引用。

案例6-2：

使用表别名进行JOIN操作。

如果需要查询所有订单及其对应的客户姓名，可以通过JOIN操作连接orders表和customers表，并使用别名简化引用。

```
SELECT o.OrderID, c.CustomerName
FROM orders AS o
JOIN customers AS c
ON o.CustomerID = c.CustomerID;
```

在这个查询中，orders表和customers表分别被赋予了别名o和c，使得在JOIN条件和SELECT子句中引用它们更加简洁。

案例6-3：

多表连接使用多个别名。

如果需要查询订单信息，以及对应的客户和供应商信息，可以连接三个表并使用别名。

```
SELECT o.OrderID, c.CustomerName, s.CompanyName
FROM orders AS o
JOIN customers AS c ON o.CustomerID = c.CustomerID
JOIN suppliers AS s ON o.SupplierID = s.SupplierID;
```

这个查询连接了orders、customers和suppliers三个表，分别使用o、c和s作为别名，从而能够清晰地引用每个表中的字段。

总之，使用表别名是SQL查询中的一个强大工具，它可以使查询更加简洁、清晰。在处理复杂的多表连接时，别名几乎是必不可少的。切记，别名的作用域仅限于查询本身，且在引用时必须保持一致性。

6.1.2　使用字段别名

在MySQL数据库中，字段别名是一种给表中的字段或表达式指定一个临时名称的方式。字段别名主要用于查询结果集中，使列名更易读或者当查询涉及多个表时，解决列名冲突的问题。使用字段别名可以通过AS关键字来实现，但在实际使用中，AS关键字也可以省略。

基本语法如下：

```
SELECT column_name AS alias_name
FROM table_name;
```

省略AS的语法如下：

```
SELECT column_name alias_name
FROM table_name;
```

注意事项如下：

① 当列名或别名包含空格、特殊字符或与MySQL保留关键字冲突时，需要用反引号"`"将其括起来。

② 在查询结果中，只能通过别名引用该列，原列名将不可用。

③ 别名仅在查询结果集中有效，不能在WHERE、GROUP BY等子句中使用原始列名的地方使用别名。

案例6-4：

简单的字段别名使用。

假设有一个orders表，想要查询订单ID（OrderID）和订单日期（OrderDate），但希望在结果集中将OrderID显示为ID，将OrderDate显示为Date，代码如下：

```
SELECT OrderID AS ID, OrderDate AS Date
```

```
FROM orders;
```

案例6-5:

结合函数使用别名。

如果想要从customers表中查询客户的全名,假设表中有first_name和last_name两个字段,可以使用CONCAT函数合并这两个字段,并给结果一个别名Full Name。

```
SELECT CONCAT(first_name, ' ', last_name) AS `Full Name`
FROM customers;
```

案例6-6:

多表联合查询使用别名解决列名冲突。

当需要从orders表和customers表中联合查询订单ID和对应的客户名时,如果两个表中都有名为name的列,可以使用别名来区分它们。

```
SELECT o.OrderID AS OrderID, c.name AS CustomerName
FROM orders o
JOIN customers c
ON o.CustomerID = c.CustomerID;
```

在这个查询中,还给orders表和customers表分别指定了o和c作为别名,以简化字段前的表名引用。

总之,字段别名在MySQL查询中是一个非常有用的特性,它不仅可以使查询结果更加清晰易懂,还能在处理复杂查询和多表联合时提供极大的便利。在使用时,应注意别名的作用范围仅限于查询结果集,以及在需要时正确处理可能的列名冲突。

6.2 子查询

SQL中的子查询(也称为嵌套查询或内部查询)是一种嵌入在其他SQL查询中的查询。子查询可以出现在SELECT语句的许多位置,包括SELECT、FROM和WHERE子句等。

6.2.1 ANY 关键字子查询

在MySQL数据库中,ANY关键字用于子查询,与比较操作符一起使用(如>、<、=、>=、<=、<>),来比较主查询的列值与子查询返回的一组值。ANY关键字的使用场景主要是当需要比较一个列的值与子查询返回的多个值时。如果子查询返回的任何一个值满足比较条件,则整个条件表达式的结果为真。

基本语法如下：

```
SELECT column_name(s)
FROM table_name
WHERE column_name operator ANY
(SELECT column_name FROM table_name WHERE condition);
```

案例6-7：

查询所有订单金额大于任一供应商标准订单金额的订单。

```
SELECT OrderID, Amount
FROM orders
WHERE Amount > ANY
(SELECT standard_order_amount FROM suppliers);
```

案例6-8：

查询所有客户中，订单数量大于任一供应商的最小订单数量的客户。

```
SELECT CustomerID, CustomerName
FROM customers
WHERE (SELECT COUNT(OrderID) FROM orders WHERE orders.CustomerID =
customers.CustomerID) > ANY
(SELECT min_order_quantity FROM suppliers);
```

案例6-9：

查询订单金额等于任一供应商标准订单金额的订单。

```
SELECT OrderID, Amount
FROM orders
WHERE Amount = ANY
(SELECT standard_order_amount FROM suppliers);
```

注意事项如下：

① 子查询可以返回一个或多个结果，但必须只有一列。

② 使用ANY时，主查询的操作结果只要与子查询返回的任意一个值满足条件即可。

③ 确保子查询不返回NULL值，因为NULL值可能会导致意外的结果。

④ 性能考虑：对于返回大量数据的子查询，使用ANY可能会影响查询性能，适当优化子查询或考虑使用JOIN替代可能更高效。

总之，使用ANY关键字可以灵活地处理与子查询返回的一组值的比较逻辑，但在使用时需要注意子查询的返回值和性能影响。在设计查询时，应考虑到数据的实际情况和需求，选择最合适的查询方式。

6.2.2　ALL 关键字子查询

在MySQL数据库中，ALL关键字用于子查询，能比较一个值与子查询返回的所有值。它通常与比较操作符（如>、<、=、>=、<=）一起使用。使用ALL关键字的子查询可以执行更复杂的数据分析和比较操作。

基本语法如下：

```
SELECT column_name(s)
FROM table_name
WHERE column_name operator ALL
(SELECT column_name FROM table_name WHERE condition);
```

这里的operator可以是>、<、=、>=、<=中的任何一个。

注意事项如下：

① 性能考虑：使用ALL关键字的子查询可能会影响查询性能，特别是当子查询返回大量数据时。应考虑优化子查询或使用其他方法。

② 空结果：如果子查询返回空集，<ALL和<=ALL的比较结果为true，而>ALL和>=ALL的比较结果为false。

③ 数据类型：确保比较的数据类型一致，以避免意外的类型转换和比较结果。

假设有三个表：订单表（orders）、客户信息表（customers）和供应商信息表（suppliers）。

案例6-10：

查找所有订单金额大于所有供应商最低订单金额的订单。

```
SELECT OrderID, Amount
FROM orders
WHERE Amount > ALL
(SELECT MIN(order_amount) FROM suppliers);
```

案例6-11：

查找消费金额小于所有客户平均消费金额的客户。

```
SELECT CustomerID, spend
FROM customers
WHERE spend < ALL
(SELECT AVG(spend) FROM customers GROUP BY CustomerID);
```

案例6-12：

查找没有在供应商处下单的客户。

```
SELECT CustomerID, name
FROM customers
WHERE CustomerID NOT IN
(SELECT DISTINCT CustomerID
 FROM orders
 WHERE SupplierID = ALL
 (SELECT SupplierID FROM suppliers));
```

注意，这个例子假设orders表中有SupplierID字段来标识供应商。

总之，使用ALL关键字的子查询可以帮助我们执行复杂的数据分析任务，但需要注意其对性能的影响以及确保数据类型的一致性。在设计查询时，应仔细考虑是否有更高效的方法来达到相同的目的。

6.2.3　EXISTS 关键字子查询

MySQL中的EXISTS关键字用于测试子查询是否返回至少一个行。如果是，则EXISTS子查询返回true，否则返回false。这对于检查数据库中是否存在特定条件的记录非常有用。

其基本语法如下：

```
SELECT column_name(s)
FROM table_name
WHERE EXISTS
(SELECT 1 FROM table_name WHERE condition);
```

这里，SELECT 1是一种常见的做法，因为EXISTS子查询不实际返回任何数据，它只返回一个布尔值（true或false）。因此，选择什么列并不重要。

注意事项如下：

① 性能：EXISTS通常比其他类型的子查询（如IN）更高效，尤其是在子查询可能返回大量行时。

② 逻辑：确保子查询的逻辑正确，以避免返回意外的结果。

③ 索引：为子查询中涉及的列使用适当的索引可以显著提高查询性能。

案例6-13：

检查有订单的客户。

如果想找出至少有一个订单的所有客户，SQL代码如下：

```
SELECT c.CustomerName
FROM customers c
WHERE EXISTS (
    SELECT 1
    FROM orders o
    WHERE o.CustomerID = c.CustomerID
);
```

这个查询检查customers表中的每个客户是否在orders表中至少有一个对应的订单。

案例6-14：

查找没有供应商的订单。

如果想找出没有任何供应商信息的订单，SQL代码如下：

```
SELECT o.OrderID
FROM orders o
```

```
WHERE NOT EXISTS (
    SELECT 1
    FROM suppliers s
    JOIN order_details od ON s.SupplierID = od.SupplierID
    WHERE od.OrderID = o.OrderID
);
```

这个查询通过检查orders表中的每个订单是否没有在order_details表中与suppliers表关联的记录来工作。

案例6-15:

查找供应商提供的所有产品都已被订单引用的供应商。

如果想找到那些他们提供的所有产品都至少在一个订单中被引用的供应商,SQL代码如下:

```
SELECT s.supplierName
FROM suppliers s
WHERE NOT EXISTS (
    SELECT 1
    FROM products p
    WHERE p.SupplierID = s.SupplierID AND NOT EXISTS (
        SELECT 1
        FROM order_details od
        WHERE od.productID = p.productID
    )
);
```

这个查询对每个供应商检查是否存在他们提供的产品没有出现在任何订单中。如果没有这样的产品,即所有产品都至少被一个订单引用,那么该供应商就会被选中。

总之,EXISTS关键字是一个强大的工具,用于在复杂的数据库查询中检查记录的存在性。通过上述案例,可以看到EXISTS在不同场景下的应用,以及如何有效地使用它来简化查询逻辑并提高性能。在设计查询时,考虑EXISTS的使用是一个优化查询性能和简化查询逻辑的好方法。

6.2.4 IN 关键字子查询

在MySQL数据库中,IN关键字是一个非常有用的操作符,它能在WHERE子句中指定一个值列表,以便查询可以匹配列表中的任何一个值。这在与子查询结合使用时尤其强大,因为它能动态地生成这个值列表,基于数据库中其他表的查询结果。

基本语法如下:

```
SELECT column_name(s)
FROM table_name
WHERE column_name IN (value1, value2, ...);
```

当与子查询结合时，语法变为：

```
SELECT column_name(s)
FROM table_name
WHERE column_name IN (SELECT column_name FROM another_table WHERE
condition);
```

案例6-16：

查询所有下过订单的客户。

如果想要查询所有在orders表中有记录的客户信息，SQL代码如下：

```
SELECT *
FROM customers
WHERE CustomerID IN (SELECT CustomerID FROM orders);
```

这里，子查询SELECT CustomerID FROM orders会返回所有下过订单的客户ID列表，然后外部查询会从customers表中选出这些ID对应的客户信息。

案例6-17：

查询供应了特定产品的所有供应商。

如果想要找出供应了特定产品（比如产品ID为123）的所有供应商，SQL代码如下：

```
SELECT *
FROM suppliers
WHERE SupplierID IN (SELECT SupplierID FROM products WHERE product_id
= 123);
```

这个查询首先找出所有供应了产品ID为123的产品的供应商ID，然后从suppliers表中选出这些供应商的详细信息。

案例6-18：

查询没有下过订单的客户。

```
SELECT *
FROM customers
WHERE CustomerID NOT IN (SELECT CustomerID FROM orders);
```

这里，使用了NOT IN来选出那些在子查询中没有返回的客户ID，即那些没有在orders表中出现过的客户。

注意事项如下：

① 性能考虑：当使用IN与子查询时，特别是子查询返回大量数据时，可能会影响查询性能。在这种情况下，考虑使用JOIN可能更有效。

② 空值处理：如果子查询返回空值列表，IN子句的行为可能不如预期。特别是使用NOT IN时，如果子查询中有任何一行包含NULL值，整个查询将不会返回任何结果，因为NULL与任何内容比较都不会返回true。

③ 索引利用：确保子查询和外部查询中涉及的列都正确地建立了索引，这可以显著提高查询性能。

通过学习这些案例和注意事项，可以更有效地在MySQL中使用IN关键字和子查询来执行复杂的数据检索任务。

6.2.5　带比较运算符子查询

在MySQL数据库中，子查询是一种强大的工具，能在另一个查询的WHERE或HAVING子句中执行查询。使用比较运算符（如=、>、<、>=、<=、<>）与子查询结合，可以根据子查询的结果来过滤主查询的结果。以下是关于如何在MySQL中使用带比较运算符的子查询的详细说明，包括语法、案例和注意事项。

基本的子查询语法如下：

```
SELECT column_name(s)
FROM table_name
WHERE column_name operator (SELECT column_name
                           FROM table_name
                           WHERE condition);
```

这里的operator可以是=、>、<、>=、<=、<>等比较运算符。

案例6-19：

查找订单金额大于平均订单金额的订单。

```
SELECT OrderID, amount
FROM orders
WHERE amount > (SELECT AVG(amount) FROM orders);
```

这个查询显示所有订单金额大于订单平均金额的订单。子查询计算所有订单的平均金额，然后主查询使用这个结果来过滤出大于平均值的订单。

案例6-20：

查找没有订单的客户。

```
SELECT CustomerID, name
FROM customers
WHERE CustomerID NOT IN (SELECT CustomerID FROM orders);
```

这个查询能找出所有没下过订单的客户。子查询列出有订单的所有客户ID，然后主查询选择那些不在这个列表中的客户。

案例6-21：

查找每个供应商提供的最贵产品的价格。

```
SELECT SupplierID, MAX(product_price) AS max_price
FROM products
GROUP BY SupplierID
HAVING max_price > (SELECT AVG(product_price) FROM products);
```

这个查询为每个供应商找出最贵的产品价格，并且这个价格需要大于所有产品的平均价格。这里使用HAVING子句来过滤那些其最贵的产品价格大于产品平均价格的供应商。

注意事项如下：

① 性能：子查询可能会导致查询性能下降，特别是当子查询在大数据集上运行时。考虑使用连接（JOIN）来重写查询以提高性能。

② 子查询结果：使用比较运算符时，确保子查询返回单个值。如果子查询返回多个值，可能会导致错误。

③ 索引使用：确保子查询和主查询都能有效地使用索引。没有正确索引的查询会显著降低性能。

④ 测试和验证：在生产环境中部署之前，对查询进行彻底的测试和验证，确保它们返回预期的结果并且性能可接受。

通过这些案例和注意事项，可以更有效地在MySQL中使用带比较运算符的子查询来解决复杂的查询需求。

6.2.6 带聚合函数子查询

在MySQL数据库中，聚合函数子查询是一种强大的工具，可以用来执行复杂的数据分析和报告。聚合函数如SUM()、AVG()、COUNT()、MAX()和MIN()等，通常用于对一组值执行计算并返回单个值。当这些聚合函数与子查询结合使用时，可以解决更复杂的查询需求。

案例6-22：

查询每个客户的订单总数。

```sql
SELECT c.CustomerName, COUNT(o.OrderID) AS totalOrders
FROM customers c
LEFT JOIN orders o ON c.CustomerID = o.CustomerID
GROUP BY c.CustomerName;
```

这个查询展示了如何使用LEFT JOIN来连接customers和orders表，并使用COUNT()聚合函数来计算每个客户的订单总数。GROUP BY子句按客户名称分组结果。

案例6-23：

查询订单总金额最高的客户。

```sql
SELECT c.CustomerName, SUM(o.amount) AS totalAmount
FROM customers c
JOIN orders o ON c.CustomerID = o.CustomerID
GROUP BY c.CustomerName
ORDER BY totalAmount DESC
LIMIT 1;
```

此查询通过SUM()聚合函数计算每个客户的订单总金额，并使用ORDER BY和

LIMIT子句找到订单总金额最高的客户。

案例6-24:

查询没有订单的客户。

```
SELECT c.CustomerName
FROM customers c
WHERE NOT EXISTS (
  SELECT 1
  FROM orders o
  WHERE c.CustomerID = o.CustomerID
);
```

这个查询使用NOT EXISTS子查询来找出那些在orders表中没有对应订单的客户。这是子查询在WHERE子句中的一个常见用法，用于实现"不存在"逻辑。

注意事项如下：

① 性能考虑：聚合函数子查询可能会对数据库性能产生影响，特别是在处理大量数据时。优化查询和使用适当的索引可以帮助减轻这种影响。

② 子查询位置：子查询可以在SELECT列表、FROM子句、WHERE子句等多个位置使用，但其使用方式和效果会有所不同。

③ 分组数据：在使用聚合函数时，经常会与GROUP BY子句结合使用，以便对结果进行分组。

④ 索引使用：合理的索引策略可以显著提高聚合查询的性能，尤其是在GROUP BY和ORDER BY子句中。

总之，聚合函数子查询在处理复杂的数据分析需求时非常有用。通过合理设计查询、优化数据库性能和使用索引，可以有效地执行这些查询。上述案例展示了聚合函数子查询在实际应用中的几种常见模式，包括统计信息、寻找最值以及存在性检查。在实际应用中，根据具体需求灵活运用这些技术，可以有效地解决复杂的数据问题。

6.3　正则表达式查询

6.3.1　以特定字符或字符串开头

在MySQL数据库中，使用正则表达式进行查询是一种强大的功能，它能根据复杂的模式匹配来筛选数据。当需要查询以特定字符或字符串开头的记录时，可以使用REGEXP操作符。以下是如何使用正则表达式进行查询的详细说明，包括语法和三个具体的案例，以及注意事项。

在MySQL中，使用REGEXP操作符来查询以特定字符或字符串开头的记录。

基本语法如下：

```
SELECT column_name(s)
FROM table_name
WHERE column_name REGEXP pattern;
```

这里的pattern是要匹配的正则表达式模式。

案例6-25：

查询所有以J开头的客户名。

```
SELECT * FROM customers
WHERE CustomerName REGEXP '^J';
```

这个查询会返回所有CustomerName字段以J开头的记录。"^"符号表示字符串的开始。

案例6-26：

查询所有订单号以数字2023开头的订单。

```
SELECT * FROM orders
WHERE orderNumber REGEXP '^2023';
```

这个查询返回所有orderNumber以2023开头的订单。这里假设orderNumber是一个字符串类型的字段。

案例6-27：

查询所有供应商的邮箱地址，这些地址以info开头。

```
SELECT * FROM suppliers
WHERE email REGEXP '^info';
```

这个查询返回所有email字段以info开头的供应商记录。

解释：上述案例中使用了"^"字符来指定匹配模式的开始部分，这是正则表达式中用于匹配输入字符串开始位置的元字符。通过将这个字符放在想要匹配的特定字符或字符串前面，就可以精确地查询出以这些字符或字符串开头的记录。

注意事项如下：

① 正则表达式的性能：正则表达式查询可能比简单的LIKE查询慢，因为它们执行更复杂的匹配算法。在大型数据集上使用时要特别注意性能。

② 区分大小写：默认情况下，MySQL的正则表达式匹配是区分大小写的。如果需要进行不区分大小写的匹配，可以使用REGEXP_LIKE函数，并设置相应的参数。

③ 特殊字符的转义：在正则表达式中，某些字符（如"."".*""?"等）具有特殊含义。如果需要匹配这些特殊字符本身，需要使用反斜杠（"\"）进行转义。

总之，使用正则表达式进行查询是一个非常强大的功能，它可以根据几乎任何模式来筛选数据。然而，需要注意的是，正则表达式查询可能会对性能产生影响，特别是在处理大型数据集时。因此，在使用这些查询时，应当仔细考虑其对性能的潜在影响。

6.3.2　以特定字符或字符串结尾

当想要查询以特定字符或字符串结尾的记录时，可以使用正则表达式的$符号，它表示字符串的结束位置。

在MySQL中，使用REGEXP或RLIKE关键字来查询以特定字符或字符串结尾的记录。

使用REGEXP的基本语法如下：

```
SELECT column_name
FROM table_name
WHERE column_name REGEXP 'pattern$';
```

这里，pattern是要匹配的模式，$表示这个模式必须出现在字符串的末尾。

假设有以下三个表，即订单表（orders）、客户信息表（customers）、供应商信息表（suppliers），下面将展示如何查询以特定字符串结尾的记录。

案例6-28：

查询所有以s结尾的客户名。

```
SELECT CustomerName
FROM customers
WHERE CustomerName REGEXP 's$';
```

这个查询会返回所有客户名以字母s结尾的记录。

案例6-29：

查询所有以ing结尾的订单标题。

```
SELECT order_title
FROM orders
WHERE order_title REGEXP 'ing$';
```

这个查询找出所有订单标题以ing结尾的订单。

案例6-30：

查询所有以数字结尾的供应商名称。

```
SELECT supplier_name
FROM suppliers
WHERE supplier_name REGEXP '[09]$';
```

这个查询返回所有供应商名称以任何数字结尾的记录。

解释：在这些案例中，使用了$来指定我们感兴趣的模式必须出现在目标字符串的末尾。在第一个和第二个案例中，直接使用字母s和字符串ing作为模式。在第三个案例中，使用了字符类[09]来匹配任何单个数字，并通过$确保这个数字出现在供应商名称的末尾。

注意事项如下：

① 大小写敏感性：在默认情况下，MySQL的正则表达式匹配是大小写敏感的。

如果需要进行大小写不敏感的匹配，可以使用REGEXP_LIKE函数，并设置相应的标志。

② 性能考虑：正则表达式查询可能会比简单的LIKE查询慢，特别是在大型数据集上。要确保正则表达式尽可能高效，并考虑是否可以通过其他方式（如索引）优化查询。

③ 特殊字符转义：在正则表达式中，一些字符（如"."、"*"、"?"等）具有特殊含义。如果需要匹配这些特殊字符本身，需要使用"\"进行转义。

通过这些示例，可以看到使用正则表达式进行查询提供了强大的灵活性，允许进行复杂的文本匹配，这在使用简单的LIKE查询时是不可能实现的。然而，使用正则表达式也应当谨慎，以避免对性能的潜在影响。

6.3.3 匹配字符串任意一个字符

在MySQL数据库中，使用正则表达式进行字符串匹配可以非常灵活地查询数据。正则表达式提供了一种强大的方式来匹配复杂的模式。以下是关于如何在MySQL中使用正则表达式进行匹配字符串任意一个字符的详细说明，包括语法、案例以及注意事项。

在MySQL中，使用REGEXP或RLIKE关键字来匹配字符串任意一个字符。

使用REGEXP的基本语法如下：

```
SELECT column_name
FROM table_name
WHERE column_name REGEXP pattern;
```

这里的pattern是正则表达式模式。

假设有三个表，即订单表（orders）、客户信息表（customers）、供应商信息表（suppliers），下面将通过以下三个案例来展示如何使用正则表达式进行匹配字符串任意一个字符。

案例6-31：

查询包含特定字符的客户名。

如果想要找出所有客户名中包含字母a或e的客户，SQL代码如下：

```
SELECT CustomerName
FROM customers
WHERE CustomerName REGEXP '[ae]';
```

这个查询会返回所有CustomerName字段中包含a或e的记录。

案例6-32：

查询订单号中包含数字的订单。

如果想要查询订单号（假设是字符串格式）中至少包含一个数字的所有订单，SQL代码如下：

113

```
SELECT OrderID
FROM orders
WHERE OrderID REGEXP '[09]';
```

这个查询会返回所有OrderID字段中至少包含一个数字的记录。

案例6-33:

查询供应商信息中邮箱格式不正确的记录。

如果需要找出所有邮箱格式不符合标准格式（即不包含@符号）的供应商信息，SQL代码如下：

```
SELECT supplier_name, email
FROM suppliers
WHERE email NOT REGEXP '[^@]+@[^@]+\.[^@]+';
```

这个查询会返回所有email字段中不包含@符号的记录，即邮箱格式不正确的记录。

注意事项如下：

① 正则表达式的性能：正则表达式查询可能会比简单的字符串匹配查询消耗更多的计算资源。在大型数据库中使用时，应注意其对性能的影响。

② 特殊字符的转义：在正则表达式中，某些字符（如"."" * ""?"等）具有特殊含义。如果需要匹配这些特殊字符本身，需要使用反斜杠"\"进行转义。

③ 大小写敏感性：MySQL中正则表达式的默认行为是区分大小写的。如果需要进行不区分大小写的匹配，可以使用REGEXP_LIKE函数，并设置相应的标志。

通过上述案例和注意事项，可以看到MySQL中正则表达式的强大功能和灵活性，它可以解决各种复杂的查询问题。然而，也需要注意其对性能的影响以及在编写正则表达式时的细节问题。

6.3.4 匹配字符串中多个字符

在MySQL数据库中，正则表达式查询主要通过REGEXP或RLIKE操作符实现，这两个操作符在功能上是等价的，用于在SELECT查询中匹配列中的字符串值。使用正则表达式可以执行复杂的模式匹配，从而筛选出符合特定模式的记录。

基本语法如下：

```
SELECT column_name
FROM table_name
WHERE column_name REGEXP pattern;
```

或者为：

```
SELECT column_name
FROM table_name
WHERE column_name RLIKE pattern;
```

114

其中：

- column_name是想要匹配正则表达式的列。
- pattern是正则表达式模式。

假设有以下三个表，即订单表（orders）、客户信息表（customers）、供应商信息表（suppliers），下面将通过三个案例展示如何使用正则表达式匹配字符串中多个字符。

案例6-34：

查找特定格式的订单号。

假设订单号的格式为字母O后跟5位数字（例如O12345），找出所有符合此格式订单的SQL代码如下：

```
SELECT OrderID
FROM orders
WHERE OrderID REGEXP '^O[09]{5}$';
```

这个查询匹配所有以O为开头，后面跟着5位数字的OrderID。

案例6-35：

查找包含特定名字的客户。

如果想要找出所有名字中包含John（不区分大小写）的客户，SQL代码如下：

```
SELECT CustomerName
FROM customers
WHERE CustomerName REGEXP 'John';
```

为了实现不区分大小写的搜索，可以使用REGEXP_LIKE函数：

```
SELECT CustomerName
FROM customers
WHERE REGEXP_LIKE(CustomerName, 'john', 'i');
```

案例6-36：

查找特定城市名的供应商。

如果想要找出所有城市名以New为开头的供应商，SQL代码如下：

```
SELECT supplier_name
FROM suppliers
WHERE city REGEXP '^New';
```

这个查询匹配所有城市名以New为开头的记录。

注意事项如下：

① 大小写敏感性：在默认情况下，MySQL的正则表达式匹配是大小写敏感的。可以通过使用REGEXP_LIKE函数并设置"i"标志来实现不区分大小写的匹配。

② 特殊字符：正则表达式中的特殊字符（如"."".""?""+"等）应根据需要进行转义。

③ 性能考虑：正则表达式查询可能会比其他类型的查询更耗费资源，尤其是在

大型数据集上。应当谨慎使用，并在可能的情况下考虑使用其他优化方法。

总之，使用正则表达式进行查询时，重要的是要清楚地了解数据模式，并且要注意正则表达式的性能影响。在设计查询时，应当尽量使其简洁明了，以提高效率和准确性。

6.3.5 匹配指定字符串

在MySQL数据库中，使用正则表达式进行匹配查询，在处理文本数据时尤其有用，比如在订单表（orders）、客户信息表（customers）和供应商信息表（suppliers）中查找符合特定模式的记录。

在MySQL中，使用REGEXP或RLIKE操作符来执行正则表达式匹配。

使用REGEXP的基本语法如下：

```
SELECT column_name
FROM table_name
WHERE column_name REGEXP pattern;
```

其中：

- column_name是想要匹配正则表达式的列。
- pattern是正则表达式模式。

案例6-37：

查找特定格式的订单号。

假设订单号格式为三个字母后跟五个数字（例如ABC12345），找出所有符合此格式订单的SQL代码如下：

```
SELECT OrderID, order_details
FROM orders
WHERE OrderID REGEXP '^[AZaz]{3}[09]{5}$';
```

这个查询匹配以三个字母开头，后跟五个数字的订单号。

案例6-38：

查找特定邮箱域名的客户。

如果想找出所有使用特定域名（如@example.com）邮箱的客户，代码如下：

```
SELECT CustomerID, email
FROM customers
WHERE email REGEXP '@example\\.com$';
```

这个查询匹配所有邮箱以@example.com结尾的记录。注意，"."需要使用反斜杠转义，因为它是正则表达式中的特殊字符。

案例6-39：

查找包含特定词汇的供应商名称。

如果想找出所有名称中包含"电子"或"科技"的供应商，代码如下：

```
SELECT SupplierID, supplier_name
FROM suppliers
WHERE supplier_name REGEXP '电子|科技';
```

这个查询匹配所有供应商名称中包含"电子"或"科技"的记录。

注意事项如下：

① 性能考虑：正则表达式查询可能会比简单的LIKE查询慢，因为它们执行更复杂的匹配算法。在大型数据集上使用时要注意性能影响。

② 正则表达式复杂性：正则表达式可以非常复杂且难以理解，特别是对于新手。应确保测试表达式以避免意外的匹配。

③ 特殊字符转义：在正则表达式中，某些字符（如"."".""?"等）具有特殊含义。如果需要匹配这些特殊字符本身，需要使用反斜杠（"\"）进行转义。

总之，使用正则表达式进行数据库查询是一种强大的功能，可以执行复杂的文本匹配。然而，它也需要谨慎使用，以避免性能问题和意外的匹配结果。在实际应用中，确保充分测试使用的正则表达式，并在可能的情况下考虑使用简单的查询替代方案。

6.3.6　匹配指定字符中的任意一个

在MySQL数据库中，使用正则表达式进行查询时，可以利用REGEXP或RLIKE操作符。这些操作符允许根据正则表达式模式匹配字符串。当需要匹配指定字符集中的任意一个字符时，可以使用字符类（character classes）。字符类在正则表达式中通过方括号"[]"定义。

基本的REGEXP查询语法如下：

```
SELECT column_name
FROM table_name
WHERE column_name REGEXP 'pattern';
```

其中，pattern是正则表达式模式。

假设有以下三个表，即订单表（orders）、客户信息表（customers）、供应商信息表（suppliers），并且想要在这些表中搜索包含指定字符集中任意一个字符的记录。

案例6-40：

在客户信息表中搜索名字中包含a、e或i的客户。

```
SELECT *
FROM customers
WHERE name REGEXP '[aei]';
```

这个查询会返回所有name字段中包含a、e或i任意一个字符的记录。

案例6-41：

在订单表中搜索订单编号中包含数字1、2或3的订单。

```
SELECT *
FROM orders
WHERE OrderID REGEXP '[123]';
```

这个查询会找出所有OrderID字段包含数字1、2或3的订单记录。

案例6-42：

在供应商信息表中搜索城市名中不包含元音字母的供应商。

```
SELECT *
FROM suppliers
WHERE city NOT REGEXP '[aeiou]';
```

这个查询返回所有city字段不包含任何元音字母（a、e、i、o、u）的记录。

注意事项如下：

① 大小写敏感性：在默认情况下，REGEXP是大小写敏感的。如果想进行大小写不敏感的匹配，可以使用REGEXP_LIKE函数，并设置相应的参数，或者在正则表达式中使用"(?i)"标志。

② 性能考虑：正则表达式查询可能会比其他类型的查询更耗费资源，特别是在大型数据集上。应尽可能优化使用的正则表达式，避免使用复杂的模式，特别是那些会导致回溯（backtracking）的模式。

③ 特殊字符：在正则表达式中，某些字符（如"."".""?""+"等）具有特殊含义。如果需要匹配这些特殊字符本身，应使用反斜杠"\"进行转义。

通过学习这些案例和注意事项，可以更有效地在MySQL数据库中使用正则表达式进行查询，以匹配指定字符集中的任意一个字符。

6.3.7 匹配指定字符以外的字符

在MySQL数据库中，使用正则表达式进行查询时，可以利用REGEXP或NOT REGEXP（RLIKE或NOT RLIKE）来匹配或排除特定的字符模式。以下是如何使用这些操作符来执行匹配指定字符以外的字符查询，以及3个具体的案例和注意事项。

基本语法如下：

① 匹配指定模式：

```
SELECT * FROM table_name WHERE column_name REGEXP 'pattern';
```

② 排除指定模式：

```
SELECT * FROM table_name WHERE column_name NOT REGEXP 'pattern';
```

案例6-43：

查询所有客户名中不包含Smith的客户信息。

```
SELECT * FROM customers WHERE CustomerName NOT REGEXP 'Smith';
```

解释：这个查询从customers表中选出CustomerName列中不包含Smith的所有行。

案例6-44：

查询所有订单号不以数字结尾的订单。

```
SELECT * FROM orders WHERE OrderID NOT REGEXP '[09]$';
```

解释：此查询检索orders表中OrderID列的值不以数字结尾的所有记录。[09]匹配任何单个数字，$表示字符串的结束。

案例6-45：

查询所有供应商信息，其供应商名不以字母A为开头。

```
SELECT * FROM suppliers WHERE supplier_name NOT REGEXP '^A';
```

解释：这个查询返回suppliers表中那些supplier_name列的值不以大写字母A为开头的所有行。"^"表示字符串的开始。

注意事项如下：

① 正则表达式的性能：正则表达式查询可能比其他类型的查询更耗时，特别是在大型数据集上。应尽可能优化正则表达式或考虑使用其他查询方法。

② 特殊字符的转义：在正则表达式中，某些字符（如"."" *""?"等）具有特殊含义。如果需要匹配这些字符本身，需要使用反斜杠（"\"）进行转义。

③ 大小写敏感性：MySQL的正则表达式默认是区分大小写的。可以通过在正则表达式前添加"(?i)"来实现不区分大小写的匹配。

总之，使用MySQL的正则表达式进行查询时，REGEXP和NOT REGEXP提供了强大的工具来匹配或排除特定的字符模式。通过上述案例，可以了解如何利用这些操作符来执行复杂的文本匹配和排除操作。然而，需要注意的是，正则表达式查询可能会影响性能，特别是在处理大型数据集时，因此应当谨慎使用，并在可能的情况下寻找更高效的替代方案。

6.3.8　指定字符串连续出现的次数

在MySQL数据库中，使用正则表达式查询指定字符串连续出现的次数可以通过REGEXP操作符实现。MySQL的REGEXP操作符允许执行复杂的模式匹配查询。要计算一个特定字符串连续出现的次数，需要构建一个适当的正则表达式模式。

对于指定字符串的连续出现次数，正则表达式的基本语法可以是这样的：

```
{字符串}{n}
```

这里，[n]表示字符串连续出现的次数。但是，直接在MySQL查询中使用这种语法不可行，因为MySQL的REGEXP不直接支持这种计数器语法。相反，可以通过重复字符串本身来近似这个需求。

例如，如果想要查找"ab"连续出现3次的情况，可以使用正则表达式"'ababab'"。

假设有以下三个表，即订单表（orders）、客户信息表（customers）、供应商信息表（suppliers），下面将展示如何在这些表中查找指定字符串连续出现的情况。

案例6-46：

在订单表中查找特定备注。

假设orders表中有一个remarks字段，找出所有备注中"特急"连续出现2次的订单，SQL代码如下：

```
SELECT * FROM orders
WHERE remarks REGEXP '特急特急';
```

案例6-47：

在客户信息表中查找特定地址。

假设customers表中有一个address字段，找出所有地址中"北京市"连续出现3次的客户，SQL代码如下：

```
SELECT * FROM customers
WHERE address REGEXP '北京市北京市北京市';
```

案例6-48：

在供应商信息表中查找特定描述。

假设suppliers表中有一个description字段，找出所有描述中"优质"连续出现4次的供应商，SQL代码如下：

```
SELECT * FROM suppliers
WHERE description REGEXP '优质优质优质优质';
```

在上述案例中，通过构造一个包含目标字符串连续出现指定次数的正则表达式来进行匹配。这种方法虽然简单，但在处理复杂的模式匹配时可能需要一些创造性的思考。务必确保正则表达式准确无误，以避免错误匹配或遗漏。

注意事项如下：

① 性能考虑：正则表达式查询可能会比其他类型的查询更慢，特别是在大型数据集上。

② 准确性：确保正则表达式准确匹配使用需求，避免错误匹配。

③ MySQL版本：不同版本的MySQL对正则表达式的支持可能会有所不同，确保查询与MySQL版本兼容。

总之，虽然MySQL的正则表达式功能强大，但在使用时应注意性能影响，并确保表达式的准确性。在设计查询时，考虑到数据集的大小和查询的复杂性，可能需要在准确性、性能和可维护性之间做出权衡。

6.4 利用 ChatGPT 进行高级查询

可以利用 ChatGPT 和其他工具来实现进行正则表达式查询。在提问时，使用精确且相关的关键词可以帮助 ChatGPT 更好地理解查询意图。对于复杂的查询，尝试将其分解为多个简单的问题，先从基础开始，根据得到的回答逐步深入。

下面演示如何利用 ChatGPT 进行数据表的正则表达式查询，输入的提示语如下：

你是精通数据库的专家，具备如下能力和知识：

（1）数据库设计：熟悉数据库设计的流程和步骤，包括数据库设计方案、数据库架构、数据库存储、表设计等。

（2）基本 SQL 技能：熟悉 MySQL、Oracle、SQL Server 等关系数据库，熟悉复杂查询、存储过程等的编写。

（3）数据库管理：管理数据库中的数据，包括数据的增删改查等操作，以及数据的备份、恢复、分区、安全性等。

（4）数据库开发：熟悉数据库开发的流程和技术，如数据库设计、数据库编程、数据库测试等。

（5）数据库性能优化：使用优化技术优化数据库的性能，如索引优化、事务处理、缓存，以及数据备份和恢复等。

（6）数据备份：定期备份数据库，确保数据的可用性，并在需要时进行数据恢复。

（7）系统维护：管理数据库系统的日常运维，包括系统备份、系统监控、故障排除等。

（8）数据库性能调优：进行数据库性能优化，如查询优化、索引优化、缓存优化等。

使用 pymysql 库，连接本地 MySQL 数据库，端口号是 3306，用户名是 root，密码是 root，数据库是 trove，对于商品评论表（comments），统计客户评论（CommentText）中有"满意""很好""非常好"等关键字的数量，程序中需要添加详细的中文注释。

ChatGPT 的输出如下：

```python
import pymysql
import pymysql.cursors

# 连接数据库
connection = pymysql.connect(host='localhost',
                             user='root',
                             password='root',
                             database='trove',
                             charset='utf8mb4',
                             cursorclass=pymysql.cursors.DictCursor)

try:
    with connection.cursor() as cursor:
        # SQL查询语句，统计包含关键字的评论数量
        sql = """
        SELECT COUNT(*) AS total
        FROM comments
```

```
        WHERE CommentText LIKE '%满意%' OR CommentText LIKE '%很好%' OR
CommentText LIKE '%非常好%'
        """
        cursor.execute(sql)
        result = cursor.fetchone()
        print(f"包含'满意', '很好', '非常好'关键字的评论数量为:
{result['total']}")
finally:
    connection.close()
```

运行上述ChatGPT的输出，显示统计信息，如下所示。

包含'满意', '很好', '非常好'关键字的评论数量为：58

7

数据库主要函数

数据库函数是一种用于执行特定任务或计算的代码块。这些函数可以接收参数并返回一个值，帮助简化复杂的查询和操作。MySQL 提供了许多内置的函数，如数学函数、日期和时间函数、字符串函数等，同时也支持用户自定义函数的创建。通过合理地使用数据库函数，可以提高查询效率并简化数据处理过程。本章介绍 MySQL 数据库主要函数。

7.1 数学函数

7.1.1 绝对值函数

在MySQL数据库中,绝对值函数ABS()用于返回一个数的绝对值。这个函数可以应用于任何数值类型的列,包括INT、DECIMAL、FLOAT等,非常适合处理财务、科学计算或任何需要数值分析的场景。

基本语法如下:

```
ABS(number);
```

其中,number可以是列名、变量或具体的数值,其绝对值将被返回。

注意事项如下:

① 数据类型:虽然ABS()函数可以应用于任何数值类型,但返回值的类型将依赖于输入值的类型。

② 负数处理:ABS()函数将负数转换为正数,正数和零(0)的值保持不变。

③ 非数值输入:如果尝试对非数值类型的数据使用ABS()函数,可能会导致错误或非预期的行为。

案例7-1:

计算订单折扣的绝对值。

假设在orders表中有一个名为Discount的列,其中包含正数和负数的折扣值,获取所有订单折扣绝对值的SQL代码如下:

```
SELECT OrderID, ABS(Discount) AS AbsoluteDiscount
FROM orders;
```

解释:此查询返回每个订单的OrderID和折扣的绝对值。如果折扣是负数,ABS()函数将其转换为正数。

案例7-2:

计算客户收入变化的绝对值。

假设customers表中有两列,即PreviousIncome和CurrentIncome,计算每个客户收入变化的绝对值,SQL代码如下:

```
SELECT CustomerID, ABS(CurrentIncome PreviousIncome) AS IncomeChange
FROM customers;
```

解释:此查询计算每个客户当前收入与之前收入之差的绝对值,无论是增加还是减少,都以正数形式展示。

案例7-3:

计算供应商位置变化的绝对值。

假设suppliers表中有两列，即OldLocation和NewLocation，表示供应商位置的数值编码，计算位置变化绝对值的SQL代码如下：

```
SELECT SupplierID, ABS(NewLocation OldLocation) AS LocationChange
FROM suppliers;
```

解释：此查询计算每个供应商新旧位置之间差的绝对值，表示位置变化的大小，而不考虑方向。

总之，ABS()函数在处理需要绝对值计算的场景中非常有用，无论是财务数据的处理、科学计算，还是简单的数值分析。在使用时，确保输入是数值类型，以避免错误。

7.1.2　求余函数

在MySQL数据库中，求余函数是一个常用的数学函数，用于计算两个数相除的余数。这个函数在处理数据时非常有用，尤其是在需要根据数值范围将数据分组或执行模运算时。

MySQL中求余的函数使用的是MOD()函数或%操作符。

基本语法如下：

① 使用MOD()函数：

```
MOD(numerator, denominator)
```

② 使用%操作符：

```
numerator % denominator`
```

其中，numerator是被除数，denominator是除数。

注意事项如下：

① 除数不能为零：在进行求余运算时，除数（denominator）不能为0，否则MySQL会报错。

② 数据类型：被除数和除数可以是整数或浮点数。如果是浮点数，MySQL会将结果转换为整数。

③ 负数求余：如果被除数是负数，求余的结果也会是负数。

案例7-4：

根据订单金额计算折扣等级。

如果想根据订单金额（Sales）的最后一位数字来决定折扣等级，可以使用求余运算。

```
SELECT OrderID, Sales, MOD(Sales, 10) AS DiscountLevel
FROM orders;
```

解释：此查询计算每个订单的Sales字段与10的余数，结果DiscountLevel用于决定折扣等级。

案例7-5:

根据客户ID分组客户。

如果需要将客户按照其ID号的奇偶性分为两组，可以使用求余运算。

```
SELECT CustomerID, Name, CustomerID % 2 AS GroupID
FROM customers;
```

解释：此查询通过计算CustomerID除以2的余数来分组客户，其中GroupID为0表示偶数组，为1表示奇数组。

案例7-6:

确定供应商信息更新周期。

假设需要根据供应商ID来决定其信息的更新周期，周期可以是1～5年，可以使用求余运算来实现这一点。

```
SELECT SupplierID, CompanyName, MOD(SupplierID, 5) + 1 AS UpdateCycle
FROM suppliers;
```

解释：此查询计算每个供应商的SupplierID与5的余数，并加1来确定更新周期（UpdateCycle），确保周期在1～5年之间。

总之，MySQL中的求余函数［MOD()或`%`］是处理数值数据时非常有用的工具，可以应用于多种场景，如分组、确定周期或等级等。在使用时，需要注意除数不为零的规则，以及如何处理负数和浮点数。通过上述案例，可以看到求余函数在实际数据库操作中的应用及其重要性。

7.1.3 四舍五入函数

在MySQL数据库中，四舍五入的功能是通过ROUND()函数实现的。ROUND()函数可以根据指定的小数位数来四舍五入数值。

基本语法如下：

```
ROUND(number, decimals)
```

其中：

● number：要四舍五入的数值。

● decimals：保留的小数位数。如果省略，默认为0，表示四舍五入到最近的整数。

注意事项如下：

① 精度：当decimals参数为正数时，ROUND()函数保留到小数点后指定位数的精度；当decimals为负数时，ROUND()函数在小数点左侧进行四舍五入。

② 类型：ROUND()函数可以应用于任何数值类型的列或表达式。

③ 性能：频繁对大量数据使用ROUND()函数可能会影响查询性能，特别是在复杂的查询或大型数据集中。

案例 7-7:

四舍五入销售额到整数。

假设在 orders 表中,需要将销售额(Sales)四舍五入到最近的整数,SQL 代码如下:

```
SELECT OrderID, ROUND(Sales, 0) AS RoundedSales
FROM orders;
```

解释:此查询将 orders 表中每个订单的销售额四舍五入到最近的整数,并以 RoundedSales 作为结果列名。

案例 7-8:

四舍五入客户收入到千位。

在 customers 表中,如果要将客户的收入(Income)四舍五入到最近的千位,SQL 代码如下:

```
SELECT CustomerID, ROUND(Income, 3) AS RoundedIncome
FROM customers;
```

解释:此查询将 customers 表中的每个客户的收入四舍五入到最近的千位。3 指示 ROUND() 函数在小数点左侧三位进行四舍五入。

案例 7-9:

四舍五入供应商评分到一位小数。

假设 suppliers 表中有一个评分列(Rating),需要将评分四舍五入到一位小数,SQL 代码如下:

```
SELECT SupplierID, ROUND(Rating, 1) AS RoundedRating
FROM suppliers;
```

解释:此查询将 suppliers 表中每个供应商的评分四舍五入到一位小数。

总之,ROUND() 函数是处理数值四舍五入的强大工具,可以根据需要轻松调整数值的精度。在使用时,应注意选择合适的小数位数以满足业务需求,并考虑对查询性能的潜在影响。

7.1.4 幂函数

在 MySQL 中,幂函数(POWER 函数)用于计算一个数的指数次幂。这个函数可以在多种场景中使用,比如在财务分析、科学计算或任何需要指数计算的地方。

基本语法如下:

```
POWER(base, exponent)
```

其中:

- base 是底数,即要进行指数运算的数。
- exponent 是指数,即底数需要被乘的次数。

127

注意事项如下：

① 数据类型：base和exponent可以是任何数值类型的表达式。结果的数据类型通常是 DOUBLE。

② 负数的指数：如果exponent是负数，MySQL 将返回base的倒数的指数次幂。

③ 非数值参数：如果任一参数非数值，MySQL 会尝试将其转换为数值类型。

④ 性能考虑：在大量数据上使用复杂的数学函数可能会影响查询性能。

案例7-10：

计算订单总额的增长预测。

预测订单总额在未来几年的增长情况，假定年增长率为5%。

```
SELECT OrderID, Sales, POWER(1.05, 5) AS FutureValueMultiplier, Sales
* POWER(1.05, 5) AS FutureValue
FROM orders;
```

解释：这个查询计算假设每年增长5%的情况下，每个订单在5年后的预测总额。POWER(1.05, 5)计算5年的增长倍数。

案例7-11：

计算客户的价值等级。

根据客户的收入和某种算法（例如，将收入的平方根作为基础，再乘以一个系数）来计算客户的价值等级。

```
SELECT CustomerID, Income, POWER(Income, 0.5) * 1.5 AS ValueLevel
FROM customers;
```

解释：这个查询计算每个客户的价值等级，使用收入的平方根乘以1.5的公式。

案例7-12：

计算供应商提供的产品数量对数。

假设供应商提供的产品数量非常庞大，需要计算其数量的对数值以便于分析。代码如下：

```
SELECT  SupplierID,  COUNT(ProductID)  AS  NumberOfProducts,
POWER(COUNT(ProductID), 1/3) AS CubicRootOfProducts
FROM products
GROUP BY SupplierID;
```

解释：这个查询计算每个供应商提供的产品数量的立方根。这在处理非常大的数字时，可以帮助更好地理解和比较数据。

总之，MySQL的POWER函数是一个强大的工具，可以用于各种数学和实际应用场景中。在使用时，应注意数据类型和性能影响，确保查询的准确性和效率。

7.1.5 对数函数

在MySQL数据库中，对数函数是处理数据时常用的数学函数之一，用于计算一个数的对数值。MySQL提供了几种对数函数，包括LOG()、LOG10()、LOG2()和LN()等。

基本语法如下：

① LOG(B, X)：计算以B为底X的对数。如果只给出一个参数X，函数计算的是以e为底的对数（即自然对数）。

```
SELECT LOG(2, 8);    结果为3，因为2的3次方等于8
```

② LOG10(X)：计算以10为底X的对数。

```
SELECT LOG10(100);    结果为2，因为10的2次方等于100
```

③ LOG2(X)：计算以2为底X的对数。

```
SELECT LOG2(8);    结果为3，因为2的3次方等于8
```

④ LN(X)：计算X的自然对数，即以e为底的对数。

```
SELECT LN(7.389);    结果接近2，因为e的2次方约等于7.389
```

注意事项如下：

① 当函数参数为负数或零时，对数函数将返回NULL。

② 对于LOG(B, X)函数，如果底数B为1或者小于等于0，结果也是NULL，因为对数的底数不能是1、负数和零。

案例7-13：

计算销售额增长的对数值。

假设想要分析orders表中销售额增长的对数值，可以使用LOG10()函数来计算。

```
SELECT OrderID, Sales, LOG10(Sales) AS Log10Sales
FROM orders;
```

解释：此查询计算每个订单销售额的以10为底的对数值，有助于在数据分析中处理极端值或非线性数据。

案例7-14：

使用自然对数转换客户收入。

在customers表中，有时要对客户的收入进行自然对数转换，以便进行某些统计分析。SQL代码如下：

```
SELECT CustomerID, Income, LN(Income) AS NaturalLogIncome
FROM customers;
```

解释：此查询计算每个客户收入的自然对数值。自然对数转换常用于经济数据的分析，以减少数据的偏斜。

案例7-15：

计算供应商数量的二进制对数。

根据供应商数量的二进制对数来分级供应商，其SQL代码如下：

```
SELECT COUNT(SupplierID) AS TotalSuppliers, LOG2(COUNT (SupplierID))
AS Log2TotalSuppliers
FROM suppliers;
```

解释：此查询计算以2为底供应商总数的对数值，这种计算可以用于估算数据的二进制增长率或进行分层。

通过这些案例，可以看到MySQL中对数函数的应用范围广泛，从简单的数学计算到复杂的数据分析和转换，对数函数都能提供强大的支持。在使用时，应注意参数的有效范围和函数的适用场景。

7.1.6 取整函数

在MySQL数据库中，取整函数用于将数值向下或向上取整到最接近的整数。主要的取整函数包括FLOOR()、CEIL()或CEILING()，以及ROUND()。

基本语法如下：

① FLOOR()。

语法：FLOOR(number)。

说明：向下取整，返回小于或等于number的最大整数。

② CEIL() 或CEILING()。

语法：CEIL(number)或CEILING(number)。

说明：向上取整，返回大于或等于number的最小整数。

③ ROUND()。

语法：ROUND(number, decimals)。

说明：根据decimals指定的小数位数进行四舍五入。decimals参数是可选的，默认为0，表示取整到最接近的整数。

注意事项如下：

① 当处理负数时，FLOOR()和CEIL()的行为与正数相反。例如，FLOOR(1.5)结果为2，而CEIL(1.5)结果为1。

② ROUND()函数在decimals参数为正数时可以用于四舍五入到指定的小数位数，而当decimals为0时，其行为类似于取整。

案例7-16：

计算订单总额的向下取整。

假设需要计算订单总额的向下取整值，以便进行财务分析。代码如下：

```
SELECT OrderID, FLOOR(Sales) AS RoundedSales
FROM orders;
```

解释：此查询从orders表中选择订单ID和销售额，使用FLOOR()函数将销售额向下取整。

案例7-17:

计算客户收入的向上取整。

假设需要根据客户的收入进行分级，但希望将收入向上取整到最近的整数，以简化分级过程。代码如下：

```
SELECT CustomerID, CEIL(Income) AS RoundedIncome
FROM customers;
```

解释：此查询从customers表中选择客户ID和收入，使用CEIL()函数将收入向上取整。

案例7-18:

根据供应商的评分四舍五入。

假设供应商的评分是一个浮点数，将这些评分四舍五入到最近的整数，以便进行等级分类。代码如下：

```
SELECT SupplierID, ROUND(Rating) AS RoundedRating
FROM suppliers;
```

解释：此查询从suppliers表中选择供应商ID和评分，使用ROUND()函数将评分四舍五入到最近的整数。

总之，MySQL中的取整函数FLOOR()、CEIL()和ROUND()提供了灵活的方式来处理数值的取整需求。在使用这些函数时，重要的是理解它们的行为特点，特别是在处理负数和指定小数位数进行四舍五入时。这些函数在数据处理、财务计算、报告生成等场景中非常有用。

7.1.7 随机数函数

在MySQL中，随机数函数主要通过RAND()函数实现，它用于生成一个0 ~ 1之间的随机浮点值。RAND()函数可以接收一个可选的种子值参数，使用相同的种子值将产生相同的随机数序列。

基本语法如下：

```
RAND()
```

或者

```
RAND(seed)
```

当不带参数时，每次调用RAND()将返回一个新的随机浮点数。

当带有种子值时，RAND(seed)将基于种子值生成随机数，相同的种子值会产生相同的随机数序列。

注意事项如下：

① 性能影响：频繁使用RAND()函数，特别是在大型数据集上，可能会影响查询性能。

131

② 随机性：不带种子值的RAND()每次调用都会产生不同的结果，这可能会在某些情况下导致结果不可预测。

③ 重复性：使用相同的种子值可以产生相同的随机数序列，这在需要可重复的测试数据时很有用。

案例7-19：

从客户信息表（customers）中随机选择一条记录。

```
SELECT * FROM customers
ORDER BY RAND()
LIMIT 1;
```

解释：此查询通过对customers表的所有记录应用RAND()函数进行排序，然后使用LIMIT 1选择一个随机的客户记录。

案例7-20：

基于种子值生成随机数。

```
SELECT RAND(100) AS RandomNumber;
```

解释：此查询使用种子值100生成一个随机数。每次使用相同的种子值100时，生成的随机数将是相同的。

案例7-21：

为订单表（orders）的每条记录分配一个随机优先级。

```
UPDATE orders
SET Priority = FLOOR(RAND() * 10) + 1;
```

解释：此更新操作为orders表中的每条记录分配一个1到10之间的随机优先级。FLOOR(RAND() * 10) + 1表达式生成一个1～10的随机整数。

总之，RAND()函数在MySQL中是处理随机数的强大工具，可以用于从表中随机选择记录、生成随机测试数据等多种场景。然而，需要注意其对性能的潜在影响以及在不同情况下的随机性和重复性。在设计查询和更新操作时，合理使用RAND()函数可以有效地实现随机化需求。

7.1.8 三角函数

MySQL数据库支持多种三角函数，这些函数可以直接在SQL查询中使用，以执行各种数学计算。这些函数对于处理涉及角度和长度的数据非常有用。例如，在地理空间数据处理中计算两点之间的距离。

常用的MySQL三角函数如下：

① SIN(x)：返回x（以弧度为单位）的正弦值。

② COS(x)：返回x（以弧度为单位）的余弦值。

③ TAN(x)：返回x（以弧度为单位）的正切值。

基本语法如下：

```
SELECT SIN(x);
SELECT COS(x);
SELECT TAN(x);
```

注意事项如下：

① 单位转换：MySQL中的三角函数使用弧度作为角度的单位。如果需要使用度数，可以使用RADIANS(x)函数将度数转换为弧度。

② 精度：三角函数的结果可能会受到浮点数表示的限制，导致精度问题。

案例7-22：

计算特定角度的正弦值。

假设需要计算30°的正弦值，代码如下：

```
SELECT SIN(RADIANS(30)) AS sin_value;
```

解释：此查询首先使用RADIANS函数将30°转换为弧度，然后计算其正弦值。

案例7-23：

使用三角函数更新表中的数据。

假设在suppliers表中有一个字段Latitude，计算并更新每个供应商纬度的余弦值到新的字段CosLatitude。

```
ALTER TABLE suppliers ADD COLUMN CosLatitude DOUBLE;
UPDATE suppliers SET CosLatitude = COS(RADIANS(Latitude));
```

解释：首先，为suppliers表添加一个新的列CosLatitude。然后，使用UPDATE语句计算每个供应商纬度的余弦值，并更新到CosLatitude列。

案例7-24：

计算两点之间的距离。

假设有两点的经纬度，点A（纬度LatA，经度LonA）和点B（纬度LatB，经度LonB），计算这两点之间的大圆距离。

```
SELECT 6371 * ACOS(
    COS(RADIANS(LatA)) * COS(RADIANS(LatB)) *
    COS(RADIANS(LonB)-RADIANS(LonA)) +
    SIN(RADIANS(LatA)) * SIN(RADIANS(LatB))
) AS distance_km;
```

解释：此查询计算两点之间的大圆距离（单位为km）。6371是地球半径的近似值（单位为km）。这个公式首先将度数转换为弧度，然后应用球面三角学的公式来计算距离。

通过这些案例，可以看到MySQL中三角函数的强大功能，它们在处理地理空间数据、执行数学计算等方面非常有用。在使用这些函数时，注意输入值的范围和单位转换是非常重要的。

7.1.9 反三角函数

在MySQL数据库中，反三角函数用于执行逆三角计算，这些函数包括ASIN()、ACOS()、ATAN()、ATAN2()等，通常用于处理几何、物理或任何需要逆三角计算的场景。

基本语法如下：

① ASIN(x)：返回x的反正弦值，x的范围在-1到1之间，结果的单位是弧度。

② ACOS(x)：返回x的反余弦值，x的范围在-1到1之间，结果的单位是弧度。

③ ATAN(x)：返回x的反正切值，结果的单位是弧度。

④ ATAN2(Y, X)：返回两个数的反正切值，即点(X,Y)与X轴正方向之间的夹角，结果的单位是弧度。

注意事项如下：

① 输入范围：对于ASIN()和ACOS()函数，输入值必须在-1到1之间，否则会返回NULL。

② 结果单位：所有反三角函数的结果都是以弧度表示的，可能需要转换为角度值，使用DEGREES()函数可以实现这一转换。

③ 精度：由于浮点数的精度问题，计算结果可能会有轻微的误差。

案例7-25：

计算反正弦值。

计算正弦值为0.5的角度，代码如下：

```
SELECT ASIN(0.5) AS arcSine;
```

解释：这个查询返回0.5的反正弦值，即该角度的弧度值。

案例7-26：

计算反余弦值并转换为角度值。

如果知道某个角度的余弦值为0.5，计算这个角度并将结果转换为角度值。

```
SELECT DEGREES(ACOS(0.5)) AS arcCosineDegrees;
```

解释：这个查询计算0.5的反余弦值，并使用DEGREES()函数将结果从弧度转换为角度值。

案例7-27：

使用ATAN2()计算点与X轴正方向之间的夹角。

假设有一个点的坐标为(3, 3)，计算这个点与X轴正方向之间的夹角。

```
SELECT ATAN2(3, 3) AS angleRadians;
```

解释：这个查询使用ATAN2()函数计算点(3, 3)与X轴正方向之间夹角的弧度值。

总之，MySQL中的反三角函数提供了强大的工具来处理与角度和三角形相关的计算。在使用这些函数时，重要的是要注意输入值的范围和结果的单位。通过适当的应用，可以解决各种几何和物理问题，增强数据库的计算能力。

7.2　字符串函数

7.2.1　字符数和字符长度函数

在MySQL数据库中，处理字符串数据时经常会用到字符数和字符长度的函数。这些函数能在查询、数据校验、数据分析等方面进行有效的数据操作和管理。

字符数和字符长度函数如下：

① CHAR_LENGTH()：返回字符串的字符数。对于多字节字符集（如UTF8），该函数计算的是字符的数量，而不是字节的数量。

基本语法如下：

```
CHAR_LENGTH(string)
```

② LENGTH()：返回字符串的字节长度。对于英文字符，字符数和字节长度相同；但对于多字节字符（如中文、日文等），字节长度会大于字符数。

基本语法如下：

```
LENGTH(string)
```

注意事项如下：

① 字符集差异：在使用这些函数时，需要注意数据库或表的字符集设置，因为不同的字符集对字符长度的计算可能会有影响。

② 性能考虑：在大型数据集上频繁调用这些函数可能会影响查询性能，特别是在WHERE子句或JOIN条件中使用时。

③ 应用场景：根据实际需求选择合适的函数，如果需要考虑字符的实际数量，使用CHAR_LENGTH()；如果关注数据的存储大小，使用LENGTH()。

案例7-28：

查询客户信息表中所有客户姓名的字符长度。

```
SELECT CustomerID, Name, CHAR_LENGTH(Name) AS NameLength
FROM customers;
```

解释：此查询返回客户信息表中每个客户姓名的字符数。使用CHAR_LENGTH()函数计算姓名字段的字符长度，适用于需要根据字符数量进行操作的场景。

案例7-29：

查找供应商信息表中公司名称超过20个字符的记录。

```
SELECT SupplierID, CompanyName
FROM suppliers
WHERE CHAR_LENGTH(CompanyName) > 20;
```

解释：通过CHAR_LENGTH()函数过滤出符合条件的记录，有助于数据清洗或验证数据规范。

案例7-30：

计算订单表中产品名称字段的平均字节长度。

```
SELECT AVG(LENGTH(ProductName)) AS AvgByteLength
FROM orders;
```

解释：使用LENGTH()函数得到每个产品名称的字节长度，然后计算平均值。这对于评估数据存储需求或优化数据库性能很有帮助。

总之，在MySQL数据库管理和开发中，了解和正确使用字符数和字符长度函数是非常重要的。它们在数据分析、数据校验和性能优化等方面发挥着关键作用。在使用这些函数时，应考虑字符集的影响、性能影响以及实际应用场景，以确保数据操作的准确性和高效性。

7.2.2　字符连接函数

在MySQL数据库中，字符连接是将多个字符串值组合成一个字符串的过程。MySQL提供了CONCAT()函数和CONCAT_WS()函数来实现字符连接。

① CONCAT()函数用于连接两个或多个字符串。

基本语法如下：

```
CONCAT(string1, string2, ..., stringN)
```

其中，"string1, string2, ..., stringN"为要连接的字符串。

注意事项：如果任何一个字符串参数为NULL，则CONCAT()函数的结果为NULL。

② CONCAT_WS()函数用于连接两个或多个字符串，其中第一个参数是其他参数的分隔符。

基本语法如下：

```
CONCAT_WS(separator, string1, string2, ..., stringN)
```

其中，"separator"为用作分隔符的字符串；"string1, string2, ..., stringN"为要连接的字符串。

注意事项如下：

① 如果分隔符为NULL，则结果为NULL。

② 如果某个字符串参数为NULL，则该参数在连接结果中被忽略。

案例7-31：

连接客户的名字和电子邮件。

在customers表中，连接客户的名字（Name）和电子邮件（Email），并在两者之间加上一个空格。

```
SELECT CONCAT(Name, ' ', Email) AS CustomerContact
FROM customers;
```

解释：此查询使用CONCAT()函数连接Name和Email字段，两者之间用空格分隔。

案例7-32：

使用CONCAT_WS()连接供应商的详细信息。

在suppliers表中，连接供应商的公司名称（CompanyName）、城市（City）和国家（Country），并用逗号和空格作为分隔符。

```
SELECT CONCAT_WS(', ', CompanyName, City, Country) AS SupplierDetails
FROM suppliers;
```

解释：此查询使用CONCAT_WS()函数连接CompanyName、City和Country字段，每个字段之间用逗号和空格分隔。

案例7-33：

连接订单信息，包括订单ID和订单日期。

在orders表中，连接订单ID（OrderID）和订单日期（OrderDate），并在两者之间加上一个冒号和空格。

```
SELECT CONCAT('Order ID: ', OrderID, ' Date: ', OrderDate) AS OrderInfo
FROM orders;
```

解释：此查询使用CONCAT()函数连接文本"'Order ID: '""OrderID""'Date: '"和"OrderDate"，以创建一个包含订单ID和订单日期的描述性字符串。

在MySQL中，CONCAT()和CONCAT_WS()函数提供了灵活的方式来连接字符串，包括数据库表中的字段值。在使用这些函数时，需要注意NULL值的处理，因为它们会影响函数的输出结果。通过上述案例，可以看到字符连接函数在实际应用中的用途，如生成报告、显示合并后的信息等。

7.2.3 字符替换函数

在MySQL中，字符替换功能主要通过REPLACE()函数实现。这个函数搜索一个字符串中的所有指定子串，用另一个字符串替换之后返回结果。

基本语法如下：

```
REPLACE(str, find_string, replace_with)
```

其中：

- str：原始字符串。
- find_string：需要被替换的子串。
- replace_with：用于替换find_string的字符串。

注意事项如下：

① 如果str或find_string为NULL，则REPLACE()函数返回NULL。

② REPLACE()函数是区分大小写的。

③ 替换操作不会改变原始字符串本身，而是返回一个新的字符串。

案例7-34：

更新客户信息表中的电子邮件域名。

将customers表中所有使用旧域名@oldmail.com的电子邮件更新为新域名@newmail.com。

```
UPDATE customers
SET Email = REPLACE(Email, '@oldmail.com', '@newmail.com')
WHERE Email LIKE '%@oldmail.com';
```

在这个例子中，REPLACE()函数查找Email字段中所有包含@oldmail.com的邮箱地址，并将这部分替换为@newmail.com。

案例7-35：

更正供应商信息表中的电话格式。

如果suppliers表中的电话号码格式不统一，将所有包含空格的电话号码改为只有数字的格式。

```
UPDATE suppliers
SET Phone = REPLACE(Phone, '', '')
WHERE Phone LIKE '%%';
```

这里，REPLACE()函数用来移除Phone字段中所有的空格字符。

案例7-36：

修改订单表中的产品名称。

将orders表中所有ProductName为Old Product Name的产品名称更改为New Product Name。

```
UPDATE orders
SET ProductName = REPLACE(ProductName, 'Old Product Name', 'New
Product Name')
WHERE ProductName = 'Old Product Name';
```

在这个例子中，REPLACE()函数查找所有ProductName字段为Old Product Name的记录，并将这些记录的ProductName替换为New Product Name。

总之，使用REPLACE()函数时，重要的是要确保匹配和替换操作符合预期，特别是在执行更新操作时。建议在执行更新前，先使用SELECT语句测试REPLACE()

函数的效果，以避免不必要的数据更改。此外，对于大型数据库，频繁使用替换操作可能会影响性能，因此在进行大规模数据更新时应考虑性能因素。

7.2.4 字符大小写转换函数

在MySQL数据库中，字符大小写转换可以通过两个主要的函数实现：LOWER()和UPPER()。

① LOWER() 函数。

语法：LOWER(str)。

功能：将字符串 str 中的所有字符转换为小写。

② UPPER() 函数。

语法：UPPER(str)。

功能：将字符串 str 中的所有字符转换为大写。

注意事项如下：

① 在使用这些函数时，需要注意数据库的字符集和排序规则，因为某些特殊字符的大小写转换可能会受到影响。

② 对于非英文字符，大小写转换的行为可能依赖于数据库的配置和所使用的字符集。

案例7-37：

查询所有客户的姓名，以小写形式展示。

```
SELECT LOWER(CustomerName) AS CustomerNameLower
FROM customers;
```

解释：此查询将customers 表CustomerName字段中的所有字符转换为小写，并以CustomerNameLower 作为结果列名。

案例7-38：

将供应商的公司名称转换为大写，并筛选出特定城市的供应商。

```
SELECT UPPER(CompanyName) AS CompanyNameUpper
FROM suppliers
WHERE City = 'London';
```

解释：此查询首先筛选出位于伦敦（London）的供应商，然后将这些供应商的CompanyName转换为大写形式展示。

案例7-39：

更新订单表，将所有产品名称转换为大写。

```
UPDATE orders
SET ProductName = UPPER(ProductName);
```

解释：此操作会遍历 orders 表中的每一行，将ProductName字段中的所有字符转换为大写。这是一个数据更新操作，因此在执行之前应确保有适当的备份，以防不小心更改了不应该更改的数据。

总之，在使用LOWER()和UPPER()函数进行字符大小写转换时，应当注意字符集和排序规则的影响，并在对数据进行更新操作前进行适当的备份。这些函数在处理文本数据时非常有用，可以实现数据的一致性和标准化。

7.2.5　字符截取函数

在MySQL中，字符截取的功能主要通过SUBSTRING()函数实现。SUBSTRING()函数从字符串中提取子字符串，其基本语法如下：

```
SUBSTRING(str, pos, len)
```

其中：

- str是要从中提取子字符串的字符串。
- pos是开始提取的位置（1表示字符串的第一个字符）。
- len是要提取的字符数。

注意事项如下：

① 如果pos是正数，提取将从字符串的左侧开始。

② 如果pos是负数，提取将从字符串的右侧开始，其中1表示最后一个字符。

③ 如果len参数被省略，SUBSTRING()将提取从pos开始到字符串末尾的所有字符。

案例7-40：

提取客户姓名的前5个字符。

从customers表中的CustomerName字段提取每个客户姓名的前5个字符。

```
SELECT CustomerID, SUBSTRING(CustomerName, 1, 5) AS NameSnippet FROM customers;
```

这将显示每个客户的CustomerID和姓名的前5个字符。

案例7-41：

从产品名称的末尾提取3个字符。

从orders表中的ProductName字段末尾提取每个产品名称的最后3个字符。

```
SELECT ProductID, SUBSTRING(ProductName, 3) AS ProductEnd FROM orders;
```

这将显示每个产品的ProductID和产品名称的最后3个字符。

案例7-42：

提取供应商电话号码的区号。

假设想从suppliers表中的Phone字段提取每个供应商电话号码的区号（假设区号为电话号码的前3位），代码如下：

```
SELECT SupplierID, SUBSTRING(Phone, 1, 3) AS AreaCode FROM suppliers;
```

这将显示每个供应商的SupplierID和电话号码的区号。

在这些案例中，SUBSTRING()函数被用来从一个较长的字符串中提取出有意义的子字符串。这在处理文本数据时非常有用，比如在数据清洗、报告生成或者在实现特定的业务逻辑时，需要从一段文本中提取关键信息。通过合理使用SUBSTRING()函数，可以灵活地处理和分析存储在数据库中的文本数据。

7.2.6 删除空格函数

在MySQL中，处理字符串空格的常用函数包括TRIM()、LTRIM()和RTRIM()。这些函数用于删除字符串两端或一端的空格。

① TRIM()函数从字符串的两端删除空格或其他指定的字符。

语法：TRIM([{{位置}}] {{字符}} FROM {{字符串}})。

- {{位置}}可以是LEADING、TRAILING或省略，分别表示删除开头、结尾或两端的字符。
- {{字符}}是希望从字符串中删除的字符。如果省略，MySQL将删除空格。
- {{字符串}}是要处理的字符串。

② LTRIM()函数从字符串的左端（开头）删除空格。

语法：LTRIM({{字符串}})。

③ RTRIM()函数从字符串的右端（结尾）删除空格。

语法：RTRIM({{字符串}})。

假设有以下三个表的数据：

① orders 表中的ProductName字段可能在前后有不必要的空格。

② customers 表中的Email字段可能在前后有空格。

③ suppliers 表中的CompanyName字段可能在前后有空格。

案例7-43：

清理orders表中ProductName字段的空格。

```
UPDATE orders
SET ProductName = TRIM(ProductName);
```

这个语句会移除ProductName字段值两端的所有空格。

案例7-44：

清理customers表中Email字段的前置空格。

```
UPDATE customers
SET Email = LTRIM(Email);
```

这个语句会移除Email字段值开头的所有空格。

案例7-45：

清理suppliers表中CompanyName字段的后置空格。

```
UPDATE suppliers
SET CompanyName = RTRIM(CompanyName);
```

这个语句会移除CompanyName字段值结尾的所有空格。

注意事项如下：

① 在使用TRIM()函数时，如果需要删除的字符不是空格，确保正确指定了要删除的字符。

② 使用这些函数修改数据库中的数据时，应该谨慎操作，最好先在一个小的数据集上测试。

③ 在执行这类更新操作前，建议备份相关数据，以防不小心删除了重要信息。

考虑到性能，对于大型表，这些操作可能需要一些时间来完成，可能会暂时影响数据库性能。

通过这些函数，可以有效地管理和清理数据库中的字符串数据，确保数据的准确性和一致性。

7.2.7　字符串位置函数

在MySQL中，字符串位置函数用于查找字符串内特定子串的位置。最常用的函数是 LOCATE()和INSTR()，它们都可以用来确定一个字符串在另一个字符串中的位置。尽管它们的参数顺序不同，但功能相似。

（1）LOCATE() 函数

LOCATE(substr, str, pos)函数返回子串substr在字符串str中的位置，从位置pos开始搜索。如果不指定pos，默认从字符串的开始位置搜索。

基本语法如下：

```
LOCATE(substr, str, pos)
```

其中：

- substr是要查找的子串。
- str是要搜索的字符串。
- pos是开始搜索的位置（可选）。

注意事项如下：

① 如果substr不在str中，函数返回 0。

② pos参数是可选的，如果省略，默认从字符串的开始位置搜索。

③ 位置的计数从1开始。

（2）INSTR() 函数

INSTR(str, substr) 函数返回子串 substr 在字符串 str 中的位置。与 LOCATE() 不同，INSTR() 的参数顺序是字符串在前、子串在后。

基本语法如下：

```
INSTR(str, substr)
```

其中：

- str 是要搜索的字符串。
- substr 是要查找的子串。

注意事项如下：

① 如果 substr 不在 str 中，函数返回 0。

② 位置的计数从 1 开始。

假设有以下表结构和数据：

① orders 表中有一个字段 ProductName。

② customers 表中有一个字段 Email。

③ suppliers 表中有一个字段 HomePage。

案例 7-46：

查找产品名称中的特定字符串位置。

```
SELECT OrderID, ProductName, LOCATE('Pro', ProductName) AS Position
FROM orders
WHERE LOCATE('Pro', ProductName) > 0;
```

这个查询在 orders 表的 ProductName 字段中查找包含子串 Pro 的所有记录，并返回这个子串在 ProductName 中的位置。

案例 7-47：

查找电子邮件中 @ 符号的位置。

```
SELECT CustomerID, Email, INSTR(Email, '@') AS AtPosition
FROM customers
WHERE INSTR(Email, '@') > 0;
```

这个查询在 customers 表的 Email 字段中查找包含 @ 的所有记录，并返回 @ 在 Email 中的位置。

案例 7-48：

查找供应商主页中以 http 开头的位置。

```
SELECT SupplierID, HomePage, LOCATE('http', HomePage) AS Position
FROM suppliers
WHERE LOCATE('http', HomePage) = 1;
```

这个查询在 suppliers 表的 HomePage 字段中查找以 http 开头的所有记录，并返回 http 在 HomePage 中的位置。

143

总之，在使用字符串位置函数时，重要的是要清楚地了解函数的参数顺序和返回值。特别是在处理大量数据时，正确地使用这些函数可以有效地过滤和定位数据。

7.2.8 字符串反转函数

在MySQL数据库中，字符串反转可以通过REVERSE()函数实现。这个函数接收一个字符串参数，并返回一个新的字符串，其中字符的顺序被反转。

基本语法如下：

```
REVERSE(string)
```

其中，string是需要反转的字符串。

注意事项如下：

① 如果输入的是NULL，REVERSE()函数将返回NULL。

② 对于非字符串类型的输入，REVERSE()函数会隐式地将其转换为字符串，然后进行反转。

案例7-49：

反转客户姓名。

假设想要查看customers表中所有客户姓名的反转形式，SQL代码如下：

```
SELECT CustomerName, REVERSE(CustomerName) AS ReversedName FROM customers;
```

这个查询会显示所有客户的原始姓名和反转后的姓名。

案例7-50：

反转供应商的电话号码。

如果想要查看suppliers表中所有供应商电话号码的反转形式，SQL代码如下：

```
SELECT Phone, REVERSE(Phone) AS ReversedPhone FROM suppliers;
```

这个查询将显示所有供应商的原始电话号码和反转后的电话号码。

案例7-51：

使用反转函数进行数据校验。

假设想要找出在orders表中，产品编号（ProductID）反转后与原始值相同的记录（这在某些情况下可以用于数据校验或特定的数据分析），代码如下：

```
SELECT ProductID FROM orders WHERE ProductID = REVERSE (ProductID);
```

这个查询将返回那些产品编号反转后与原始值相同的记录。需要注意的是，由于ProductID是整数类型，REVERSE()函数会先将其转换为字符串进行反转，然后再与原始的ProductID进行比较，这可能不会返回任何结果，因为数字反转后很难与原始数字相等，除非它是一个对称数字。

总之，REVERSE()函数在MySQL中是处理字符串反转的直接方法，它可以用于各种文本处理场景，如数据校验、特定模式的搜索等。在使用时，需要注意其对NULL值和非字符串类型的处理方式。通过上述案例，可以看到REVERSE()函数在实际应用中的灵活性和实用性。

7.3 日期时间函数

7.3.1 当前日期和时间函数

在MySQL中，处理日期和时间的函数非常丰富，可以帮助我们在数据库操作中有效地处理和查询日期和时间信息。以下是一些常用的当前日期和时间函数，以及它们的简要说明：

① NOW()：返回当前的日期和时间。

② CURDATE()：返回当前的日期。

③ CURTIME()：返回当前的时间。

④ DATE()：提取日期或日期时间表达式的日期部分。

⑤ TIME()：提取时间或日期时间表达式的时间部分。

注意事项如下：

① 时区设置对日期和时间函数的返回值有影响，要确保数据库服务器的时区设置正确。

② 在使用日期和时间函数进行查询时，考虑索引的使用，以避免全表扫描导致的性能问题。

③ 在处理跨时区的数据时，使用CONVERT_TZ()函数来转换日期和时间值。

案例7-52：

查询当前一天的订单。

```
SELECT * FROM orders WHERE DATE(OrderDate) = CURDATE();
```

这个查询返回当前一天的所有订单。CURDATE()返回当前日期，DATE(OrderDate)确保只比较日期部分，忽略时间。

案例7-53：

查询本月新增的客户。

```
SELECT * FROM customers WHERE MONTH(CURDATE()) = MONTH
(RegistrationDate) AND YEAR(CURDATE()) = YEAR (RegistrationDate);
```

这个查询返回本月新增的客户。通过比较CURDATE()和客户注册日期

RegistrationDate的年份和月份来筛选本月的记录。

案例7-54：

查询供应商的联系信息，包括公司名称和电话，按照最近更新时间排序。

```
SELECT CompanyName, Phone FROM suppliers ORDER BY TIMESTAMPDIFF(SECOND,
UpdateTime, NOW()) ASC;
```

这个查询返回所有供应商的公司名称和电话，按照最近更新时间排序。TIMESTAMPDIFF()函数计算UpdateTime和当前时间NOW()之间的差异（以秒为单位），然后按照这个差异进行排序。

- 在案例7-52中，使用CURDATE()来获取当前日期，并与订单日期进行比较，以筛选出当前一天的订单。
- 在案例7-53中，通过比较当前日期和客户注册日期的月份和年份，来找出本月新增的客户。
- 在案例7-54中，利用TIMESTAMPDIFF()和NOW()函数来计算每个供应商信息自最后更新以来经过的时间（以秒为单位），并按此排序，以便获取最近更新的供应商列表。

这些案例展示了如何在实际应用中使用MySQL的日期和时间函数来执行常见的日期时间相关查询。在使用这些函数时，重要的是要注意时区设置和性能优化。

7.3.2　日期和时间计算函数

MySQL数据库提供了丰富的日期和时间函数，用于执行日期和时间的计算。以下是一些常用的日期和时间计算函数，以及它们的基本语法和案例。

① DATE_ADD(date, INTERVAL expr type)：在日期上添加时间间隔。

② DATE_SUB(date, INTERVAL expr type)：从日期减去时间间隔。

③ DATEDIFF(expr1, expr2)：返回两个日期之间的天数。

④ DAYOFWEEK(date)：返回日期是星期几（1 = 周日, 2 = 周一, …, 7 = 周六）。

案例7-55：

计算客户下次联系日期。

在客户最后一次订单日期的基础上，添加30天作为下次联系日期。

```
SELECT CustomerID, DATE_ADD(OrderDate, INTERVAL 30 DAY) AS
NextContactDate
FROM orders;
```

案例7-56：

计算两个日期之间的天数差。

计算每个订单的交货期限与订单日期之间的天数差。

```
SELECT OrderID, DATEDIFF(DeliveryDate, OrderDate) AS DaysToDelivery
FROM orders;
```

这里假设DeliveryDate是订单表中的一个字段，表示交货日期。

注意事项如下：

① 时区问题：MySQL的日期和时间函数受服务器的时区设置影响。要确保了解服务器的时区设置，并在必要时进行调整。

② 性能考虑：在大型数据集上频繁使用复杂的日期计算可能会影响查询性能。考虑使用索引或优化查询逻辑。

③ 日期格式：MySQL默认的日期格式是YYYYMMDD。在与数据库交互时，要确保使用正确的格式，或使用STR_TO_DATE()和DATE_FORMAT()函数进行转换。

通过这些函数和案例，可以看到MySQL提供了强大的工具来处理日期和时间数据，使得日期和时间的计算变得简单和直接。在实际应用中，根据具体需求选择合适的函数，并注意上述注意事项，可以有效地处理日期和时间相关的数据。

7.3.3　日期转换函数

在MySQL中，日期转换函数用于将日期和时间值从一种格式转换为另一种格式，或用于提取日期时间的特定部分。以下是一些常用的日期转换函数及其语法：

① DATE_FORMAT(date,format)：按照指定的格式，将日期转换为字符串。

其中，date为要格式化的日期；format为指定的格式。

② STR_TO_DATE(str,format)：将字符串按照指定的格式转换为日期。

其中，str为要转换的字符串；format为字符串的格式。

注意事项如下：

① 格式字符串中的符号对大小写敏感。例如，%Y代表4位年份，而%y代表2位年份。

② 在使用STR_TO_DATE()函数时，要确保格式字符串与输入字符串完全匹配，否则可能返回NULL。

③ 日期转换函数在处理无效日期时的行为（如2月30日）可能因MySQL版本而异。

案例7-57：

格式化订单日期。

查询orders表，并将OrderDate列的日期格式化为YYYYMMDD格式。

```
SELECT OrderID, DATE_FORMAT(OrderDate, '%Y%m%d') AS FormattedOrderDate
FROM orders;
```

这里，DATE_FORMAT()函数将OrderDate转换为指定的格式。

案例7-58:

将字符串转换为日期。

假设有一个日期字符串"20230401"，将其转换为日期格式，以便在查询中使用。

```
SELECT STR_TO_DATE('20230401', '%Y%m%d') AS ConvertedDate;
```

STR_TO_DATE()函数将字符串按照指定的格式转换为日期。

总之，在处理数据库中的日期和时间时，MySQL提供了强大的函数来格式化、转换和提取日期时间的特定部分。正确使用这些函数可以极大地增强查询的灵活性和表达能力。在使用这些函数时，重要的是要注意格式字符串的正确性和数据的有效性。

7.3.4 格式转换函数

在MySQL中，格式转换函数用于将数据从一种类型转换为另一种类型。这些函数对于数据清洗、报表生成和数据分析等任务至关重要。下面是一些常用的MySQL格式转换函数及其语法。

（1）CAST() 函数

用于显式地将一个表达式转换为特定类型。

```
CAST(expression AS type)
```

其中，type可以是BINARY、CHAR、DATE、DATETIME、DECIMAL、SIGNED、TIME或UNSIGNED等。

（2）CONVERT() 函数

类似于CAST()，但其能提供更多的灵活性。

```
CONVERT(expression, type)
```

或者用于字符集转换：

```
CONVERT(expression USING charset)
```

（3）FORMAT() 函数

用于格式化数字并将其转换为格式化的字符串，常用于处理货币值。

```
FORMAT(number, decimals)
```

案例7-59:

转换日期格式。

从orders表中检索订单日期，并将其从YYYYMMDD格式转换为DD/MM/YYYY格式。

```
SELECT OrderID,
```

```
      DATE_FORMAT(OrderDate, '%d/%m/%Y') AS FormattedOrderDate
FROM orders;
```

这里使用DATE_FORMAT()函数，它不是一个直接的格式转换函数，但用于日期类型的格式化，这对于报表和用户界面显示非常有用。

案例7-60：

将文本转换为日期。

将存储为字符串的日期（在customers表中假设有一个字符串日期字段）转换为日期类型，以进行日期比较。

```
SELECT CustomerID,
      CAST('20230101' AS DATE) AS StartDate
FROM customers;
```

这里，CAST()函数被用来将字符串"20230101"显式转换为日期类型。

案例7-61：

数字格式化。

从orders表中检索销售额，并将其格式化为包含两位小数的数字。

```
SELECT OrderID,
      FORMAT(Sales, 2) AS FormattedSales
FROM orders;
```

FORMAT()函数在这里用于将销售额格式化，使其更适合财务报告。

注意事项如下：

① 数据类型兼容性：在使用CAST()或CONVERT()函数时，要确保原始数据类型可以合理地转换为目标数据类型，以避免数据丢失或错误。

② 性能影响：频繁地在查询中使用格式转换函数可能会影响查询性能，特别是在大型数据集上。要尽可能在应用层进行数据格式化。

③ 地区设置：使用FORMAT()函数时，要考虑到地区设置可能会影响格式化的输出，例如，货币符号和小数点符号。

通过这些案例和注意事项，可以看到MySQL中格式转换函数的强大功能以及在实际应用中的灵活性。正确使用这些函数可以大大提高数据处理的效率和准确性。

7.3.5 提取星期函数

在MySQL中，提取星期的函数是WEEK()，它用于从日期中提取星期编号。星期编号的计算可以根据不同的模式进行，这些模式由函数的第二个参数指定。

基本语法如下：

```
WEEK(date[, mode])
```

其中：

- date是从中提取星期的日期表达式。
- mode是一个可选参数，用于定义周的计算模式。MySQL提供了0～7的模式值，用于确定一周的开始日和周的第一周的规则。

注意事项如下：

① 在默认情况（不指定mode）下，MySQL按照模式0来计算，即周日作为一周的第一天。

② 不同的mode值会影响周的编号，尤其是年初和年末的日期。

③ 使用WEEK()函数时，要确保日期格式正确，否则可能得到意外的结果。

案例7-62：

获取订单日期是星期几。

```
SELECT OrderID, OrderDate, WEEK(OrderDate) AS WeekNumber FROM orders;
```

这将返回订单的ID、订单日期，以及该日期对应的星期编号。

案例7-63：

根据客户生日计算客户出生那周是一年中的第几周。

假设有客户的生日信息，想知道他们出生在一年中的哪一周（假设在customers表中有一个Birthday字段），代码如下：

```
SELECT CustomerID, Birthday, WEEK(Birthday) AS BirthWeek FROM customers;
```

这将显示客户ID、客户的生日，以及其生日对应的一年中的周数。

案例7-64：

找出特定供应商合作开始的周数。

假设记录了与供应商开始合作的日期，想知道这是一年中的第几周（假设在suppliers表中有一个StartDate字段），代码如下：

```
SELECT SupplierID, StartDate, WEEK(StartDate, 1) AS StartWeek FROM suppliers;
```

这里mode为1，意味着周一被视为一周的开始。这将返回供应商ID、合作开始日期，以及该日期是一年中的第几周。

总之，使用WEEK()函数时，重要的是要考虑周的计算模式，因为不同的模式可能会导致不同的结果。此外，确保日期数据的准确性也非常关键。通过上述案例，可以看到WEEK()函数在实际应用中的灵活性和实用性。

7.3.6 其他日期函数

MySQL提供了一系列的日期和时间函数，用于提取或处理日期和时间值中的特定部分。以下是一些常用的提取日期和时间值中特定部分的函数及其用法。

（1）年份函数：YEAR()

语法：YEAR(date)。

作用：返回日期的年份部分。

示例：

```
SELECT YEAR(OrderDate) AS OrderYear FROM orders;
```

解释：从orders表中选择订单日期的年份部分。

（2）季度函数：QUARTER()

语法：QUARTER(date)。

作用：返回日期所在的季度。

示例：

```
SELECT QUARTER(OrderDate) AS OrderQuarter FROM orders;
```

解释：从orders表中选择订单日期所在的季度。

（3）月份函数：MONTH()

语法：MONTH(date)。

作用：返回日期的月份部分。

示例：

```
SELECT MONTH(OrderDate) AS OrderMonth FROM orders;
```

解释：从orders表中选择订单日期的月份部分。

（4）日函数：DAY()

语法：DAY(date)或DAYOFMONTH(date)。

作用：返回日期的日部分。

示例：

```
SELECT DAY(OrderDate) AS OrderDay FROM orders;
```

解释：从orders表中选择订单日期的天部分。

（5）小时函数：HOUR()

语法：HOUR(time)。

作用：返回时间的小时部分。

示例：

```
SELECT HOUR('20230101 15:30:00') AS OrderHour;
```

解释：返回指定时间的小时部分，这里是15。

（6）分钟函数：MINUTE()

语法：MINUTE(time)。

作用：返回时间的分钟部分。

示例：

```
SELECT MINUTE('20230101 15:30:00') AS OrderMinute;
```

解释：返回指定时间的分钟部分，这里是30。

（7）秒函数：SECOND()

语法：SECOND(time)。

作用：返回时间的秒部分。

示例：

```
SELECT SECOND('20230101 15:30:45') AS OrderSecond;
```

解释：返回指定时间的秒部分，这里是45。

案例7-65：

筛选今年的订单。

如果只对今年的订单感兴趣，可以使用YEAR()函数来筛选。

```
SELECT *
FROM orders
WHERE YEAR(OrderDate) = YEAR(CURDATE());
```

案例7-66：

提取年份并统计每年的订单数量。

```
SELECT YEAR(OrderDate) AS OrderYear, COUNT(*) AS TotalOrders
FROM orders
GROUP BY YEAR(OrderDate);
```

这里，YEAR()函数从OrderDate中提取年份，然后按年份分组并计算每组的订单数量。

注意事项如下：

① 输入的日期或时间值必须是有效的，否则函数将返回NULL。

② 对于YEAR()、QUARTER()、MONTH()、DAY()函数，输入必须是日期或日期时间类型。对于HOUR()、MINUTE()、SECOND()函数，输入可以是时间或日期时间类型。

③ 在处理跨年、跨月等情况时，要确保正确理解函数的返回值，特别是在使用QUARTER()或MONTH()函数时。

通过这些函数，可以灵活地处理和分析日期和时间数据，如计算特定时间段内的数据，分析季度销售趋势等。

7.4 控制流程函数

7.4.1 IF 函数

MySQL 的 IF 函数是一种控制流函数, 允许在查询中进行条件判断。
基本语法如下:

```
IF(expression, value_if_true, value_if_false)
```

其中:

- expression 是要评估的条件表达式。
- value_if_true 是当条件 expression 为真时返回的值。
- value_if_false 是当条件 expression 为假时返回的值。

注意事项如下:

① 性能考虑: 在复杂查询中频繁使用 IF 函数可能会影响查询性能, 特别是在处理大量数据时。

② 条件限制: IF 函数只能在有限的上下文中使用, 如 SELECT 语句、INSERT 语句的 VALUES 部分和 SET 语句中。

③ 逻辑复杂性: 过度使用 IF 函数可能会使查询逻辑变得复杂难懂, 应尽量保持查询的简洁性。

案例 7-67:

根据客户收入等级分类。

根据客户的收入将其分类为 High、Medium、Low 三个等级。

```
SELECT CustomerID, Income,
        IF(Income > 100000, 'High', IF(Income > 50000, 'Medium',
'Low')) AS IncomeLevel
FROM customers;
```

解释: 此查询检查 customers 表中每个客户的收入。如果收入超过 100000, 则分类为 High; 如果收入超过 50000 但不超过 100000, 则分类为 Medium; 否则, 分类为 Low。

案例 7-68:

为订单表中的每个订单标记优先级。

根据订单金额来标记订单的优先级, 订单金额超过 5000 为 High, 否则为 Normal。

```
SELECT OrderID, Sales,
      IF(Sales > 5000, 'High', 'Normal') AS Priority
FROM orders;
```

解释：此查询通过orders表中的Sales字段来判断每个订单的优先级。如果Sales超过5000，则优先级为High，否则为Normal。

案例7-69：

根据供应商所在国家分类为国内或国外。

假设业务位于"CHINA"，标记供应商是国内的还是国外的。

```
SELECT SupplierID, Country,
       IF(Country = 'CHINA', 'Domestic', 'International') AS
SupplierType
FROM suppliers;
```

解释：此查询检查suppliers表中每个供应商的国家。如果国家是"CHINA"，则标记为Domestic（国内）；否则，标记为International（国际）。

总之，IF函数在MySQL中提供了强大的条件逻辑处理能力，使得根据数据的不同条件动态返回不同的结果成为可能。然而，使用时应注意其对性能的影响以及在复杂查询中可能引入的逻辑复杂性。合理使用IF函数可以有效地增强查询的灵活性和表达能力。

7.4.2 IFNULL 函数

IFNULL 函数是MySQL中的一个函数，用于检查第一个表达式是否为NULL。如果第一个表达式为NULL，则返回第二个表达式的值；如果第一个表达式不为NULL，则返回第一个表达式的值。这个函数在处理数据库查询结果中的NULL值时非常有用，可以用来提供默认值。

基本语法如下：

```
IFNULL(expression1, expression2)
```

其中：

- expression1：要检查的表达式。
- expression2：如果 expression1 是NULL，则返回的值。

注意事项如下：

① 性能考虑：在大型数据集上频繁使用IFNULL可能会影响查询性能，尤其是在复杂的查询中。

② 数据类型：expression1 和 expression2 的数据类型应该兼容，以避免意外的类型转换。

③ 逻辑清晰：在使用IFNULL时，要保持逻辑简单和清晰，避免嵌套过深，以提高代码的可读性。

案例7-70：

在订单表（orders）中，选择订单销售额，如果销售额为NULL，则显示为0。

```
SELECT OrderID, IFNULL(Sales, 0) AS Sales
FROM orders;
```

解释：此查询检查orders表中的Sales字段。如果Sales为NULL，则返回0；否则，返回Sales的实际值。这对于财务报表中避免NULL值显示非常有用。

案例7-71：

在客户信息表（customers）中，选择客户的电子邮件，如果电子邮件为NULL，则显示为Not Provided。

```
SELECT CustomerID, IFNULL(Email, 'Not Provided') AS Email
FROM customers;
```

解释：此查询检查customers表中的Email字段。如果Email为NULL，则返回字符串Not Provided；否则，返回Email的实际值。这有助于在用户界面上提供更友好的信息显示。

案例7-72：

在供应商信息表（suppliers）中，选择供应商的传真号码，如果传真号码为NULL，则显示供应商的电话号码。

```
SELECT SupplierID, IFNULL(Fax, Phone) AS ContactNumber
FROM suppliers;
```

解释：此查询检查suppliers表中的Fax字段。如果Fax为NULL，则返回Phone字段的值；否则，返回Fax的实际值。这对于确保总能联系到供应商非常有用，即使某些联系信息未提供。

通过这些案例，可以看到IFNULL函数在处理数据库查询结果中NULL值时的灵活性和实用性，它允许开发者在查询时直接处理NULL值，提供默认值或替代值，从而避免在应用程序逻辑中进行额外的空值检查。

7.4.3　CASE 函数

MySQL中的CASE函数是一种控制流函数，它允许在SQL语句中进行条件判断，根据不同的条件返回不同的结果。CASE函数可以在SELECT语句、INSERT语句、UPDATE语句和DELETE语句中使用。

CASE函数有以下两种基本形式。

① 简单CASE函数：

```
CASE expression
    WHEN value1 THEN result1
    WHEN value2 THEN result2
    ...
    ELSE resultN
END
```

② 搜索CASE函数：

```
CASE
    WHEN condition1 THEN result1
    WHEN condition2 THEN result2
    ...
    ELSE resultN
END
```

注意事项如下：

① 性能考虑：虽然CASE语句很灵活，但在处理大量数据时应注意其对性能的影响。

② 条件覆盖：确保CASE语句中的条件覆盖所有可能的情况，以避免逻辑错误。

③ 使用ELSE：提供ELSE子句作为默认选项，以处理未匹配到任何WHEN条件的情况。

案例7-73：

根据客户收入等级分类（customers表）。

```
SELECT CustomerID, Income,
CASE
    WHEN Income < 30000 THEN 'Low'
    WHEN Income BETWEEN 30000 AND 60000 THEN 'Medium'
    WHEN Income > 60000 THEN 'High'
    ELSE 'Unknown'
END AS IncomeLevel
FROM customers;
```

解释：此查询根据客户的收入将客户分类为Low、Medium、High或Unknown。这有助于快速识别客户的收入等级。

案例7-74：

更新订单状态（orders表）。

```
UPDATE orders
SET OrderStatus =
CASE
    WHEN OrderDate < '20230101' THEN 'Old'
    WHEN OrderDate >= '20230101' THEN 'New'
    ELSE 'Unknown'
END
WHERE OrderID = 1;
```

解释：此更新操作根据订单日期将订单状态更新为Old、New或Unknown。这对于区分新旧订单非常有用。

案例7-75：

显示供应商所在地区的描述（suppliers表）。

```
SELECT SupplierID, Region,
CASE Region
    WHEN 'North America' THEN 'NA'
    WHEN 'Europe' THEN 'EU'
    WHEN 'Asia' THEN 'AS'
    ELSE 'Other'
END AS RegionShort
FROM suppliers;
```

解释：此查询通过简化地区名称来显示供应商的所在地区描述。这有助于简化报告中的地区信息。

总之，CASE函数是MySQL中非常强大的工具，它提供了在SQL查询中执行条件逻辑的能力。通过合理使用CASE函数，可以简化复杂的数据处理逻辑，提高SQL代码的可读性和维护性。然而，需要注意的是，过度使用或在大数据集上使用CASE函数可能会影响查询性能。因此，应当在确保逻辑正确的前提下，谨慎使用CASE函数。

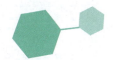

7.5　窗口函数

7.5.1　窗口函数概述

窗口函数是一类非常有用的函数，用于处理复杂的查询和数据分析任务，可以用于对数据集的子集执行计算，而不需要使用传统的GROUP BY语句。这使得在保持原有数据结构的同时进行聚合计算成为可能，这对于执行排名、计算移动平均、累计总和等操作非常有用。MySQL从8.0版本开始支持窗口函数。

窗口函数的基本语法如下：

```
<窗口函数> OVER (
    PARTITION BY <列名>
    ORDER BY <列名>
    [ROWS|RANGE <窗口范围>]
)
```

其中：

- PARTITION BY：这是可选的，用于指定窗口内的分区。如果指定了PARTITION BY，窗口函数会对每个分区独立计算。
- ORDER BY：这也是可选的，用于指定窗口内的排序。这对于排名和计算移动平均等操作非常重要。
- ROWS|RANGE：这是可选的，用于指定窗口的范围。例如，可以指定前10

行或当前行之前的所有行。

窗口函数的类型:

① 聚合窗口函数: 如SUM()、AVG()、COUNT()等。

② 排名窗口函数: 如ROW_NUMBER()、RANK()、DENSE_RANK()等。

③ 分析窗口函数: 如LEAD()、LAG()、FIRST_VALUE()、LAST_VALUE()等。

假设有一个orders表,包含以下字段: OrderID、OrderDate、CustomerID、Sales。

案例7-76:

计算每个客户的累计销售额。

```
SELECT
    OrderID,
    CustomerID,
    Sales,
    SUM(Sales) OVER (PARTITION BY CustomerID ORDER BY OrderDate) AS
CumulativeSales
FROM
    orders;
```

这个查询会为orders表中的每一行计算累计销售额。PARTITION BY CustomerID确保了累计是在每个客户的范围内进行的; ORDER BY OrderDate确保了销售额是按订单日期的顺序累加的。

案例7-77:

计算基于销售额的每个订单排名。

```
SELECT
    OrderID,
    Sales,
    RANK() OVER (ORDER BY Sales DESC) AS SalesRank
FROM
    orders;
```

这个查询会为orders表中的每一行计算一个排名,排名是基于Sales字段的值,从高到低排序。每个订单都会根据其销售额在所有订单中的相对位置获得一个排名。

窗口函数提供了一种强大的方式来执行这类复杂的数据分析和计算,而无须将数据分组或使用子查询。

7.5.2 聚合窗口函数

MySQL的聚合窗口函数是一种强大的工具,用于在数据集的子集上执行计算,这些子集被称为窗口。这些函数可以用于执行各种统计分析,如计算移动平均、总和、最大值和最小值等。以下是一些常用的聚合窗口函数及其使用示例,以订单表

（orders）为例。

（1）SUM() - 窗口函数

基本语法如下：

```
SUM(expression) OVER (
    PARTITION BY column_name
    ORDER BY column_name
    [ROWS|RANGE BETWEEN ... AND ...]
)
```

案例7-78：

计算每个客户的累计销售额。

```
SELECT OrderID, CustomerID, Sales,
       SUM(Sales) OVER (PARTITION BY CustomerID ORDER BY OrderDate) AS
CumulativeSales
FROM orders;
```

解释：这个查询计算每个客户的累计销售额，通过PARTITION BY CustomerID
将数据分组为每个客户的订单，然后按OrderDate排序，以确保销售额是按时间顺
序累加的。

（2）AVG() - 窗口函数

基本语法如下：

```
AVG(expression) OVER (
    PARTITION BY column_name
    ORDER BY column_name
    [ROWS|RANGE BETWEEN ... AND ...]
)
```

案例7-79：

计算每个产品的移动平均销售额。

```
SELECT OrderID, ProductID, Sales,
       AVG(Sales) OVER (PARTITION BY ProductID ORDER BY OrderDate ROWS
BETWEEN 1 PRECEDING AND CURRENT ROW) AS MovingAvgSales
FROM orders;
```

解释：这个查询为每个产品计算移动平均销售额，考虑了当前行和前一行的销
售额。

（3）MAX()/MIN() - 窗口函数

基本语法如下：

```
MAX(expression) OVER (
    PARTITION BY column_name
    ORDER BY column_name
```

```
        [ROWS|RANGE BETWEEN ... AND ...]
)
```

案例7-80：

查找每个客户订单中的最高销售额。

```
SELECT OrderID, CustomerID, Sales,
       MAX(Sales) OVER (PARTITION BY CustomerID) AS MaxSales
FROM orders;
```

解释：这个查询为每个客户找到其最高的销售额，通过PARTITION BY CustomerID将数据分组为每个客户的订单。

 （4）COUNT()- 窗口函数

基本语法如下：

```
COUNT(expression) OVER (
    PARTITION BY column_name(s)
    ORDER BY column_name(s)
    [frame_clause]
)
```

案例7-81：

计算每个客户的订单总数，并在每个订单旁边显示这个总数。

```
SELECT
    OrderID,
    CustomerID,
    OrderDate,
    COUNT(*) OVER (PARTITION BY CustomerID) AS TotalOrdersPerCustomer
FROM
    orders
ORDER BY
    CustomerID, OrderDate;
```

解释：在这个例子中，"COUNT(*) OVER (PARTITION BY CustomerID)"计算每个客户的订单总数。通过"PARTITION BY CustomerID"，MySQL为每个不同的CustomerID分别计算COUNT()。结果是：每个订单旁边都会显示该客户的订单总数。

注意事项如下：

① 分区（PARTITION BY）：聚合窗口函数通常与PARTITION BY子句一起使用，以指定如何将数据分组为多个窗口。

② 排序（ORDER BY）：在使用窗口函数时，ORDER BY子句定义数据在每个分区内的排序方式，这对于函数［如SUM()或AVG()］在计算移动平均或累计总和时非常重要。

③ 范围（ROWS或RANGE）：可以通过ROWS或RANGE关键字指定窗口的大

小和边界。例如，"ROWS BETWEEN 1 PRECEDING AND CURRENT ROW"表示窗口包括当前行和前一行。

聚合窗口函数在处理大量数据时非常有用，特别是当需要对数据集的子集进行计算时。它们可以提供对数据深入分析的强大工具，但使用时需要注意数据的分组和排序，以确保计算结果的准确性。

7.5.3 排名窗口函数

MySQL数据库中的排名窗口函数主要包括ROW_NUMBER()、RANK()、DENSE_RANK()和NTILE()。这些函数通常用于数据分析，特别是在处理分组排序和排名问题时非常有用。

下面详细介绍每个函数的语法和案例。

（1）ROW_NUMBER()

基本语法如下：

```
ROW_NUMBER() OVER (PARTITION BY column_name ORDER BY column_name)
```

案例7-82：

为每个客户类型内的订单按订单日期排序编号。

```
SELECT
    OrderID,
    CustomerType,
    OrderDate,
    ROW_NUMBER() OVER (PARTITION BY CustomerType ORDER BY OrderDate)
AS RowNumber
FROM orders;
```

解释：此查询为每个CustomerType内的订单分配一个唯一的序号，序号根据OrderDate的升序排列。

（2）RANK()

基本语法如下：

```
RANK() OVER (PARTITION BY column_name ORDER BY column_name)
```

案例7-83：

为每个客户类型内的订单按销售额排序，相同销售额的订单会获得相同的排名，排名之后的序号会留空。

```
SELECT
    OrderID,
    CustomerType,
    Sales,
    RANK() OVER (PARTITION BY CustomerType ORDER BY Sales DESC) AS
```

```
Rank
FROM orders;
```

解释：此查询为每个CustomerType内的订单根据Sales的降序排列分配排名，相同Sales值的订单会有相同的排名。

（3）DENSE_RANK()

基本语法如下：

```
DENSE_RANK() OVER (PARTITION BY column_name ORDER BY column_name)
```

案例7-84：

为每个客户类型内的订单按销售额排序，相同销售额的订单会获得相同的排名，但排名之后的序号不会留空。

```
SELECT
    OrderID,
    CustomerType,
    Sales,
    DENSE_RANK() OVER (PARTITION BY CustomerType ORDER BY Sales DESC)
AS DenseRank
FROM orders;
```

解释：DENSE_RANK()与RANK()类似，但其在分配排名时不会留空序号。

（4）NTILE()

基本语法如下：

```
NTILE(number) OVER (PARTITION BY column_name ORDER BY column_name)
```

案例7-85：

将每个客户类型内的订单根据销售额分成4个等级。

```
SELECT
    OrderID,
    CustomerType,
    Sales,
    NTILE(4) OVER (PARTITION BY CustomerType ORDER BY Sales DESC) AS
Ntile
FROM orders;
```

解释：此查询将每个CustomerType内的订单根据Sales的降序排列分成4个等级，每个等级包含数量大致相等的订单。

注意事项如下：

① 窗口函数OVER()子句中的PARTITION BY是可选的，如果不使用，函数将把所有结果集作为一个整体进行操作。

② 使用窗口函数时，不能在SELECT子句中直接使用聚合函数的结果作为过滤条件，如果需要过滤，应该使用子查询或者WITH子句（CTE）。

162

③ 窗口函数执行的顺序是在最后的结果集上进行的，因此它们不能影响 WHERE、GROUP BY、HAVING 等子句的执行结果。

通过这些排名窗口函数，可以在不同的业务场景中进行复杂的数据分析和处理，特别是在需要对数据进行分组排序和排名时。

7.5.4 分析窗口函数

MySQL 数据库中的分析窗口函数主要包括 LEAD()、LAG()、FIRST_VALUE() 和 LAST_VALUE()。这些函数提供了在结果集的当前行上进行查看前后行数据的能力，这对于分析数据趋势、计算累积和比较序列中的值非常有用。

下面详细介绍每个函数的语法和案例。

（1）LEAD() 函数

LEAD() 函数允许查看当前行之后的某一行数据。这对于比较当前行与后续行的数据非常有用。

基本语法如下：

```
LEAD(value, offset, default) OVER (PARTITION BY column_name ORDER BY
column_name)
```

其中：

- value：需要比较的列。
- offset：向后查看的行数，默认是1。
- default：如果没有足够的行可以向后查看，则返回的默认值。

案例 7-86：

比较每个订单与其下一个订单的销售额差异。

```
SELECT OrderID, Sales,
       LEAD(Sales) OVER (ORDER BY OrderDate) AS NextSales
FROM orders;
```

（2）LAG() 函数

LAG() 函数允许查看当前行之前的某一行数据。这对于比较当前行与前一行的数据非常有用。

基本语法如下：

```
LAG(value, offset, default) OVER (PARTITION BY column_name ORDER BY
column_name)
```

案例 7-87：

比较每个订单与其前一个订单的销售额差异。

```
SELECT OrderID, Sales,
```

```
        LAG(Sales) OVER (ORDER BY OrderDate) AS PrevSales
FROM orders;
```

（3）FIRST_VALUE() 函数

FIRST_VALUE()函数用于获取分区中的第一个值。

基本语法如下：

```
FIRST_VALUE(value) OVER (PARTITION BY column_name ORDER BY
column_name)
```

案例7-88：

在每个订单行显示当前客户的首次订单销售额。

```
SELECT OrderID, CustomerID, Sales,
       FIRST_VALUE(Sales) OVER (PARTITION BY CustomerID ORDER BY
OrderDate) AS FirstSale
FROM orders;
```

（4）LAST_VALUE() 函数

LAST_VALUE()函数用于获取分区中的最后一个值。使用时需要注意，为了正确获取最后一个值，通常需要使用RANGE BETWEEN子句。

基本语法如下：

```
LAST_VALUE(value) OVER (PARTITION BY column_name ORDER BY column_name
RANGE BETWEEN CURRENT ROW AND UNBOUNDED FOLLOWING)
```

案例7-89：

在每个订单行显示当前客户的最后一次订单销售额。

```
SELECT OrderID, CustomerID, Sales,
       LAST_VALUE(Sales) OVER (PARTITION BY CustomerID ORDER BY
OrderDate RANGE BETWEEN CURRENT ROW AND UNBOUNDED FOLLOWING) AS
LastSale
FROM orders;
```

注意事项如下：

当使用LAST_VALUE()函数时，要确保使用"RANGE BETWEEN CURRENT ROW AND UNBOUNDED FOLLOWING"，否则可能不会得到预期的最后一个值。

LEAD()和LAG()函数的offset参数默认为1，但可以根据需要调整，以查看当前行之后或之前的任何行。

FIRST_VALUE()和LAST_VALUE()在使用分区时非常有用，因为它们允许在每个分区内获取第一个或最后一个值。

这些窗口函数为数据分析提供了强大的工具，使得在单个查询中进行复杂的数据比较和趋势分析成为可能。

7.6 利用 ChatGPT 进行函数学习

首先明确想要学习的函数类型，例如数学函数、编程中的函数，或者特定领域的函数，这有助于 ChatGPT 提供更准确的信息。其次使用 ChatGPT 查询函数的基础知识，包括定义、用途、重要性等。

下面演示如何利用 ChatGPT 进行函数学习，输入的提示语如下：

你是精通数据库的专家，具备如下能力和知识：

（1）数据库设计：熟悉数据库设计的流程和步骤，包括数据库设计方案、数据库架构、数据库存储、表设计等。

（2）基本 SQL 技能：熟悉 MySQL、Oracle、SQL Server 等关系数据库，熟悉复杂查询、存储过程等的编写。

（3）数据库管理：管理数据库中的数据，包括数据的增删改查等操作，以及数据的备份、恢复、分区、安全性等。

（4）数据库开发：熟悉数据库开发的流程和技术，如数据库设计、数据库编程、数据库测试等。

（5）数据库性能优化：使用优化技术优化数据库的性能，如索引优化、事务处理、缓存，以及数据备份和恢复等。

（6）数据备份：定期备份数据库，确保数据的可用性，并在需要时进行数据恢复。

（7）系统维护：管理数据库系统的日常运维，包括系统备份、系统监控、故障排除等。

（8）数据库性能调优：进行数据库性能优化，如查询优化、索引优化、缓存优化等。

使用 pymysql 库，连接本地 MySQL 数据库，端口号是 3306，用户名是 root，密码是 root，数据库是 trove，利用订单表（orders）统计 2023 年各门店（StoreName）的销售额（Sales），在 SQL 语句中使用控制流程函数判断，当销售额大于等于 70 万元时为优秀，当销售额小于 70 万元大于等于 60 万元时为合格，当销售额小于 60 万元时为不达标，单位万元，保留两位有效数字，程序中需要添加详细的中文注释。

ChatGPT 的输出如下：

```python
import pymysql

def connect_database():
    """
    连接到本地MySQL数据库
    """
    try:
        # 使用pymysql库连接MySQL数据库
        connection = pymysql.connect(host='localhost',
                                     user='root',
                                     password='root',
                                     database='trove',
                                     port=3306,
                                     charset='utf8mb4',
                                     cursorclass=pymysql.cursors.
```

165

```
DictCursor)
        return connection
    except Exception as e:
        print(f"数据库连接失败，错误信息：{e}")
        return None


def query_sales_by_store():
    """
    统计2023年各门店的销售额，并根据销售额评级
    """
    connection = connect_database()
    if connection:
        try:
            with connection.cursor() as cursor:
                # 编写SQL语句，使用CASE WHEN THEN ELSE END实现控制流程，对
销售额进行评级
                sql = """
                SELECT
                    StoreName,
                    ROUND(SUM(Sales)/10000, 2) AS SalesInWan,
                    CASE
                        WHEN SUM(Sales) >= 700000 THEN '优秀'
                        WHEN SUM(Sales) < 700000 AND SUM(Sales) >=
600000 THEN '合格'
                        ELSE '不达标'
                    END AS Rating
                FROM orders
                WHERE YEAR(OrderDate) = 2023
                GROUP BY StoreName
                """
                cursor.execute(sql)
                results = cursor.fetchall()
                # 打印查询结果
                for row in results:
                    print(f"门店：{row['StoreName']}，销售额：
{row['SalesInWan']}万元，评级：{row['Rating']}")
        except Exception as e:
            print(f"查询失败，错误信息：{e}")
        finally:
            connection.close()
    else:
        print("数据库连接未建立。")


# 调用函数执行查询
```

166

```
query_sales_by_store()
```

运行上述 ChatGPT 的输出，显示统计信息，如下所示。

门店：燎原店，　销售额：62.57万元，　表现：合格
门店：定远店，　销售额：59.89万元，　表现：不达标
门店：临泉店，　销售额：74.68万元，　表现：优秀
门店：庐江店，　销售额：56.12万元，　表现：不达标
门店：金寨店，　销售额：67.45万元，　表现：合格
门店：众兴店，　销售额：71.89万元，　表现：优秀
门店：人民店，　销售额：58.85万元，　表现：不达标
门店：长泰店，　销售额：64.78万元，　表现：合格
门店：海恒店，　销售额：75.09万元，　表现：优秀

7

数据库主要函数

8

视图与索引

视图是一个虚拟表，它是由一个或多个表的行数据组成的，可以简化复杂的查询，提高查询效率。而索引则是用来加快数据库中数据的检索速度的。通过在表中创建索引，可以快速定位到需要的数据，减少查询时间。视图和索引在数据库中起着重要的作用，能够提高数据库的性能和效率。本章介绍 MySQL 数据库中的视图与索引。

8.1 创建视图

8.1.1 单表创建视图

在MySQL数据库中，视图是一种虚拟表，其内容由查询定义。视图不仅可以简化复杂的SQL操作，还可以提高数据访问的安全性。下面将通过订单表（orders）、客户信息表（customers）和供应商信息表（suppliers）的例子，全面详细地阐述MySQL数据库中单表创建视图的语法、案例及注意事项。

基本语法如下：

```
CREATE VIEW 视图名称 AS
SELECT 列名称
FROM 表名称
WHERE 条件;
```

案例8-1：

创建一个展示所有客户信息的视图。

```
CREATE VIEW view_customers AS
SELECT *
FROM customers;
```

这个视图view_customers包含了customers表中的所有列和行。通过这个视图，可以简化对客户信息的查询，尤其是在涉及复杂连接或条件时。

案例8-2：

创建一个视图展示订单数量超过10的供应商信息。

```
CREATE VIEW view_suppliers_more_than_10_orders AS
SELECT s.*
FROM suppliers s
JOIN orders o ON s.SupplierID = o.SupplierID
GROUP BY s.SupplierID
HAVING COUNT(o.OrderID) > 10;
```

这个视图view_suppliers_more_than_10_orders通过连接suppliers表和orders表，筛选出订单数量超过10的供应商。这对于分析供应商的订单量非常有用。

案例8-3：

创建一个视图展示每个客户的最近订单日期。

```
CREATE VIEW view_latest_order_per_customer AS
SELECT c.CustomerID, MAX(o.OrderDate) AS latest_OrderDate
FROM customers c
JOIN orders o ON c.CustomerID = o.CustomerID
GROUP BY c.CustomerID;
```

这个视图 view_latest_order_per_customer 为每个客户展示他们的最近订单日期。这对于跟踪客户活动和订单频率非常有用。

注意事项如下：

① 性能考虑：虽然视图可以简化查询，但它们可能会影响性能，特别是当基于大量数据和复杂查询时。应当适当优化底层查询。

② 更新限制：并非所有视图都可以更新。如果视图包含聚合函数、DISTINCT 关键字、多个表的数据等，则不能直接通过视图更新数据。

③ 安全性：视图可以用来限制对特定数据的访问，提高数据访问的安全性。通过创建视图，可以仅暴露必要的数据给特定的用户或应用程序。

④ 维护：当底层表结构发生变化时，可能需要更新视图以反映这些变化。应定期检查视图的有效性和性能。

通过上述案例和注意事项，可以看出视图在数据库设计和查询优化中的重要性。它们不仅可以简化查询过程，还可以提高数据安全性和访问效率。

8.1.2　多表创建视图

在MySQL数据库中，创建视图可以更高效地查询多个表的组合数据，同时也能提高数据的安全性和简化复杂的SQL查询。以下是关于如何在MySQL中使用CREATE VIEW语句来创建视图的全面指南，包括语法、三个具体的案例以及注意事项。

创建视图的基本语法如下：

```
CREATE VIEW 视图名称 AS
SELECT 列名称
FROM 表名称
WHERE 条件；
```

案例8-4：

合并客户信息和订单信息。

假设想要创建一个视图，显示每个客户及其对应的订单信息。这需要从customers表和orders表中获取数据。

```
CREATE VIEW customer_orders AS
SELECT customers.CustomerID, customers.name, orders.OrderID, orders.
orderDate
FROM customers
JOIN orders ON customers.CustomerID = orders.CustomerID;
```

这个视图customer_orders允许通过一个简单的"SELECT * FROM customer_orders;"查询来获取所有客户及其订单信息。

案例8-5：

显示供应商提供的所有产品的订单信息。

如果想要创建一个视图来显示每个供应商提供的所有产品的订单信息，假设orders表中包含了产品ID（productID）和供应商ID（SupplierID），SQL代码如下：

```
CREATE VIEW supplier_orders AS
SELECT suppliers.SupplierID, suppliers.name, orders.OrderID, orders.
productID
FROM suppliers
JOIN orders ON suppliers.SupplierID = orders.SupplierID;
```

通过supplier_orders视图，可以轻松查询每个供应商及其产品的订单信息。

案例8-6：

客户订单总数。

如果想要创建一个视图来显示每个客户的订单总数，可以这样做：

```
CREATE VIEW customer_order_count AS
SELECT customers.CustomerID, customers.name, COUNT(orders.OrderID) AS
orderCount
FROM customers
JOIN orders ON customers.CustomerID = orders.CustomerID
GROUP BY customers.CustomerID;
```

这个视图customer_order_count提供了一个快速查看每个客户订单总数的方式。

注意事项如下：

① 性能考虑：虽然视图可以简化查询操作，但它们可能会影响查询性能，特别是当视图基于多个大表和复杂的查询时。在对性能敏感的应用中，谨慎使用视图。

② 更新限制：视图可以更新（通过 INSERT、UPDATE、DELETE操作），但这些更新有一定的限制。例如，如果视图包含多个表的联合、聚合函数或分组，则不能更新。

③ 安全性：视图可以提高数据安全性，因为它们允许用户访问特定数据而不是整个表。要确保正确设置访问权限，以防止未授权访问。

④ 维护：当底层表结构变化时，可能需要更新视图以反映这些变化。要确保在修改表结构时考虑到所有相关视图。

通过上述案例和注意事项，可以看到，视图在数据库设计和查询优化中扮演着重要的角色，但它们的使用需要考虑到性能和维护等方面的影响。

8.1.3 创建带约束的视图

创建视图时，可以通过添加约束来限制对视图数据的修改，从而保护底层数据的完整性。

创建视图的基本语法如下：

```
CREATE VIEW view_name AS
SELECT column1, column2, ...
FROM table_name
WHERE condition;
```

要创建带有约束的视图，可以在视图中使用WITH CHECK OPTION。这样，任何试图通过视图修改数据的操作都会被检查，以确保它们符合视图定义中的WHERE子句。如果不符合，操作将被拒绝。

```
CREATE VIEW view_name AS
SELECT column1, column2, ...
FROM table_name
WHERE condition
WITH CHECK OPTION;
```

假设有以下三个表：订单表（orders）、客户信息表（customers）和供应商信息表（suppliers）。

案例8-7：

创建一个视图来展示特定客户的订单。

```
CREATE VIEW customer_orders_view AS
SELECT o.OrderID, o.OrderDate, c.CustomerName
FROM orders o
JOIN customers c ON o.CustomerID = c.CustomerID
WHERE c.CustomerName = 'Acme Corporation'
WITH CHECK OPTION;
```

这个视图customer_orders_view展示客户名为"Acme Corporation"的所有订单。WITH CHECK OPTION确保所有通过这个视图进行的修改都必须符合WHERE子句的条件。

案例8-8：

创建一个视图来展示所有供应商的订单数量。

```
CREATE VIEW supplier_orders_count AS
SELECT s.supplier_name, COUNT(o.OrderID) AS order_count
FROM suppliers s
LEFT JOIN orders o ON s.SupplierID = o.SupplierID
GROUP BY s.supplier_name;
```

这个视图supplier_orders_count展示每个供应商的订单数量。这个视图没有使用WITH CHECK OPTION，因为它主要用于展示汇总信息，不涉及数据修改。

案例8-9：

创建一个视图来限制对特定订单状态的访问。

```
CREATE VIEW pending_orders_view AS
SELECT OrderID, OrderDate, CustomerID
FROM orders
```

```
WHERE order_status = 'Pending'
WITH CHECK OPTION;
```

这个视图pending_orders_view只展示状态为"Pending"的订单。通过WITH CHECK OPTION，任何试图修改视图数据的操作都必须保证订单状态仍为"Pending"。

注意事项如下：

① 性能影响：使用视图可以简化查询，但复杂的视图可能会影响查询性能，特别是嵌套视图。

② 数据修改：虽然视图可以用于数据的更新和插入，但WITH CHECK OPTION会限制这些操作，确保数据的一致性。

③ 权限管理：视图可以用于限制对底层数据的访问，是为用户授予对视图的访问权限，而不是授予用户直接访问表的权限。

④ 视图依赖：当底层表的结构发生变化时，依赖这些表的视图可能会失效。需要定期检查和更新视图定义。

通过上述案例和注意事项，可以看出创建带约束的视图是管理和访问数据库中数据的一种有效方式，既可以保护数据的完整性，又可以提高数据访问的安全性和便捷性。

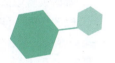

8.2　修改视图

8.2.1　修改数据表视图

在MySQL数据库中，修改数据表视图主要涉及CREATE VIEW、ALTER VIEW和DROP VIEW等语句。视图是一种虚拟表，其内容由查询定义。对视图的修改实际上是重新定义这个查询。下面将通过订单表（orders）、客户信息表（customers）和供应商信息表（suppliers）的例子，全面详细阐述如何在MySQL中修改数据表视图，包括语法和三个案例，以及注意事项。

首先，假设有以下三个表的基本结构：

① orders：包含订单信息，如订单ID、客户ID、供应商ID等。

② customers：包含客户信息，如客户ID、客户姓名等。

③ suppliers：包含供应商信息，如供应商ID、供应商名称等。

创建一个视图，将这三个表联合起来，以便于查询每个订单的详细信息，包括客户姓名和供应商名称。

```
CREATE VIEW order_details AS
SELECT o.OrderID, c.CustomerName, s.supplier_name
FROM orders o
JOIN customers c ON o.CustomerID = c.CustomerID
JOIN suppliers s ON o.SupplierID = s.SupplierID;
```

修改视图的基本语法是使用CREATE OR REPLACE VIEW语句，其格式如下：

```
CREATE OR REPLACE VIEW view_name AS
SELECT columns
FROM table_name
WHERE conditions;
```

案例8-10：

更新视图以包含更多信息。

假设想要在order_details视图中也包含订单的日期信息，代码如下：

```
CREATE OR REPLACE VIEW order_details AS
SELECT o.OrderID, o.OrderDate, c.CustomerName, s.supplier_name
FROM orders o
JOIN customers c ON o.CustomerID = c.CustomerID
JOIN suppliers s ON o.SupplierID = s.SupplierID;
```

案例8-11：

修改视图以改变联结条件。

修改视图，使其只显示那些特定供应商（比如供应商ID为1）的订单。

```
CREATE OR REPLACE VIEW order_details AS
SELECT o.OrderID, o.OrderDate, c.CustomerName, s.supplier_name
FROM orders o
JOIN customers c ON o.CustomerID = c.CustomerID
JOIN suppliers s ON o.SupplierID = s.SupplierID
WHERE s.SupplierID = 1;
```

案例8-12：

修改视图以使用不同的表。

假设从另一个表（比如new_suppliers）获取供应商信息，而不是原来的suppliers表，代码如下：

```
CREATE OR REPLACE VIEW order_details AS
SELECT o.OrderID, o.OrderDate, c.CustomerName, ns.supplier_name
FROM orders o
JOIN customers c ON o.CustomerID = c.CustomerID
JOIN new_suppliers ns ON o.SupplierID = ns.SupplierID;
```

注意事项如下：

① 修改视图时，必须确保新的查询语句在逻辑上是有效的，且与原有视图的目的保持一致。

174

② 使用 CREATE OR REPLACE VIEW 会替换现有视图的定义。如果视图正在被其他数据库对象（如存储过程）引用，需要确保这些对象在修改后仍然能正常工作。

③ 修改视图不会影响到基础表的结构或数据，但是视图的改变可能会影响到依赖于该视图的查询或程序的结果。

④ 在修改视图之前，最好先检查是否有其他数据库对象依赖于该视图，以避免意外影响。

通过上述案例和注意事项，可以看到在 MySQL 中修改数据表视图是一个相对直接的过程，但需要仔细考虑对现有应用程序可能产生的影响。

8.2.2　修改视图约束

在 MySQL 中，视图是基于 SQL 语句的结果集的可视化表示。它们是虚拟表，本身不包含数据，但可以像查询一个实际的表一样来查询视图。修改视图的约束条件通常涉及修改视图的定义。下面是关于如何在 MySQL 中修改视图约束条件的语法、三个具体案例的详细阐述，以及在进行这些操作时应注意的事项。

修改视图约束条件的基本语法如下：

```
CREATE OR REPLACE VIEW view_name AS
SELECT column1, column2, ...
FROM table_name
WHERE condition;
```

其中，CREATE OR REPLACE VIEW 是用来创建一个新视图，或者如果视图已经存在，替换旧视图的语句；view_name 是视图的名称；SELECT 语句是视图的定义，包括从哪个表中选择数据，选择哪些列，以及应用哪些条件。

注意事项如下：

① 权限：要确保有足够的权限来创建或替换视图。

② 性能：视图的使用可能会影响查询性能，特别是当视图基于复杂的 SQL 查询时。

③ 依赖性：修改视图的定义可能会影响依赖于该视图的其他数据库对象或应用程序。

④ 数据一致性：视图只是表数据的一个抽象，不存储数据。因此，视图中的数据会随着基表数据的变化而变化。

下面创建一个视图，展示所有订单的详细信息，包括客户名和供应商名。

```
CREATE OR REPLACE VIEW order_details AS
SELECT o.OrderID, o.OrderDate, c.CustomerName, s.supplier_name
FROM orders o
JOIN customers c ON o.CustomerID = c.CustomerID
JOIN suppliers s ON o.SupplierID = s.SupplierID;
```

175

这个视图order_details将允许通过一个简单的查询来获取订单的详细信息，而不需要每次都执行复杂的JOIN操作。

案例8-13：

修改视图以添加额外的约束条件。

如果想要修改上面的视图，以只显示2023年的订单，可以这样做：

```sql
CREATE OR REPLACE VIEW order_details AS
SELECT o.OrderID, o.OrderDate, c.CustomerName, s.supplier_name
FROM orders o
JOIN customers c ON o.CustomerID = c.CustomerID
JOIN suppliers s ON o.SupplierID = s.SupplierID
WHERE YEAR(o.OrderDate) = 2023;
```

这里通过添加WHERE子句来约束只显示2023年的订单。

案例8-14：

修改视图以包含额外的列。

如果还需要在视图中包括订单的总金额，可以修改视图的定义如下：

```sql
CREATE OR REPLACE VIEW order_details AS
SELECT o.OrderID, o.OrderDate, c.CustomerName, s.supplier_name,
o.total_amount
FROM orders o
JOIN customers c ON o.CustomerID = c.CustomerID
JOIN suppliers s ON o.SupplierID = s.SupplierID
WHERE YEAR(o.OrderDate) = 2023;
```

在这个修改后的视图中，添加了o.total_amount列，以显示订单的总金额。

通过上述案例，可以看到，修改MySQL视图的约束条件主要涉及修改视图的定义。这包括更改选择的列、添加或修改WHERE子句等。在进行这些修改时，应该考虑到权限、性能、依赖性和数据一致性等因素。正确使用视图可以极大地简化数据访问和提高开发效率。

8.3　更新视图

8.3.1　更新视图记录

在MySQL中，视图是一种虚拟表，其内容由查询定义。视图不仅可以简化复杂的SQL操作，还可以提高数据安全性。更新视图意味着通过视图来更新基础表中的数据。不过，并非所有视图都是可更新的。视图的可更新性取决于多个因素，如视图定义中是否包含聚合函数、是否包含多个基表等。

更新视图的基本语法与更新普通表的语法相同，即使用UPDATE语句：

```
UPDATE view_name SET column1 = value1, column2 = value2, ...
WHERE condition;
```

注意事项如下：

① 视图定义的限制：如果视图包含聚合函数〔SUM()、COUNT()等〕、DISTINCT关键字、GROUP BY或HAVING子句、UNION或UNION ALL、子查询、从多个基表中获取数据的JOIN操作等，那么它通常不可更新。

② 算法的影响：MySQL视图可以使用MERGE或TEMPTABLE算法。MERGE算法的视图可以是可更新的，而TEMPTABLE算法的视图通常不可更新。

③ WITH CHECK OPTION：在创建视图时使用WITH CHECK OPTION，可以确保所有通过视图进行的更新或插入操作都符合视图定义的WHERE子句条件。

假设有三个基本表：订单表（orders）、客户信息表（customers）和供应商信息表（suppliers）。

创建一个简单的可更新视图，程序如下：

```
CREATE VIEW customer_orders AS
SELECT customers.CustomerID, customers.name, orders.OrderID, orders.
OrderDate
FROM customers
JOIN orders ON customers.CustomerID = orders.CustomerID
WHERE customers.active = 1;
```

这个视图customer_orders展示所有活跃客户的订单信息。因为它直接映射到基表，并且没有使用聚合函数或JOIN多个基表，所以它是可更新的。

案例8-15：

通过视图更新数据。

假设要更新一个客户的订单日期，代码如下：

```
UPDATE customer_orders
SET OrderDate = '20230401'
WHERE OrderID = 123;
```

这个操作会直接更新orders表中OrderID为123的记录。

案例8-16：

使用WITH CHECK OPTION创建视图。

```
CREATE VIEW active_customer_orders AS
SELECT customers.CustomerID, customers.name, orders.OrderID, orders.
OrderDate
FROM customers
JOIN orders ON customers.CustomerID = orders.CustomerID
WHERE customers.active = 1
```

```
WITH CHECK OPTION;
```

这个视图添加了WITH CHECK OPTION，这意味着任何试图通过这个视图插入或更新不符合customers.active = 1条件的记录都会被拒绝。

总之，在使用MySQL更新视图时，重要的是要理解视图的可更新性条件，以及如何正确地使用UPDATE语句来修改视图背后的基表数据。通过合理设计视图和使用WITH CHECK OPTION，可以有效地管理和保护数据的完整性。

8.3.2 插入视图数据

虽然视图包含行和列，就像真实的表一样，但视图中的数据不是实际存储的，而是在查询视图时动态生成的。因此，直接向视图插入数据可能会有一些限制和注意事项，尤其是当视图定义包含联合、子查询、聚合函数、DISTINCT 关键字等复杂SQL时。

注意事项如下：

① 可更新的视图：只有在视图满足特定条件下，才能向其插入数据。例如，视图定义中不能包含聚合函数、DISTINCT 关键字、多表联合等。

② 算法：MySQL 视图可以使用MERGE或TEMPTABLE算法。如果视图使用MERGE算法，其操作会直接影响底层表；如果使用TEMPTABLE算法，则不支持更新操作。

③ 权限：用户需要有足够的权限在基础表上进行插入操作。

插入视图数据的语法：

```
INSERT INTO 视图名称 (列1, 列2, ...) VALUES (值1, 值2, ...);
```

案例8-17：

简单视图插入。

假设有一个customers表，创建一个视图v_customers来展示所有客户的姓名和邮箱。

```
CREATE VIEW v_customers AS SELECT name, email FROM customers;
```

向视图插入数据：

```
INSERT INTO v_customers (name, email) VALUES ('John Doe', 'john.doe@
example.com');
```

这里，插入操作会反映到customers表中，前提是视图v_customers满足可更新的条件。

案例8-18：

带有检查选项的视图插入。

如果视图定义了WITH CHECK OPTION，那么所有的DML操作都会检查是否满足视图定义的条件。

```
CREATE VIEW v_active_customers AS SELECT name, email FROM customers
WHERE active = 1 WITH CHECK OPTION;
```

尝试插入一个非活跃用户到视图，代码如下：

```
INSERT INTO v_active_customers (name, email) VALUES ('Inactive User',
'inactive@example.com');
```

这个插入操作将会失败，因为它违反了视图定义的条件。

案例8-19：

多表视图插入。

假设有一个视图v_order_info，它通过连接orders表和customers表来提供订单信息。直接向这样的视图插入数据通常是不允许的，因为它涉及多个基础表。

总之，直接向视图插入数据是有限制的，需要确保视图是可更新的。插入操作实际上是对基础表进行的，因此需要确保对基础表有足够的权限。使用WITH CHECK OPTION可以确保所有的DML操作都符合视图定义的条件，增加数据一致性。对于复杂视图（如包含多表联合、聚合函数等），直接插入数据可能不被支持，需要通过其他方式（如直接对基础表操作或使用触发器等）来实现数据的插入。

8.3.3　删除数据表视图

视图不仅可以简化复杂的SQL操作，还可以提高数据安全性。但有时候，基于各种原因（如需求变更、优化数据库性能等），需要删除不再使用的视图。以下是关于如何在MySQL中删除视图的详细说明，包括语法、案例以及注意事项。

删除视图的基本语法如下：

```
DROP VIEW [IF EXISTS] view_name;
```

其中：

- DROP VIEW是用来删除视图的SQL命令。
- IF EXISTS是一个可选项，用来避免在视图不存在时引发错误。
- view_name是要删除的视图名称。

注意事项如下：

① 删除视图时，只是删除了视图定义，并不会影响视图的基表（即视图中所使用的表）的数据。

② 如果有其他视图或程序依赖于被删除的视图，直接删除可能会导致依赖它们的操作失败。

③ 使用IF EXISTS可以避免由试图删除一个不存在的视图而导致的错误。

④ 需要有足够的权限来删除视图。

假设有以下三个表，即订单表（orders）、客户信息表（customers）和供应商信息表（suppliers），并基于这些表创建了一些视图。

案例8-20：

删除单个视图。

假设创建了一个视图view_customer_orders，用于展示客户的订单信息。现在不再需要这个视图，想要将其删除。

```
DROP VIEW IF EXISTS view_customer_orders;
```

这条语句会检查view_customer_orders视图是否存在，如果存在，则将其删除。

案例8-21：

删除依赖视图。

如果有一个视图view_supplier_orders依赖于另一个视图view_orders_details，在删除view_orders_details（基视图）之前，需要先删除view_supplier_orders（依赖视图）。

```
DROP VIEW IF EXISTS view_supplier_orders;
DROP VIEW IF EXISTS view_orders_details;
```

案例8-22：

批量删除视图。

如果需要删除多个视图，可以在一条DROP VIEW语句中指定所有要删除的视图名称，用逗号分隔。

```
DROP VIEW IF EXISTS view_customer_orders, view_supplier_orders, view_orders_details;
```

这条语句会删除所有列出的视图（如果它们存在）。

总之，EXISTS选项可以增加语句的健壮性，避免由视图不存在而导致的错误。要始终考虑到依赖关系和权限问题，确保数据库的完整性和安全性。

8.4　索引及其操作

8.4.1　新表创建索引

在MySQL数据库中，创建索引是优化查询性能的关键步骤之一。索引可以帮助数据库更快地定位到数据行，特别是在处理大量数据时，索引对于提高查询效率至关重要。以下是关于创建索引的基本语法、三个具体案例以及注意事项的详细阐述。

创建索引的基本语法如下：

```
CREATE INDEX index_name
ON table_name (column1, column2, ...);
```

其中：

- index_name是索引的名称。
- table_name是要创建索引的表名。
- "(column1, column2, ...)"是表中需要被索引的列名列表。

案例8-23：

为订单表创建单列索引。

假设有一个订单表 orders，其中有一个列 OrderDate，经常需要根据订单日期来查询订单，因此可以为该列创建索引。

```
CREATE INDEX idx_OrderDate
ON orders (OrderDate);
```

这个索引将帮助加速基于 OrderDate 的查询操作。

案例8-24：

为客户信息表创建组合索引。

在客户信息表 customers 中，如果经常需要同时根据last_name和first_name来查询客户信息，那么可以创建一个组合索引。

```
CREATE INDEX idx_name
ON customers (last_name, first_name);
```

这个组合索引将优化同时涉及 last_name和first_name的查询。

案例8-25：

为供应商信息表创建唯一索引。

对于供应商信息表 suppliers，如果 email 列必须是唯一的，可以创建一个唯一索引来保证这一点。

```
CREATE UNIQUE INDEX idx_supplier_email
ON suppliers (email);
```

这个唯一索引不仅优化了基于 email 的查询，还确保了 email 列中的值是唯一的。

注意事项如下：

① 性能影响：虽然索引可以显著提高查询性能，但它们也会占用额外的磁盘空间，并且在插入、删除和更新数据时会增加额外的性能开销。因此，应该仔细选择需要索引的列。

② 选择合适的列：通常，频繁用于查询条件、连接条件或排序的列是创建索引的好候选。

③ 维护成本：索引需要定期维护，以保持其性能。这包括重建或优化索引。

④ 唯一性约束：创建唯一索引时，需要确保该列的数据是唯一的，否则创建索

引会失败。

⑤ 索引选择性：高选择性的列（即列中有许多唯一值）是创建索引的好候选，因为它们能提供更好的过滤能力。

通过合理地使用索引，可以显著提高数据库的查询性能和数据完整性。然而，索引的设计和使用需要根据实际的应用场景仔细规划，以达到最佳的性能和效率。

8.4.2　修改表索引

在MySQL数据库中，修改表索引是一个重要的操作，它可以显著影响数据库的性能。以下是关于修改表索引的全面指南，包括语法、案例以及注意事项。

在MySQL中，可以使用ALTER TABLE语句来添加、删除或修改索引。

基本的语法如下：

① 添加索引：

```
ALTER TABLE table_name ADD INDEX index_name (column_name);
```

② 删除索引：

```
ALTER TABLE table_name DROP INDEX index_name;
```

③ 修改索引（实际上是删除旧的索引并创建新的索引）：

```
ALTER TABLE table_name DROP INDEX old_index_name, ADD INDEX new_index_
name (column_name);
```

案例8-26：

为orders表添加索引。

假设orders表有一个OrderDate字段，想要通过这个字段快速查询订单，可以添加一个索引来优化查询速度。

```
ALTER TABLE orders ADD INDEX idx_OrderDate (OrderDate);
```

案例8-27：

删除customers表的索引。

如果发现customers表中的某个索引（比如idx_CustomerName）不再需要，可以将其删除。

```
ALTER TABLE customers DROP INDEX idx_CustomerName;
```

案例8-28：

修改suppliers表的索引。

如果需要修改suppliers表的某个索引，比如将supplier_name的索引改为包含supplier_name和city，可以先删除旧的索引，再添加新的索引。

```
ALTER TABLE suppliers DROP INDEX idx_supplier_name, ADD INDEX idx_
supplier_name_city (supplier_name, city);
```

182

注意事项如下：

① 性能影响：修改索引（尤其是在大表上）可能会暂时影响数据库性能。建议在低峰时段进行索引修改操作。

② 数据完整性：在删除索引前，应确保该索引不是外键约束的一部分。删除参与外键约束的索引可能会导致错误。

③ 选择合适的索引：不是每个字段都适合建立索引。通常，频繁用于查询条件、排序和分组的字段是建立索引的好候选。

④ 索引维护：随着数据的增加，索引可能会变得碎片化。定期维护索引（如使用OPTIMIZE TABLE命令）可以保持数据库性能。

通过上述案例和注意事项，可以看出修改表索引是一个需要谨慎操作的过程，它涉及性能优化、数据完整性保护以及索引维护等多个方面。正确地使用索引可以显著提升数据库的查询效率和整体性能。

8.4.3 删除表索引

在MySQL数据库中，删除表索引是一个重要的操作，它可以帮助我们移除不再需要的索引以优化数据库性能。下面将全面详细阐述MySQL数据库删除表索引的语法、案例及其注意事项，并提供案例程序的解释。

删除索引的基本语法如下：

```
ALTER TABLE table_name DROP INDEX index_name;
```

其中，table_name是想要删除索引的表名，而index_name是想要删除的索引名称。

注意事项如下：

① 确保索引可被删除：在尝试删除索引之前，应确保该索引不是表的主键或者不是被外键约束引用的。

② 性能影响：删除索引可能会对数据库的性能产生影响。在删除索引之前，评估这一操作对查询性能的可能影响。

③ 备份：在进行任何结构性更改之前，备份数据库是一个好习惯，需要恢复数据时能用到。

案例8-29：

删除一个复合索引。

如果在orders表上有一个复合索引idx_OrderDate_CustomerID，包括OrderDate和CustomerID字段，删除这个复合索引的命令如下：

```
ALTER TABLE orders DROP INDEX idx_OrderDate_CustomerID;
```

案例8-30：

删除全文索引。

假设suppliers表上有一个全文索引idx_supplier_description，用于加速对description字段的全文搜索。删除这个全文索引的命令如下：

```
ALTER TABLE suppliers DROP INDEX idx_supplier_description;
```

在上述案例中，使用了ALTER TABLE语句来删除索引。这是因为索引是表结构的一部分，而ALTER TABLE语句允许修改表结构。通过指定DROP INDEX操作，告诉MySQL要删除的具体索引名称。这种操作直接影响数据库的物理结构，因此执行前应确保索引确实不再需要，以避免对查询性能产生负面影响。

总之，在删除索引时，务必谨慎，确保这一操作不会对数据库的使用和性能产生不利影响。在删除任何索引之前，进行充分的测试和评估是非常重要的。

8.5 利用 ChatGPT 创建视图和索引

可以利用ChatGPT和其他工具来实现创建数据库视图和索引。首先明确想要通过视图或索引实现的目标；其次根据业务需求，构造一个SQL查询语句，这个查询语句将用于定义相应的视图或索引等。

下面演示如何利用ChatGPT创建视图和索引，输入的提示语如下：

你是精通数据库的专家，具备如下能力和知识：

（1）数据库设计：熟悉数据库设计的流程和步骤，包括数据库设计方案、数据库架构、数据库存储、表设计等。

（2）基本SQL技能：熟悉MySQL、Oracle、SQL Server等关系数据库，熟悉复杂查询、存储过程等的编写。

（3）数据库管理：管理数据库中的数据，包括数据的增删改查等操作，以及数据的备份、恢复、分区、安全性等。

（4）数据库开发：熟悉数据库开发的流程和技术，如数据库设计、数据库编程、数据库测试等。

（5）数据库性能优化：使用优化技术优化数据库的性能，如索引优化、事务处理、缓存，以及数据备份和恢复等。

（6）数据备份：定期备份数据库，确保数据的可用性，并在需要时进行数据恢复。

（7）系统维护：管理数据库系统的日常运维，包括系统备份、系统监控、故障排除等。

（8）数据库性能调优：进行数据库性能优化，如查询优化、索引优化、缓存优化等。

使用pymysql库，连接本地MySQL数据库，端口号是3306，用户名是root，密码是root，数据库是trove，在orders表格上创建一个名为view_orders的视图，并在orders表中的SupplierID字段上建立普通索引，程序中需要添加详细的中文注释。

ChatGPT的输出如下：

```
import pymysql
from pymysql.cursors import DictCursor
```

```
def create_view_and_index():
    # 连接本地MySQL数据库
    connection = pymysql.connect(host='localhost',
                                 user='root',
                                 password='root',
                                 database='trove',
                                 charset='utf8mb4',
                                 cursorclass=DictCursor)
    try:
        with connection.cursor() as cursor:
            # 创建视图view_orders
            create_view_sql = """
            CREATE OR REPLACE VIEW view_orders AS
            SELECT * FROM orders;
            """
            cursor.execute(create_view_sql)
            print("视图view_orders创建成功。")

            # 在orders表的SupplierID字段上建立普通索引
            create_index_sql = """
            CREATE INDEX idx_SupplierID ON orders(SupplierID);
            """
            cursor.execute(create_index_sql)
            print("在SupplierID字段上的索引创建成功。")

        # 提交事务
        connection.commit()
    except Exception as e:
        print(f"发生错误：{e}")
        connection.rollback()
    finally:
        # 关闭数据库连接
        connection.close()

# 调用函数
create_view_and_index()
```

运行上述 ChatGPT 的输出，就会创建一个视图和一个索引，如图 8-1 所示。

图 8-1　ChatGPT 输出运行结果图

185

9

存储过程

存储过程是在数据库中存储的一组预编译的SQL语句，它们可以被反复调用以执行特定的任务或操作。存储过程的重要性在于可以提高数据库的性能和安全性，减少重复的代码编写工作，简化复杂的数据操作过程，并提供更好的数据一致性和完整性。通过合理设计和使用存储过程，可以有效地管理和维护数据库系统，提高开发和运维效率。本章介绍MySQL数据库中的存储过程。

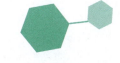

9.1　存储过程概述

存储过程是一种在数据库中创建的预编译的SQL语句集合，用户可以通过指定存储过程的名称并给定参数（如果该存储过程需要参数）来执行它们。存储过程可以执行包括数据查询、数据更新、数据验证等多种操作，并且可以返回单个值或结果集。

数据库存储过程具有以下特点：

- 封装性：存储过程将一系列SQL语句封装在一起，形成一个可重复使用的单元，能提高代码的复用性。
- 独立性：存储过程在数据库中独立存在，可以被多个应用程序调用，能实现逻辑与数据的分离。
- 安全性：存储过程可以通过授权机制来限制用户对数据库的访问权限，能提高数据安全性。
- 性能优化：存储过程在数据库服务器端执行，能减少网络传输开销，提高数据处理效率。
- 事务管理：存储过程可以包含事务控制语句，实现复杂的数据操作逻辑，保证数据的一致性和完整性。

为什么MySQL数据库要创建存储过程？

- 提高性能：由于存储过程是预编译的，这意味着执行时的编译成本已经省略，从而提高数据库操作的性能。
- 简化复杂操作：通过将复杂的操作封装在存储过程中，用户和应用程序可以通过简单的调用来完成复杂的数据操作，提高开发效率。
- 增强安全性：存储过程允许数据库管理员更细致地控制用户对数据库操作的权限，从而增强数据库的安全性。
- 促进标准化：存储过程能促进操作的标准化，不同的程序和用户在执行相同的数据库操作时，可以确保操作的一致性和准确性。

案例9-1：

基于订单表（orders）、客户信息表（customers）和供应商信息表（suppliers），编写一个存储过程，该存储过程用于更新订单状态，同时检查客户的信用额度和供应商的库存情况，程序如下：

```
DELIMITER $$

CREATE PROCEDURE UpdateOrderStatus(IN OrderID INT, IN new_status
VARCHAR(20))
BEGIN
    DECLARE credit_limit DECIMAL(10,2);
    DECLARE stock INT;
```

```
    DECLARE CustomerID INT;
    DECLARE SupplierID INT;

    # 获取订单相关的客户ID和供应商ID
    SELECT CustomerID, SupplierID INTO CustomerID, SupplierID
    FROM orders WHERE OrderID = OrderID;

    # 检查客户的信用额度
    SELECT credit FROM customers WHERE CustomerID = CustomerID INTO
credit_limit;
    IF credit_limit < 1000 THEN
        SIGNAL SQLSTATE '45000' SET MESSAGE_TEXT = '客户信用额度不足';
    END IF;

    # 检查供应商的库存
    SELECT stock INTO stock FROM suppliers WHERE SupplierID =
SupplierID;
    IF stock < 1 THEN
        SIGNAL SQLSTATE '45000' SET MESSAGE_TEXT = '供应商库存不足';
    END IF;

    # 更新订单状态
    UPDATE orders SET status = new_status WHERE OrderID = OrderID;
END$$

DELIMITER ;
```

这个存储过程首先检查指定订单的客户是否有足够的信用额度和供应商是否有足够的库存，只有在这两个条件都满足的情况下，才会更新订单的状态。这样的操作封装能减少应用程序中的重复代码，提高数据操作的安全性，并确保数据处理逻辑的一致性。通过这种方式，存储过程帮助维护了数据的完整性和一致性，同时也提供了一个更加高效和安全的方式来处理复杂的数据操作需求。

此外，存储过程还支持参数的使用，这使得它们在执行时可以更加灵活。参数的使用也能进一步增强存储过程的重用性，因为相同的存储过程可以用于不同的数据行和不同的操作，传入不同的参数值即可。

在实际的业务场景中，存储过程的使用可以大大简化应用程序与数据库之间的交互。例如，在电子商务系统中，订单处理、库存管理、客户信用检查等复杂的业务逻辑可以被封装在存储过程中，应用程序只需要调用相应的存储过程即可完成操作，无须直接处理复杂的SQL语句。这不仅能减轻应用程序的负担，也使得数据库操作更加安全和高效。

总之，存储过程是数据库管理中一个非常强大的工具，它通过预编译的方式来提高数据库操作的效率，通过封装复杂的业务逻辑来简化应用程序的开发，通过细粒度

的权限控制来增强数据的安全性，是进行高效、安全数据库操作的重要手段。

9.2 存储过程的创建及查看

9.2.1 创建存储过程

在MySQL中，存储过程是一种在数据库中创建的可执行对象，用于封装一系列操作，以便可以通过调用存储过程的名字来执行这些操作。存储过程可以接收参数、执行SQL语句、返回结果，并且可以包含复杂的业务逻辑。

创建存储过程的基本语法如下：

```
CREATE PROCEDURE procedure_name (parameter_list)
BEGIN
    SQL statements
END;
```

其中：

- procedure_name 是存储过程的名称。
- parameter_list是参数列表，参数可以是输入（IN）、输出（OUT）或输入输出（INOUT）参数。
- 在BEGIN和END之间，可以包含一系列的SQL语句。

参数类型：

- IN：表示输入参数，调用者需要提供这个参数的值。
- OUT：表示输出参数，存储过程可以改变这个参数的值，调用者可以读取。
- INOUT：既是输入参数，又是输出参数，调用者提供初始值，存储过程可以修改它，调用者可以读取修改后的值。

案例9-2：

假设有三个表，即订单表（orders）、客户信息表（customers）和供应商信息表（suppliers），创建一个存储过程，该存储过程接收一个客户ID作为输入参数，返回该客户的所有订单信息。

```
DELIMITER $$

CREATE PROCEDURE GetCustomerOrders(IN CustomerID INT)
BEGIN
    SELECT o.OrderID, o.orderDate, o.amount
    FROM orders o
```

189

```
    JOIN customers c ON o.CustomerID = c.CustomerID
    WHERE c.CustomerID = CustomerID;
END$$

DELIMITER ;
```

在这个例子中，DELIMITER是用来改变MySQL的语句分隔符，以便可以在存储过程中使用分号（;）作为语句的结束。GetCustomerOrders是存储过程的名称，它接收一个名为CustomerID的输入参数。存储过程的主体是一个SELECT语句，用于查询和返回指定客户的所有订单信息。

注意事项如下：

- 性能考虑：虽然存储过程可以提高数据处理的效率，但复杂的存储过程可能会对数据库性能产生负面影响。应当合理设计存储过程，避免过度复杂的逻辑和过多的数据库访问。
- 安全性：存储过程可以帮助提高数据库的安全性，因为它限制了用户直接访问表的能力。然而，需要确保存储过程本身不会成为安全漏洞。
- 维护性：随着业务逻辑的变化，存储过程可能需要更新。应当确保存储过程的代码清晰、有良好的注释，以便于维护。
- 调试：MySQL提供有限的调试支持，开发和调试复杂的存储过程可能比较困难。使用日志记录和适当的错误处理机制可以帮助诊断问题。
- 版本控制：存储过程的代码应该纳入版本控制系统，以便跟踪更改历史和协助团队协作。

通过合理使用存储过程，可以有效地封装数据库操作逻辑，提高数据处理的效率和安全性，同时也需要注意上述的一些关键考虑点。

9.2.2 变量的使用

在MySQL中，创建存储过程时使用变量可以让代码更加灵活和动态。下面将详细介绍如何在存储过程中声明和使用变量，以及一些注意事项。

（1）声明变量

在MySQL存储过程中，可以使用DECLARE语句来声明局部变量，其作用域限定在BEGIN...END块内。声明变量时，必须指定变量的类型。

基本语法如下：

```
DECLARE variable_name datatype [DEFAULT value];
```

（2）初始化变量

变量声明后，可以使用DEFAULT关键字为其指定初始值，或者使用SET或SELECT INTO语句进行初始化。

例如：

```
DECLARE total_orders INT DEFAULT 0;
```

或者为：

```
SET total_orders = 0;
```

（3）使用变量

声明并初始化变量后，就可以在存储过程的SQL语句中使用这些变量。

案例9-3：

假设有订单表（orders）、客户信息表（customers）和供应商信息表（suppliers），创建一个存储过程，计算特定客户的订单总数。

```
DELIMITER $$

CREATE PROCEDURE GetCustomerOrderCount(IN CustomerID INT, OUT
orderCount INT)
BEGIN
    # 声明一个局部变量来存储计算结果
    DECLARE total_orders INT DEFAULT 0;

    # 使用SELECT INTO语句计算特定客户的订单总数
    SELECT COUNT(*) INTO total_orders
    FROM orders
    WHERE CustomerID = CustomerID;

    # 将计算结果赋值给OUT参数
    SET orderCount = total_orders;
END$$

DELIMITER ;
```

注意事项如下：

● 变量作用域：在BEGIN...END块中声明的变量，其作用域仅限于该块内。

● 变量命名：避免使用MySQL的保留关键字作为变量名。

● 数据类型：声明变量时必须指定数据类型，确保数据类型与实际使用场景相匹配。

● 初始化：最好在声明变量时就初始化，以避免潜在的空值问题。

● 性能考虑：在存储过程中过度使用变量可能会影响性能，尤其是在处理大量数据时。务必确保存储过程尽可能高效。

通过合理使用变量，可以使MySQL存储过程更加灵活和强大，更好地满足复杂的业务需求。

9.2.3 光标的使用

光标在存储过程中的使用，主要是为了遍历查询结果集中的每一行数据。

案例9-4：

下面是一个使用光标的存储过程示例，该存储过程旨在遍历订单表（orders），并对每个订单进行特定的处理。

首先，定义一个简单的场景：假设需要从订单表（orders）中选出所有未处理的订单，并将这些订单的信息与对应的客户信息（customers）和供应商信息（suppliers）一起处理。

以下是创建此存储过程的步骤。

- 定义存储过程：使用CREATE PROCEDURE语句开始定义存储过程。
- 声明光标：使用DECLARE语句声明光标，指定它将遍历的SELECT查询。
- 打开光标：使用OPEN语句打开光标，准备遍历。
- 遍历光标：使用FETCH语句在光标中逐行遍历查询结果。
- 关闭光标：使用CLOSE语句关闭光标。
- 结束存储过程：存储过程的逻辑结束后，使用END语句。

程序代码如下：

```
DELIMITER $$

CREATE PROCEDURE ProcessOrders()
BEGIN
    # 声明变量用于存储光标获取的数据
    DECLARE OrderID INT;
    DECLARE done INT DEFAULT FALSE;

    # 声明光标
    DECLARE orderCursor CURSOR FOR
        SELECT OrderID FROM orders WHERE status = 'UNPROCESSED';

    # 声明结束标志的处理器
    DECLARE CONTINUE HANDLER FOR NOT FOUND SET done = TRUE;

    # 打开光标
    OPEN orderCursor;

    # 遍历光标
    read_loop: LOOP
        FETCH orderCursor INTO OrderID;
        IF done THEN
            LEAVE read_loop;
```

```
        END IF;

        # 对每个订单ID进行处理，例如更新状态或记录日志
        # 这里只是打印订单ID作为示例
        SELECT CONCAT('Processing order ID: ', OrderID);

        # 实际应用中，这里可以添加更多逻辑，如更新订单状态，记录处理日志等
    END LOOP;

    # 关闭光标
    CLOSE orderCursor;
END$$

DELIMITER ;
```

注意事项如下：

- 事务处理：在处理涉及多个步骤的数据时，考虑使用事务来确保数据的一致性和完整性。
- 异常处理：通过声明CONTINUE HANDLER来处理光标遍历结束后的情况，确保光标正确关闭。
- 性能考虑：光标操作相对较慢，因为它们逐行处理数据。在可能的情况下，尽量使用集合操作（如批量更新）来提高性能。
- 资源管理：确保每个打开的光标在使用完毕后都被正确关闭，避免资源泄露。

通过上述示例和注意事项，可以看出在MySQL中使用存储过程和光标进行数据处理是一个强大但需要谨慎使用的功能。正确地使用它们可以大大提高数据处理的效率和可靠性。

9.2.4 流程控制的使用

存储过程支持流程控制语句，如条件判断（IF...THEN...ELSE）、循环（LOOP、REPEAT、WHILE）等，使得数据处理更加灵活和强大。

SQL语句部分可以包含任何有效的SQL语句，包括流程控制语句。

流程控制语法如下：

① IF...THEN...ELSE：用于基于条件执行不同的SQL语句块。

```
IF condition THEN
    SQL statements when condition is true
ELSE
    SQL statements when condition is false
END IF;
```

② LOOP、REPEAT、WHILE：用于执行循环操作。

a. LOOP：无条件循环，需要明确的LEAVE语句来退出循环。

b. REPEAT：循环直到条件为真。

c. WHILE：当条件为真时循环。

案例9-5：

假设有订单表（orders）、客户信息表（customers）和供应商信息表（suppliers），创建一个存储过程，该过程根据客户ID统计该客户的订单总数，并检查是否超过了某个阈值，如果超过，则更新供应商信息表中的一个字段表示该客户为VIP客户。

```
DELIMITER $$

CREATE PROCEDURE CheckAndMarkVIPCustomer(IN CustomerID INT, IN
orderThreshold INT)
BEGIN
    DECLARE orderCount INT;

    # 统计客户的订单总数
    SELECT COUNT(*) INTO orderCount FROM orders WHERE CustomerID =
CustomerID;

    # 如果订单总数超过阈值，则标记为VIP客户
    IF orderCount > orderThreshold THEN
        UPDATE suppliers SET is_vip = 1 WHERE CustomerID = CustomerID;
    END IF;
END$$

DELIMITER ;
```

通过上述案例和注意事项，可以看到，MySQL中的存储过程和流程控制语句为数据库操作提供了强大的灵活性和控制能力，但同时也需要注意安全性、性能和维护性等问题。

9.2.5　查看存储过程

在MySQL数据库中，存储过程是一种能完成特定功能的SQL语句集，它可以被保存在数据库中，供后续调用执行。存储过程可以提高SQL代码的重用性，减少网络通信量，提高效率。下面将详细介绍如何查看MySQL数据库中的存储过程，包括语法、案例以及注意事项。

在MySQL中，可以使用以下几种方式来查看存储过程：

① 查看特定存储过程的定义：

```
SHOW CREATE PROCEDURE procedure_name;
```

这条命令会显示指定存储过程的创建语句。

② 查看数据库中所有存储过程的列表：

```
SHOW PROCEDURE STATUS WHERE Db = 'database_name';
```

这条命令会列出指定数据库中所有存储过程的状态信息。

③ 查询 information_schema 中的 ROUTINES 表：

```
SELECT ROUTINE_NAME, ROUTINE_DEFINITION FROM information_schema.
ROUTINES WHERE ROUTINE_SCHEMA = 'database_name' AND ROUTINE_TYPE =
'PROCEDURE';
```

这条命令可以获取更详细的信息，包括存储过程的名称和定义。

案例 9-6：

假设有一个数据库 sales_db，其中包含三个表：订单表（orders）、客户信息表（customers）和供应商信息表（suppliers）。创建一个存储过程 GetCustomerOrders，用于获取特定客户的所有订单信息。

① 创建存储过程：

```
DELIMITER //
CREATE PROCEDURE GetCustomerOrders(IN CustomerID INT)
BEGIN
    SELECT * FROM orders WHERE CustomerID = CustomerID;
END //
DELIMITER ;
```

② 查看 GetCustomerOrders 存储过程的定义：

```
SHOW CREATE PROCEDURE GetCustomerOrders;
```

③ 查看 sales_db 数据库中所有存储过程的列表：

```
SHOW PROCEDURE STATUS WHERE Db = 'sales_db';
```

通过上述介绍和案例，可以看到在 MySQL 中查看存储过程的方法及其应用。在实际工作中，合理利用存储过程不仅可以提高工作效率，还能保证数据处理的一致性和安全性。

9.3　调用、修改及删除存储过程

9.3.1　调用存储过程

存储过程可以接收输入参数，并可以返回输出参数和结果集。使用存储过程可以提高代码的重用性，减少网络通信量，并有助于实现业务逻辑的封装。

在MySQL中，调用存储过程的方法是使用CALL语句。

语法1：

```
CALL procedure_name();
```

这是最基本的调用方式，只需要给出存储过程的名称，并在其后加上括号()，就可以调用这个存储过程。

语法2：

```
CALL procedure_name(parameter1, parameter2, ...);
```

如果存储过程需要参数，可以在其后的括号中提供这些参数。

语法3：

```
CALL procedure_name(variable1, variable2, ...);
```

如果想使用变量来传递参数，也可以使用变量。

语法4：

```
CALL procedure_name(IN parameter1, INOUT parameter2, OUT parameter3);
```

如果想指定参数的传递方向，也是可以的。

假设有一个名为get_user_by_id的存储过程，它接收一个用户ID并返回一个用户对象。

语法1：

```
CALL get_user_by_id(1);
```

语法2：

```
SET @user_id = 1;
CALL get_user_by_id(@user_id);
```

语法3：

```
DECLARE user_id INT DEFAULT 1;
CALL get_user_by_id(user_id);
```

注意：在调用存储过程时，如果数据库引擎不支持存储过程，例如MySQL的MyISAM引擎，则会出现错误。应确保数据库表使用了支持存储过程的引擎，如InnoDB。

案例9-7：

假设有三个表，即订单表（orders）、客户信息表（customers）和供应商信息表（suppliers），创建一个存储过程来查询特定客户的所有订单信息。

① 创建存储过程：

```
CREATE PROCEDURE GetCustomerOrders(IN CustomerID INT)
BEGIN
    SELECT o.OrderID, o.orderDate, o.amount
    FROM orders o
```

```
    JOIN customers c ON o.CustomerID = c.CustomerID
    WHERE c.CustomerID = CustomerID;
END;
```

这个存储过程名为 GetCustomerOrders，接收一个输入参数CustomerID，查询与该客户ID相关的所有订单信息。

② 调用存储过程：

```
CALL GetCustomerOrders(1);
```

这条语句调用了GetCustomerOrders存储过程，查询客户ID为1的所有订单信息。

注意事项如下：

- 权限：要确保执行存储过程的用户具有足够的权限。
- 性能：虽然存储过程可以提高性能，但复杂的逻辑和大量的数据操作可能会导致性能下降。合理设计存储过程和索引是关键。
- 调试：MySQL对存储过程的调试支持不如某些其他数据库管理系统，因此在开发过程中需要仔细测试。
- 版本控制：存储过程的更改不容易追踪，建议将存储过程的代码保存在版本控制系统中。
- 安全性：避免SQL注入等安全风险，尤其是在动态构建SQL语句时。

通过合理使用存储过程，可以有效地提高数据库操作的效率和安全性，同时也便于管理和维护数据库逻辑。

9.3.2 修改存储过程

在MySQL中，存储过程是一种预编译的SQL代码集，可以一次性创建并存储在数据库中，之后可通过调用执行。存储过程可以接收参数、执行逻辑判断和复杂的SQL语句，并返回结果。修改存储过程主要涉及 ALTER PROCEDURE语法，但实际操作中通常是删除旧的存储过程并重新创建。

修改存储过程的一般步骤：

- 查看现有存储过程的定义：使用"SHOW CREATE PROCEDURE procedure_name;"查看现有存储过程的详细定义。
- 删除旧存储过程：如果需要修改存储过程，通常的做法是先删除旧的存储过程，使用"DROP PROCEDURE IF EXISTS procedure_name;"。
- 创建新存储过程：使用CREATE PROCEDURE语句创建新的存储过程，这里可以包含新的逻辑或修改。

案例9-8：

更新订单状态的存储过程。

假设有一个存储过程"UpdateOrderStatus"，它接收订单ID和新的状态作为参数，然后更新orders表中相应订单的状态。

步骤1：查看现有存储过程的定义。

```
SHOW CREATE PROCEDURE UpdateOrderStatus;
```

步骤2：删除旧存储过程。

```
DROP PROCEDURE IF EXISTS UpdateOrderStatus;
```

步骤3：创建新存储过程。

假设要修改这个存储过程，以便它还可以记录状态更新的时间。

```
CREATE PROCEDURE UpdateOrderStatus(IN OrderID INT, IN new_status
VARCHAR(50))
BEGIN
    # 更新订单状态
    UPDATE orders SET status = new_status, status_update_time = NOW()
WHERE id = OrderID;
END;
```

解释：在这个案例中，首先查看了"UpdateOrderStatus"存储过程的定义，然后删除了它，并创建了一个新的存储过程。新的存储过程除了更新订单的状态外，还会记录状态更新的时间。这是一个简单的例子，展示了如何修改存储过程以满足新的业务需求，同时也强调了在修改过程中需要注意的几个关键点。

9.3.3　删除存储过程

删除存储过程的语法相对简单，主要是使用DROP PROCEDURE语句。

下面将详细介绍删除存储过程的语法、案例以及注意事项，并以订单表（orders）、客户信息表（customers）和供应商信息表（suppliers）为例来展示如何使用存储过程。

删除存储过程的基本语法如下：

```
DROP PROCEDURE [IF EXISTS] procedure_name;
```

- "DROP PROCEDURE"是用来删除存储过程的命令。
- "IF EXISTS"是一个可选项，用来避免在存储过程不存在时，执行删除操作导致的错误。
- "procedure_name"是要删除的存储过程的名称。

注意事项：

- 权限：执行删除存储过程的用户需要有足够的权限，通常需要是该存储过程的创建者或者数据库的管理员。
- 存在性检查：使用"IF EXISTS"可以避免由尝试删除一个不存在的存储过

程而产生的错误。

- 依赖关系：在删除存储过程之前，需要确保没有其他对象（如触发器、事件或其他存储过程）依赖于该存储过程。否则，这些依赖对象可能会因为存储过程的删除而出现问题。

案例9-9：

假设有一个名为cleanup_orders的存储过程，其目的是删除orders表中所有与特定CustomerID关联的记录。在某些情况下，可能需要删除这个存储过程，比如存储过程的逻辑需要重写或者不再需要这个存储过程。

删除cleanup_orders存储过程的语句如下：

```
DROP PROCEDURE IF EXISTS cleanup_orders;
```

这条语句会检查cleanup_orders存储过程是否存在，如果存在，则将其删除。

在这个案例中，语句的作用是安全地删除名为cleanup_orders的存储过程。"IF EXISTS"子句确保了只有在存储过程实际存在时才尝试删除它，这样可以避免由尝试删除一个不存在的存储过程而可能产生的错误。特别是在自动化脚本中，可以减少由环境差异导致的执行错误。

在实际应用中，删除存储过程之前，应该仔细考虑这一操作的影响，确保不会影响到数据库中的其他操作或逻辑。如果存储过程被其他程序或存储过程调用，直接删除可能会导致这些程序或存储过程出错。因此，在删除之前进行彻底的检查和测试是非常重要的。

9.4 利用 ChatGPT 创建存储过程

要使用ChatGPT创建存储过程，首先需要明确存储过程的目的、所使用的数据库（如MySQL等），以及具体的业务逻辑等，然后构造一个SQL语句，这个语句将用于定义相应的存储过程。

下面演示如何利用ChatGPT创建存储过程，输入的提示语如下：

> 你是精通数据库的专家，具备如下能力和知识：
> （1）数据库设计：熟悉数据库设计的流程和步骤，包括数据库设计方案、数据库架构、数据库存储、表设计等。
> （2）基本SQL技能：熟悉MySQL、Oracle、SQL Server等关系数据库，熟悉复杂查询、存储过程等的编写。
> （3）数据库管理：管理数据库中的数据，包括数据的增删改查等操作，以及数据的备份、恢复、分区、安全性等。
> （4）数据库开发：熟悉数据库开发的流程和技术，如数据库设计、数据库编程、数据库测试等。

（5）数据库性能优化：使用优化技术优化数据库的性能，如索引优化、事务处理、缓存，以及数据备份和恢复等。

（6）数据备份：定期备份数据库，确保数据的可用性，并在需要时进行数据恢复。

（7）系统维护：管理数据库系统的日常运维，包括系统备份、系统监控、故障排除等。

（8）数据库性能调优：进行数据库性能优化，如查询优化、索引优化、缓存优化等。

使用pymysql库，连接本地MySQL数据库，端口号是3306，用户名是root，密码是root，数据库是trove，使用订单表（orders）和供应商信息表（suppliers），创建一个存储过程，该存储过程接收一个供应商ID（SupplierID）作为输入参数，返回该供应商的所有订单信息，程序中需要添加详细的中文注释。

ChatGPT的输出如下：

```python
import pymysql

# 连接MySQL数据库
connection = pymysql.connect(host='localhost', port=3306, user='root',
password='root', database='trove')

# 创建存储过程，接收供应商ID作为输入参数，返回该供应商的所有订单信息
def get_supplier_orders(SupplierID):
    cursor = connection.cursor()
    cursor.execute(f"SELECT * FROM orders WHERE SupplierID =
{SupplierID}")
    orders = cursor.fetchall()
    return orders

# 调用存储过程并打印结果
SupplierID = 1  # 供应商ID示例
supplier_orders = get_supplier_orders(SupplierID)
for order in supplier_orders:
    print(order)

# 关闭数据库连接
connection.close()
```

运行上述ChatGPT的输出，就会创建一个关于供应商ID的存储过程，如图9-1所示。

图 9-1　供应商 ID 的存储过程

200

10

数据库性能优化

数据库性能优化是提高数据库系统效率和性能的重要手段。通过优化数据库的结构、索引、查询语句等方面，可以提升数据库的响应速度，减少资源占用，从而提高系统的整体性能。只有不断优化数据库性能，才能保证系统运行的稳定性和高效性。本章介绍数据库性能优化的主要方法。

10.1 性能优化简介

数据库性能优化是指采取一系列措施和技术手段，改善数据库系统的运行效率，提高数据处理速度，减少资源消耗，从而提升数据库的响应速度和处理能力。

针对MySQL数据库性能优化，可以从以下几个方面入手，下面以订单表（orders）、客户信息表（customers）和供应商信息表（suppliers）为例进行详细阐述。

（1）索引优化

选择合适的索引：为经常用于查询、排序和分组的列添加索引，如customers表的CustomerID、orders表的OrderID和CustomerID、suppliers表的SupplierID等。

避免过多索引：虽然索引可以加速查询，但过多的索引会降低写操作（INSERT、UPDATE、DELETE）的速度，并占用更多的磁盘空间。

使用复合索引：当查询条件包含多个列时，使用复合索引可以提高查询效率。例如，如果经常根据CustomerID和OrderDate查询orders表，则可以创建一个复合索引。

（2）查询优化

优化查询语句：避免使用SELECT *，只选择需要的列。使用JOIN代替子查询，尤其是在子查询中包含大量数据时。

使用分页查询：对于大量数据的查询，使用LIMIT进行分页，减少一次性加载的数据量。

（3）数据库设计优化

规范化与反规范化：根据实际需求平衡规范化和反规范化。规范化可以减少数据冗余，提高数据一致性；反规范化可以减少JOIN操作，提高查询效率。

分区表：对于非常大的表，如orders表，可以考虑分区（如按月份或地区分区），以提高查询和维护的效率。

（4）缓存优化

查询缓存：利用MySQL的查询缓存功能，对于频繁执行且结果集不经常改变的查询，可以显著提高性能。

应用层缓存：对于热点数据，可以在应用层实现缓存机制，如使用Redis或Memcached，减少对数据库的直接访问。

（5）服务器配置和硬件优化

内存分配：合理分配MySQL的内存使用，如调整innodb_buffer_pool_size以适应系统的物理内存，这对于InnoDB表的性能至关重要。

硬件升级：提高服务器的CPU性能、增加内存容量、使用更快的硬盘（如SSD），都可以直接提升数据库的性能。

（6）定期维护

定期分析和优化表：使用ANALYZE TABLE和OPTIMIZE TABLE命令定期分析和优化表，以保持数据库的性能。

定期备份和恢复：实施定期的数据备份和恢复计划，确保数据的安全性和可用性。

（7）监控和故障处理

监控数据库性能：使用工具，如MySQL Workbench、Percona Monitoring and Management等，监控数据库的性能指标，及时发现并解决问题。

故障处理：建立故障处理机制，包括硬件故障、数据丢失、性能下降等情况的应对策略。

通过上述措施的综合应用，可以显著提高MySQL数据库中orders、customers和suppliers表的性能，确保数据的快速访问和高效管理。

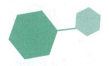

10.2 数据库结构优化

10.2.1 选择最合适的字段属性

针对MySQL数据库性能优化，选择最合适的字段属性对于订单表（orders）、客户信息表（customers）和供应商信息表（suppliers）至关重要。

以下是针对这些表的优化建议。

（1）字段类型选择

整型：对于ID字段（如CustomerID、OrderID、SupplierID），使用整型（INT或更小的类型，如SMALLINT，如果数据量允许）。整型比字符类型处理速度快，且占用空间小。对于非常大的数据库，考虑使用BIGINT。

日期和时间：对于记录创建时间或更新时间的字段（如created_at, updated_at），使用DATETIME或TIMESTAMP类型。

枚举：对于有限选项的字段（如订单状态status），使用ENUM类型，这样可以减少存储空间并加快查询速度。

字符类型：对于需要存储文本的字段（如CustomerName、email），根据内容长度选择VARCHAR或TEXT类型。VARCHAR适用于长度可变的字符串，而TEXT适用于长文本。

● （2）索引优化

主键索引：为每个表定义一个主键，如OrderID、CustomerID、SupplierID。MySQL会自动为主键创建索引。

外键索引：对于外键字段，如orders表中的CustomerID（指向customers表），确保建立索引以加快JOIN操作的速度。

复合索引：对于经常一起查询的字段，考虑创建复合索引。例如，如果经常根据CustomerID和OrderDate查询订单，那么在这两个字段上创建复合索引会很有帮助。

● （3）字段属性优化

NOT NULL：对于不应该为空的字段，明确指定NOT NULL约束。这可以提高查询性能，因为MySQL可以跳过空值检查。

默认值：为字段指定合理的默认值，尤其是对于布尔字段，考虑使用DEFAULT 0（表示假）或DEFAULT 1（表示真）。

字符集和排序规则：对于存储文本的字段，选择合适的字符集（如utf8mb4）和排序规则（如utf8mb4_unicode_ci）。utf8mb4支持更广泛的Unicode字符，包括表情符号，而"_ci"后缀表示不区分大小写的比较。

● （4）其他优化建议

避免过宽的表：尽量减少每行的数据大小，这可以通过分解大表、避免冗余字段和使用适当的数据类型来实现。

数据归档：对于历史数据，考虑将其移动到归档表中，以保持主表的高效率。

分区：对于非常大的表，考虑使用分区来提高查询效率和简化数据管理。例如，可以根据时间（如年份或月份）或地理位置对orders表进行分区。

通过上述优化措施，可以显著提高orders、customers和suppliers表的性能，确保数据库的高效运行。

10.2.2　尽量把字段设置为非空

针对MySQL数据库性能优化，特别是在orders、customers和suppliers表的上下文中，并强调字段设置为非空（NOT NULL），可以采取以下策略。

● （1）索引优化

非空字段的索引：将字段设置为非空（NOT NULL）可以提高索引效率，因为数据库可以假设每个记录在这些字段上都有值，从而优化存储和查询。例如，在

customers表中，CustomerID、name、email等字段应设置为非空并建立索引，以加速查找和关联操作。

选择合适的索引类型：对于频繁查询的字段，如orders表的OrderDate或status，使用合适的索引类型（如BTree）可以提高查询效率。

（2）查询优化

避免全表扫描：确保查询语句利用索引，避免不必要的全表扫描。这可以通过在查询中使用非空字段作为条件来实现。

优化JOIN操作：在进行表连接时，确保连接的字段都是非空的，并且有索引，这样可以大大提高JOIN操作的效率。

（3）数据库设计优化

合理使用非空约束：在表设计时，尽量为每个字段设置合适的非空约束。这不仅可以提高数据的完整性，还可以提升查询性能。

使用适当的数据类型：为每个字段选择合适的数据类型，并设置为非空。例如，对于CustomerID，使用整型（INT）而不是字符串类型（VARCHAR），可以减少存储空间并提高查询效率。

（4）缓存优化

利用查询缓存：虽然MySQL 8.0已经移除了查询缓存的功能，但可以通过应用层缓存来实现类似的效果，尤其是对于那些不经常变化的非空字段，如customers表的name或email。

（5）服务器配置和硬件优化

调整MySQL配置：通过调整MySQL的配置参数（如innodb_buffer_pool_ size）来优化内存使用，确保数据库能够高效地处理非空字段的索引和数据。

（6）定期维护

定期优化表：使用OPTIMIZE TABLE命令定期优化表，这可以帮助回收未使用的空间，并整理数据文件的碎片，特别是对于有大量写操作的表。

（7）监控和故障处理

监控性能指标：监控数据库的性能指标，如查询响应时间、索引使用情况等，及时发现并解决性能瓶颈。

通过上述措施，特别是通过在表设计时强调字段的非空约束，可以显著提高MySQL数据库的性能。这些优化措施不仅能提高查询效率，还能增强数据的完整性和一致性。

10.2.3 使用连接来代替子查询

在MySQL数据库中，使用连接来代替子查询是一种常见的性能优化手段。这是因为连接通常比子查询更高效，尤其是在处理大量数据时。下面将通过具体的例子，展示如何在涉及订单表（orders）、客户信息表（customers）和供应商信息表（suppliers）的查询中，使用连接来优化性能。

案例10-1：

假设需要查询所有订单，以及对应的客户信息和供应商信息。在不优化的情况下，可能会使用子查询来实现这一需求。

（1）使用子查询

```
SELECT o.*,
      (SELECT c.name FROM customers c WHERE c.CustomerID =
o.CustomerID) AS CustomerName,
      (SELECT s.name FROM suppliers s WHERE s.SupplierID =
o.SupplierID) AS supplier_name
FROM orders o;
```

这个查询对每个订单分别执行两个子查询来获取客户名称和供应商名称，这在数据量大时会非常低效。

（2）使用连接（JOIN）

为了提高性能，可以使用连接来替代子查询。

```
SELECT o.*, c.name AS CustomerName, s.name AS supplier_name
FROM orders o
JOIN customers c ON o.CustomerID = c.CustomerID
JOIN suppliers s ON o.SupplierID = s.SupplierID;
```

在这个查询中，通过JOIN语句将orders表、customers表和suppliers表连接起来。这样做的好处是数据库可以在查询执行过程中更有效地处理数据，尤其是当数据库能够利用索引时。

性能优化建议：

① 索引优化：确保CustomerID和SupplierID在orders、customers和suppliers表上都有索引。这样可以加速JOIN操作。

② 选择合适的JOIN类型：根据实际数据关系选择合适的JOIN类型（如INNER JOIN、LEFT JOIN等），以避免不必要的数据扫描。

③ 避免SELECT*：只选择需要的列，而不是使用SELECT *，这样可以减少数据传输量。

④ 考虑使用EXPLAIN：使用EXPLAIN关键字来分析查询计划，查看是否有优化的空间。

通过这种方式，不仅能提高查询效率，还能够更好地利用数据库的索引和缓存机制，从而显著提升整体性能。

10.2.4　使用联合查询代替创建临时表

在MySQL数据库中，使用联合查询代替创建临时表是一种常见的性能优化手段。这种方法可以减少数据库的I/O操作，降低内存使用，同时避免临时表可能带来的额外开销。以下是针对订单表（orders）、客户信息表（customers）和供应商信息表（suppliers）的性能优化策略，特别强调如何通过使用联合查询来优化性能。

⭕（1）索引优化

确保涉及的联合查询中的所有表都有适当的索引。例如，如果经常根据CustomerID和SupplierID来查询orders表，那么这两个字段都应该被索引。

⭕（2）使用联合查询代替临时表

假设需要查询所有客户的订单信息，以及这些订单对应的供应商信息。一种方法是先查询所有客户的订单，将结果存储在一个临时表中，然后再从临时表中查询供应商信息。这种方法虽然直观，但效率不高。

改用联合查询的方式如下：

```
SELECT o.OrderID, o.OrderDate, c.CustomerName, s.supplier_name
FROM orders o
JOIN customers c ON o.CustomerID = c.CustomerID
JOIN suppliers s ON o.SupplierID = s.SupplierID;
```

这个查询直接连接了三个表，避免了创建和访问临时表的需要，从而提高查询效率。

⭕（3）优化 JOIN 顺序

在执行联合查询时，MySQL会根据表的连接顺序来优化查询。一般来说，应该先从返回行数最少的表开始执行JOIN，这样可以尽早减少需要处理的数据量。

⭕（4）使用 EXPLAIN 分析查询

使用EXPLAIN关键字分析联合查询，能确保MySQL使用最有效的执行计划。EXPLAIN可以帮助发现哪些部分可能需要索引优化，或者查询是否在进行不必要的全表扫描。

⭕（5）避免 SELECT *

使用SELECT *会返回所有列，这可能包括不需要的数据，从而增加数据库的负担。指定具体需要的列，可以减少数据传输量和内存使用。

（6）使用条件过滤

尽可能在JOIN操作之前过滤掉不需要的记录。这可以通过在JOIN之前使用子查询来实现，或者确保WHERE条件能够有效地减少需要处理的数据量。

（7）分析和优化表

定期使用ANALYZE TABLE和OPTIMIZE TABLE命令来分析和优化表。这有助于保持索引的效率和减少数据碎片。

通过上述策略，可以有效地优化MySQL数据库中orders、customers和suppliers表的性能，特别是通过使用联合查询代替临时表，可以显著提高查询效率和减少资源消耗。

10.2.5　设置事务

在MySQL数据库中，性能优化和事务设置是确保数据完整性和提高应用性能的关键方面。以下是结合订单表（orders）、客户信息表（customers）和供应商信息表（suppliers）的性能优化和事务设置的全面指南。

（1）索引优化

① 为关键列添加索引：为orders表的OrderID、CustomerID，customers表的CustomerID，suppliers表的SupplierID等频繁用于查询的列添加索引。

② 复合索引：如果经常同时根据多个列进行查询，比如根据CustomerID和OrderDate查询订单，考虑添加复合索引。

（2）查询优化

① 避免全表扫描：确保查询能够利用索引，避免使用不在索引中的列进行计算或条件判断。

② 优化JOIN查询：在进行表连接时，尽量使用索引列，并注意连接顺序，以减少查询时间。

（3）事务管理

① 使用事务保证数据一致性：对于涉及多个表的操作，如在orders表中插入新订单，同时更新customers表中的客户信息，应该在一个事务中完成。

```
START TRANSACTION;
INSERT INTO orders (OrderID, CustomerID, OrderDate, ...) VALUES
(...);
UPDATE customers SET last_OrderDate = ... WHERE CustomerID = ...;
COMMIT;
```

② 合理设置事务隔离级别：根据应用的具体需求，合理设置事务的隔离级别，

以平衡性能和一致性。例如，READ COMMITTED通常是一个性能和一致性之间的好折中。

（4）数据库设计优化

① 规范化：确保数据库设计遵循规范化原则，以避免数据冗余和更新异常。

② 适当反规范化：在查询性能非常关键的情况下，适当的反规范化（如添加冗余列或使用视图）可以减少JOIN操作，提高查询效率。

（5）缓存和硬件优化

① 查询缓存：利用MySQL的查询缓存或应用层缓存如Redis，缓存频繁查询的结果。

② 硬件升级：提升服务器硬件，如使用更快的CPU、增加内存、使用SSD硬盘等，以提高数据库的整体性能。

（6）定期维护

① 定期优化表：使用OPTIMIZE TABLE命令定期优化表，回收未使用的空间，重新组织数据文件。

② 监控和分析：使用性能监控工具定期检查数据库性能，分析慢查询日志，及时发现并解决性能瓶颈。

（7）故障处理和备份

① 定期备份：实施定期的数据备份策略，包括全备份和增量备份，确保数据的安全。

② 故障恢复计划：制订详细的故障恢复计划，包括数据恢复、硬件故障处理等，以减少意外发生时的影响。

通过上述措施，可以有效地优化MySQL数据库中orders、customers和suppliers表的性能，并确保数据的一致性和完整性。

10.2.6 使用外键

在使用MySQL进行数据库性能优化时，考虑到orders、customers和suppliers表的关系，外键的使用是一个重要的考虑因素。外键不仅可以保证数据库的数据完整性，还可以在某些情况下提高查询效率。以下是结合外键进行MySQL数据库性能优化的一些策略。

（1）数据完整性和性能

外键约束：通过在orders表中对CustomerID和SupplierID设置外键约束，引用customers和suppliers表，可以保证数据的引用完整性。这意味着不能在orders

表中插入一个不存在于customers或suppliers表中的CustomerID或SupplierID。

级联操作：利用外键的级联更新（UPDATE CASCADE）和级联删除（DELETE CASCADE）特性，可以自动更新或删除依赖的数据，从而保持数据的一致性。例如，当一个客户被删除时，可以自动删除该客户的所有订单。

（2）查询优化

利用外键进行优化的JOIN查询：在执行涉及orders、customers和suppliers表的JOIN查询时，MySQL优化器可以利用外键关系进行优化，提高查询效率。

索引利用：外键自动为相关列创建索引（在MySQL中，这取决于存储引擎，如InnoDB自动为外键列创建索引），这有助于加速JOIN操作和WHERE条件的查询。

（3）设计和使用建议

谨慎使用外键：虽然外键可以提供数据完整性保护和某些情况下的查询优化，但过度使用外键会增加数据库的复杂性，并可能影响写操作的性能（如INSERT、UPDATE、DELETE），因为数据库需要检查外键约束。

外键和写操作性能：在高并发的写操作场景中，外键约束可能成为性能瓶颈。在这种情况下，可以考虑在应用层实现数据完整性逻辑，而不是依赖数据库的外键约束。

外键维护：在进行数据库重构或扩展时，外键关系需要被正确维护和更新，以避免数据不一致或违反约束的问题。

案例10-2：

假设有以下表结构：

```
CREATE TABLE customers (
    CustomerID INT AUTO_INCREMENT PRIMARY KEY,
    name VARCHAR(100)
);


CREATE TABLE suppliers (
    SupplierID INT AUTO_INCREMENT PRIMARY KEY,
    name VARCHAR(100)
);


CREATE TABLE orders (
    OrderID INT AUTO_INCREMENT PRIMARY KEY,
    OrderDate DATE,
    CustomerID INT,
    SupplierID INT,
    FOREIGN KEY (CustomerID) REFERENCES customers(CustomerID),
    FOREIGN KEY (SupplierID) REFERENCES suppliers(SupplierID)
);
```

在这个结构中，orders表通过外键与customers和suppliers表相关联。这样的设计既能保证数据的完整性，也能为基于这些关系的查询提供优化的可能。

总之，外键在数据库设计中是一个强大的工具，可以用来保证数据的完整性和提高某些查询的性能。然而，它们的使用应该根据具体的应用场景和性能要求来权衡，特别是在高并发写操作的环境中。在使用外键时，还应该注意它们对数据库维护和管理的影响。

10.2.7 锁定表

在MySQL数据库中，针对订单表（orders）、客户信息表（customers）和供应商信息表（suppliers）进行性能优化时，考虑到锁定表的需求，需要平衡数据的一致性、可用性与性能。以下是一些关键的优化策略。

（1）索引优化

合理使用索引：为常用的查询和条件列创建索引，如CustomerID、OrderDate等，以加速查询速度。同时，避免在频繁更新的列上创建索引，以减少锁的竞争。

考虑索引类型：使用适当的索引类型（如BTree、FULLTEXT、HASH等），根据查询模式选择最合适的索引。

（2）锁策略优化

锁粒度控制：MySQL提供表级锁和行级锁两种锁机制。尽可能使用行级锁，因为它可以最大程度减少锁定资源的数量，降低锁竞争。

避免死锁：通过合理设计事务，避免长事务，以及在应用层控制好访问顺序，减少死锁的可能性。

使用乐观锁和悲观锁：根据业务场景选择适当的锁策略。对于并发冲突较少的场景，可以使用乐观锁；对于并发冲突较多的场景，使用悲观锁。

（3）查询与事务优化

优化SQL查询：避免全表扫描，尽量使用索引；减少不必要的JOIN操作；使用LIMIT分页。

合理设计事务：保持事务简短并尽快提交，减少锁定资源的时间，避免不必要的锁等待。

（4）分区表

表分区：对于大型表，如orders，可以考虑使用分区技术，如按时间范围（月份、年份）分区。这样可以在查询、维护时只锁定特定分区，而不是整个表。

（5）数据库表结构优化

反规范化：适当的反规范化可以减少JOIN操作的需要，从而减少锁的竞争。

使用归档表：对于历史数据，可以定期归档到单独的表中，减少主表的大小，提高访问速度。

（6）使用读写分离

读写分离：通过主从复制实现读写分离，将查询操作分发到从服务器，减轻主服务器的负担，同时减少锁的竞争。

（7）监控和调优

监控锁等待：使用性能监控工具（如MySQL Enterprise Monitor）监控锁等待和死锁情况，及时调整策略。

定期审查和优化：定期审查索引使用情况、查询性能，以及锁的争用情况，根据实际情况调整优化策略。

通过上述策略的综合应用，可以有效优化orders、customers和suppliers表的性能，同时通过合理的锁策略，确保数据的一致性和完整性，提高数据库的整体性能和稳定性。

10.2.8 使用索引

针对MySQL数据库性能优化，特别是通过使用索引来优化orders、customers和suppliers表的性能，可以采取以下策略。

（1）理解和应用索引类型

主键索引：对于每个表，确保有一个主键索引。例如，customers表可以使用CustomerID作为主键，orders表使用OrderID作为主键，suppliers表使用SupplierID作为主键。主键索引不仅能帮助保持数据的唯一性，还能提供快速的数据访问路径。

唯一索引：对于需要保证唯一性的列（除主键外），使用唯一索引。例如，如果customers表中的电子邮件地址必须是唯一的，可以为该列创建唯一索引。

复合索引：当查询条件经常涉及多个列时，应考虑创建复合索引。例如，如果经常根据CustomerID和OrderDate来查询orders表，那么可以创建一个包含这两个列的复合索引。

（2）索引的正确使用

选择性高的列：为选择性高的列创建索引，即那些具有大量唯一值的列。高选择性的索引可以帮助MySQL更快地缩小搜索范围。

避免过度索引：虽然索引可以加速查询，但每个额外的索引都需要空间存储，且会降低写操作的速度。因此，应避免对不经常用于搜索条件的列或低选择性的列（如性别字段）创建索引。

索引覆盖：如果一个查询可以仅通过索引来满足，而无须访问表的数据行，这种情况称为索引覆盖。例如，如果只查询orders表中的CustomerID和OrderDate，而这两个列都包含在一个索引中，那么这个查询就可以通过索引覆盖来加速。

● （3）索引维护

定期检查索引效率：使用EXPLAIN语句分析查询的执行计划，确保索引被有效使用。如果发现某些索引从未被查询使用，应考虑删除它们以节省空间和维护成本。

更新统计信息：MySQL使用统计信息来选择最佳的查询执行计划。随着数据的变化，这些统计信息可能会变得过时。可以通过定期运行ANALYZE TABLE命令来更新统计信息，帮助MySQL优化查询性能。

● （4）使用索引的最佳实践

避免在索引列上使用函数：在索引列上使用函数〔如WHERE YEAR (OrderDate) = 2021〕会导致MySQL无法使用索引。应尽可能重写查询，以直接使用索引列（如WHERE OrderDate BETWEEN '20210101' AND '20211231'）。

考虑索引的顺序：在复合索引中，列的顺序很重要。一般来说，应将选择性最高的列放在索引的最前面。

通过上述方法，可以有效地利用索引来优化MySQL数据库中orders、customers和suppliers表的性能，提高查询速度，减少数据库的负载。

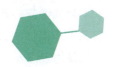

10.3 查询语句优化

10.3.1 不使用子查询

针对MySQL数据库性能优化，特别是在不使用子查询的情况下，可以采取以下策略来优化orders、customers和suppliers表的性能。

● （1）索引优化

适当的索引：为orders表的OrderID、CustomerID、SupplierID等频繁用于查询和连接的字段添加索引。对于customers和suppliers表，也应为CustomerID、SupplierID等主键和经常用于查询的字段添加索引。

复合索引：如果经常根据多个列进行查询，比如经常根据CustomerID和OrderDate查询订单，那么在orders表上创建一个包含这两个列的复合索引将提高查询效率。

（2）查询优化

避免SELECT*：只选择需要的列，而不是使用SELECT *，这样可以减少网络传输的数据量和减轻MySQL服务器的负担。

使用JOIN代替子查询：通过合理使用JOIN操作来连接orders、customers和suppliers表，以获取所需的信息，而不是使用子查询。例如，如果需要获取所有订单及其对应的客户信息，可以使用：

```
SELECT o.OrderID, o.OrderDate, c.CustomerName
FROM orders o
JOIN customers c ON o.CustomerID = c.CustomerID;
```

使用WHERE子句过滤：在JOIN操作中使用WHERE子句过滤结果，可以减少处理的数据量。

（3）数据库设计优化

规范化：确保数据库设计是规范化的，以避免数据冗余和维护问题。但在某些情况下，适度的反规范化（如添加冗余字段）可以减少JOIN操作的需要，从而提高查询性能。

分区：对于非常大的表，比如orders表，考虑使用分区技术，如按时间（月份或年份）或按地区分区，这样可以提高查询和维护的效率。

（4）缓存优化

查询缓存：虽然MySQL 8.0已经移除了查询缓存的功能，但可以通过应用层缓存来实现类似的效果，比如使用Redis或Memcached缓存频繁查询的结果。

使用缓存表：对于复杂的报告或统计查询，可以将查询结果存储在缓存表中，并定期更新这些表，这样可以避免频繁地执行复杂查询。

（5）批量操作优化

批量INSERT和UPDATE：当需要插入或更新大量数据时，使用批量操作而不是单条记录操作，这样可以显著减少网络开销和减少SQL解析的时间。

（6）服务器和硬件优化

配置优化：根据服务器的硬件资源，调整MySQL的配置参数，如innodb_buffer_pool_size、max_connections等，以充分利用硬件资源。

硬件升级：考虑升级服务器硬件，如使用更快的CPU、增加内存、使用SSD等，以提高数据库的整体性能。

通过上述措施，可以在不使用子查询的情况下，有效地优化orders、customers和suppliers表在MySQL数据库中的性能。

10.3.2　避免函数索引

在避免使用函数索引的前提下，对于MySQL数据库中的订单表（orders）、客户信息表（customers）和供应商信息表（suppliers）进行性能优化，可以采取以下策略：

（1）索引优化

选择合适的列进行索引：对于经常出现在WHERE子句中的列、用于连接的列（如CustomerID在orders表和customers表中用于连接），以及经常用于排序和分组的列（如OrderDate），应该创建索引。

避免过度索引：虽然索引可以提高查询速度，但每个额外的索引都会增加插入、更新和删除操作的成本。因此，应该避免对不经常查询的列或低基数（值的唯一性不高）的列创建索引。

使用前缀索引：对于文本类型的长字符串，可以使用前缀索引来减少索引大小和提高索引效率。

（2）查询优化

避免SELECT*：指定需要查询的列，而不是使用SELECT *，这样可以减少网络传输的数据量并提高查询效率。

优化JOIN查询：确保JOIN操作的表都有适当的索引。在可能的情况下，使用INNER JOIN代替OUTER JOIN，因为INNER JOIN通常更高效。

使用EXPLAIN分析查询：使用EXPLAIN命令来分析和优化查询计划，确保索引被有效利用。

（3）表结构优化

数据类型优化：为每个字段选择合适的数据类型。例如，使用INT而不是VARCHAR来存储数值ID，确保数据类型的长度和需求相匹配，避免浪费空间。

使用分区：对于非常大的表，如orders表，可以使用分区技术，如按时间（月份或年份）或按地区分区，这样可以提高查询效率和数据管理的便利性。

（4）性能调优

配置优化：根据服务器的硬件配置调整MySQL的配置参数，如innodb_buffer_pool_size（对于InnoDB表）和key_buffer_size（对于MyISAM表）。

定期运行OPTIMIZE TABLE：对于频繁更新或删除的表，定期运行OPTIMIZE TABLE命令来回收空间并重新组织数据，以提高访问速度。

（5）应用层优化

缓存策略：对于读多写少的场景，可以在应用层实现缓存机制，如使用Redis或

Memcached缓存频繁查询的结果，减少对数据库的直接访问。

批量处理：对于大量的插入或更新操作，使用批量操作来减少网络往返次数和减轻数据库压力。

 （6）监控和维护

使用监控工具：使用如Percona Monitoring and Management（PMM）等工具监控数据库的性能指标，及时发现并解决问题。

定期备份和恢复测试：确保数据的安全性，定期进行数据备份，并定期测试恢复流程，确保在数据丢失时可以迅速恢复。

通过上述措施，即使在避免使用函数索引的限制下，也可以显著提高MySQL数据库中orders、customers和suppliers表的性能，确保数据的快速访问和高效管理。

10.3.3　用IN来替换OR

在数据库查询中，使用IN替换OR可以提高查询效率，尤其是在索引被正确使用时。这是因为IN操作可以更有效地利用索引，而OR操作可能会导致数据库扫描更多的行。以下是针对orders、customers和suppliers表的一些优化示例，展示如何使用IN来替换OR以提高MySQL数据库性能。

案例10-3：

查询特定客户的订单。

如果想要查询客户ID为1或2的所有订单，使用OR的查询可能如下所示：

```
SELECT * FROM orders WHERE CustomerID = 1 OR CustomerID = 2;
```

使用IN替换OR的查询如下：

```
SELECT * FROM orders WHERE CustomerID IN (1, 2);
```

案例10-4：

查询特定供应商提供的产品。

如果想要查询供应商ID为3或4提供的所有产品，使用OR的查询可能如下：

```
SELECT * FROM products WHERE SupplierID = 3 OR SupplierID = 4;
```

使用IN来替换OR的查询如下：

```
SELECT * FROM products WHERE SupplierID IN (3, 4);
```

案例10-5：

查询多个条件下的客户信息。

如果需要查询居住在"New York"或"Los Angeles"的客户，使用OR的查询可能如下：

```
SELECT * FROM customers WHERE city = 'New York' OR city = 'Los
```

```
Angeles';
```

使用IN来替换OR的查询如下:

```
SELECT * FROM customers WHERE city IN ('New York', 'Los Angeles');
```

优化效果如下:

① 索引利用：IN子句通常可以更好地利用索引，尤其是在列上定义了索引时，因为数据库可以更有效地定位到这些值。

② 执行计划：数据库的查询优化器可以为IN子句生成更优的执行计划，相比之下，OR子句可能导致查询优化器选择不太理想的路径。

③ 可读性和维护性：使用IN子句通常使查询更加简洁，能提高代码的可读性和维护性。

注意事项如下:

① IN列表的长度：虽然IN可以提高性能，但如果IN列表中的元素过多，可能会影响查询性能。在这种情况下，应考虑其他优化策略，如临时表或者分解查询。

② 索引策略：确保对于使用IN子句查询的列上有适当的索引，以最大化查询性能。

通过在适当的场景中使用IN替换OR，可以在保持查询逻辑不变的同时，提高MySQL数据库的查询效率。

10.3.4　LIKE 双百分号无法使用到索引

在MySQL数据库中，使用LIKE操作符进行模糊匹配时，如果模式的开始部分是一个百分号（%），如LIKE '%keyword%'，MySQL通常无法利用索引进行查询优化，这会导致查询效率低下，尤其是在大数据量的表中，如orders、customers和suppliers。以下是一些优化策略，以提高含有LIKE '%keyword%'查询的性能。

（1）全文搜索

对于需要进行文本搜索的字段，可以使用MySQL的全文索引。全文索引允许快速查找包含关键词的记录，比LIKE '%keyword%'查询更高效。

```
ALTER TABLE your_table ADD FULLTEXT(fulltext_index_name) (column_name);
```

使用全文搜索时，可以使用MATCH...AGAINST语法进行查询，这比LIKE查询快得多。

```
SELECT * FROM your_table WHERE MATCH(column_name) AGAINST('keyword');
```

（2）使用前缀索引

如果查询模式是以固定的字符串开始，如LIKE 'keyword%'，可以通过在相关列上创建索引来优化查询。在这种情况下，MySQL能够利用索引加速查询。

（3）使用倒序存储

如果经常需要在字符串的末尾进行搜索，可以考虑存储数据的倒序副本在另一个列中，并在该列上建立索引。这样，对于原本需要使用LIKE '%keyword'的查询，可以转而在倒序列上使用LIKE 'drowyek%'（其中drowyek是keyword的倒序），这样就可以利用索引了。

（4）使用 ngram 全文索引

对于中文、日文等语言，或者需要在字符串中间搜索的情况，可以考虑使用ngram全文索引。ngram是一种将文本分解成 n 个连续字符的方法，适合模糊匹配搜索。MySQL从5.7版本开始支持ngram全文索引。

```
CREATE FULLTEXT INDEX ft_index ON your_table(column_name) WITH PARSER
ngram;
```

（5）使用外部搜索引擎

对于非常大的数据集或者需要高度优化的搜索功能，考虑使用专门的搜索引擎，如Elasticsearch或Solr。这些工具专为搜索优化，可以处理复杂的搜索需求，包括模糊匹配、同义词处理等，并且性能优于数据库内置的搜索功能。

（6）优化数据模型

在某些情况下，可以通过优化数据模型来减少对LIKE '%keyword%'查询的需求。例如，如果经常需要搜索特定类型的数据，可以考虑将这些数据提取到单独的列或表中，这样就可以直接进行精确匹配查询，而不是模糊匹配。

总之，虽然LIKE '%keyword%'查询无法直接利用索引，但通过上述方法，可以有效地优化这类查询的性能。选择最合适的优化策略取决于具体的应用场景、数据特性和性能要求。

10.3.5 读取适当的记录"LIMIT M,N"

针对MySQL数据库性能优化，特别是在使用"LIMIT M, N"语句读取适当的记录时，可以采取以下策略来优化orders、customers和suppliers表的性能。

（1）索引优化

适当的索引：确保进行分页查询的字段（如OrderID、CustomerID）上有索引，这样可以加快访问速度。

覆盖索引：如果查询只需要表中的几个字段，确保这些字段在同一个索引中。这样，MySQL可以仅通过索引来返回结果，而不需要回表查询数据，从而提高查询效率。

（2）查询优化

避免偏移量过大："LIMIT M, N"中的M如果非常大，会导致MySQL跳过大量的行，这会消耗更多的时间。如果应用需要支持深度分页，考虑使用游标或者存储上次访问的最后一个ID，下次查询从这个ID开始。

减少返回的数据量：尽量减少SELECT语句中的列数，只返回必要的数据，减少网络传输的数据量。

（3）分区表

表分区：对于大型表，如orders，可以根据时间、地区等逻辑进行分区。这样，查询可以只扫描特定的分区，而不是整个表，从而提高查询效率。

（4）使用更高效的分页方法

记住上次的位置：对于"LIMIT M, N"的查询，可以通过记住上一次查询返回的最后一条记录的ID，然后下一次查询时使用这个ID来限定范围，这样可以避免大量的行跳过，提高查询效率。

例如，如果在orders表中按OrderID排序，第一次查询可以是：

```
SELECT * FROM orders ORDER BY OrderID LIMIT 100;
```

假设最后一条记录的OrderID是1000，下一次查询可以是：

```
SELECT * FROM orders WHERE OrderID > 1000 ORDER BY OrderID LIMIT 100;
```

（5）优化MySQL配置

调整缓存大小：增加MySQL的缓存大小（如innodb_buffer_pool_size），可以减少磁盘I/O，提高查询效率。

查询缓存：对于不经常变化的数据，可以开启查询缓存，这样相同的查询可以直接从缓存中获取结果，而不需要再次执行。

（6）硬件优化

使用SSD：相比于传统硬盘，SSD有更快的读写速度，可以显著提高数据库的性能。

增加内存：数据库性能很大程度上依赖于内存，增加服务器内存可以让更多的数据和索引保持在内存中，减少磁盘I/O操作。

（7）定期维护

定期优化表：使用OPTIMIZE TABLE命令定期优化表，可以回收未使用的空间，重建表的索引。

定期分析表：使用ANALYZE TABLE命令定期分析表，可以更新索引统计信息，帮助MySQL更好地选择查询计划。

通过上述措施，可以有效地优化MySQL数据库中orders、customers和suppliers表的性能，特别是在使用"LIMIT M, N"进行分页查询时，能够显著提高查询效率和响应速度。

10.3.6 避免数据类型不一致

在MySQL数据库性能优化中，确保数据类型一致性是一个重要的考虑因素，特别是在处理关联表如订单表（orders）、客户信息表（customers）和供应商信息表（suppliers）时。数据类型不一致可能导致隐式类型转换，这会降低查询效率并增加数据库的负担。以下是针对这些表进行性能优化时的一些关键建议：

（1）保持数据类型一致

外键和关联列：确保关联表之间的外键和参照列具有相同的数据类型和长度。例如，如果customers表的CustomerID是INT类型，那么在orders表中引用CustomerID的列也应该是INT类型。

避免隐式转换：在编写查询时，确保比较操作符两边的数据类型一致，避免数据库进行隐式类型转换。例如，不要将VARCHAR类型的列与INT类型的值进行比较。

（2）索引优化

索引列的数据类型：选择适当的数据类型以减小索引大小，这可以提高索引扫描的速度。例如，如果数值范围允许，使用INT而不是BIGINT，因为INT占用的空间更小。

复合索引的顺序：在创建复合索引时，考虑查询中使用的列的顺序和数据类型，以确保索引可以被有效利用。

（3）查询优化

显式类型转换：如果必须在查询中比较不同数据类型的列，使用显式类型转换来避免性能损失，但最好避免这种情况。

使用参数化查询：在应用程序中，使用参数化查询可以避免数据类型不匹配的问题，同时还可以提高安全性。

（4）数据库设计

合理选择数据类型：在设计表时，根据数据的实际需要合理选择数据类型。例如，对于有限的字符串集合，考虑使用ENUM而不是VARCHAR。

长度一致性：对于VARCHAR和其他可变长度类型，尽量保持关联列的长度一致。

（5）性能监控和分析

监控慢查询：利用MySQL的慢查询日志来识别可能由数据类型不一致而导致的

低效查询。

分析执行计划：使用EXPLAIN来分析查询的执行计划，查看是否有不必要的类型转换操作。

（6）定期维护

定期检查数据类型一致性：在数据库的定期维护过程中，检查表之间的数据类型是否保持一致，特别是在进行了结构变更后。

通过上述措施，可以在保持数据类型一致性的同时，优化MySQL数据库中orders、customers和suppliers表的性能。这不仅能提高查询效率，还有助于保持数据的完整性和准确性。

10.3.7 分组统计可以禁止排序

在MySQL数据库中，针对订单表（orders）、客户信息表（customers）和供应商信息表（suppliers）进行性能优化时，可以采取多种策略。当涉及分组统计操作时，可以通过禁用排序来进一步优化性能。以下是一些优化策略：

（1）索引优化

创建合适的索引：为orders、customers、suppliers表中经常用于查询条件的列创建索引，如CustomerID、OrderDate等。

使用覆盖索引：对于查询中只需要索引中数据的情况，确保查询列都包含在索引中，这样可以避免访问表数据，提高查询效率。

复合索引的顺序：在创建复合索引时，考虑查询中条件的使用频率和列的选择性，将选择性高的列放在索引的前面。

（2）查询优化

避免SELECT*：指定需要查询的列，而不是使用SELECT *，减少数据传输量。

优化JOIN操作：确保JOIN操作的表都有适当的索引。在可能的情况下，使用INNER JOIN代替OUTER JOIN，因为INNER JOIN通常更快。

使用分组和聚合函数时禁止排序：在使用GROUP BY进行分组统计时，可以通过在查询中添加ORDER BY NULL来禁止排序，从而提高查询效率，例如：

```
SELECT CustomerID, COUNT(*) FROM orders GROUP BY CustomerID ORDER BY
NULL;
```

（3）数据库设计优化

规范化：确保数据库设计遵循规范化原则，以避免数据冗余和维护异常。

适当的反规范化：在一些场景下，适当的反规范化（如添加冗余列或使用汇总表）可以减少复杂的JOIN操作，提高查询性能。

（4）使用 MySQL 性能优化工具和技术

查询缓存：虽然 MySQL 8.0 已经移除了查询缓存，但在早期版本中，合理使用查询缓存可以提高重复查询的响应时间。

缓存表和汇总表：对于频繁查询的统计信息，可以使用缓存表或汇总表来存储计算结果，减少实时计算的需要。

（5）服务器和硬件优化

内存优化：增加内存分配给 MySQL，特别是 InnoDB 缓冲池（innodb_buffer_pool_size）的大小，以存储更多的数据和索引在内存中。

硬件选择：使用高性能的硬件，如 SSD 硬盘，可以显著提高数据库的读写速度。

（6）定期维护

定期分析表和索引：使用 ANALYZE TABLE 命令更新表的统计信息，帮助 MySQL 更好地优化查询。

定期优化表：使用 OPTIMIZE TABLE 命令来回收未使用的空间，并重新组织表的碎片，提高数据访问速度。

通过上述措施，可以有效地优化 MySQL 数据库中 orders、customers 和 suppliers 表的性能，特别是在进行分组统计时，通过禁止排序来提高查询效率。

10.3.8　避免随机取记录

针对 MySQL 数据库性能优化，特别是在避免随机取记录的情况下，可以采取以下策略，以订单表（orders）、客户信息表（customers）和供应商信息表（suppliers）为例进行详细阐述：

（1）索引优化

使用适当的索引类型：对于 orders、customers 和 suppliers 表，确保主键和频繁用于查询的列上有适当的索引。例如，对于经常根据日期或客户 ID 查询的 orders 表，应该在 OrderDate 和 CustomerID 上建立索引。

避免随机访问：通过创建覆盖索引（Covering Index），即索引包含查询中所有需要的字段，可以避免查询过程中对表的随机访问。这样，查询可以直接从索引中获取数据，而不需要回表查询。

（2）查询优化

避免使用 SELECT *：指定具体的列名，只获取必要的数据，减少数据传输量。

优化 JOIN 操作：在进行 JOIN 操作时，确保 JOIN 的表都有适当的索引。此外，尽量减少 JOIN 的数量，特别是对大表的 JOIN 操作。

使用确定性的ORDER BY：在需要排序的查询中，使用确定性的ORDER BY条件，确保MySQL可以有效利用索引进行排序，而不是通过随机访问来完成。

（3）分区表

表分区：对于大型的orders表，可以考虑使用分区技术，如按时间范围（例如按月）或按客户ID范围进行分区。这样可以在查询特定时间段或特定客户的订单时，减少需要扫描的数据量。

（4）缓存优化

查询缓存：虽然MySQL 8.0已经移除了查询缓存的功能，但可以通过应用层缓存来实现类似的效果。对于读多写少的场景，可以在应用层缓存常见的查询结果，减少对数据库的访问。

使用MySQL的InnoDB缓冲池：适当调整innodb_buffer_pool_size参数，确保数据库缓冲池足够大，以存储常用的数据和索引，减少磁盘I/O操作。

（5）批量处理

批量插入和更新：对于大量的数据插入或更新操作，使用批量处理而不是单条记录处理，可以显著减少事务开销和网络延迟。

（6）避免锁竞争

优化事务：尽量减少长事务，及时提交事务，避免不必要的锁竞争，特别是在高并发的环境下。

（7）硬件和配置优化

硬件升级：提升服务器硬件性能，如使用更快的CPU、增加内存、使用SSD等，可以直接提高数据库的处理能力。

配置优化：根据实际的工作负载调整MySQL配置参数，如调整max_connections、query_cache_size（对于MySQL 5.7及以下版本）等，以适应具体的应用需求。

通过上述措施，可以有效优化MySQL数据库的性能，特别是在处理orders、customers和suppliers表时，减少随机取记录的情况，提高查询效率和数据处理能力。

10.3.9 禁止不必要的 ORDER BY 排序

在MySQL数据库中，针对订单表（orders）、客户信息表（customers）和供应商信息表（suppliers）进行性能优化时，要特别注意避免不必要的ORDER BY排序操作，因为它们可能会显著影响查询性能。以下是一些优化策略。

（1）索引优化

合理使用索引：为经常用于查询条件的列和经常需要排序的列创建索引。如果必须使用ORDER BY，应确保排序的列上有索引，这样MySQL可以利用索引进行快速排序，而不是进行资源密集型的文件排序操作。

复合索引的顺序：当使用ORDER BY多个列时，应该创建一个复合索引，其列的顺序与ORDER BY子句中列的顺序相匹配。这样，MySQL可以更有效地利用索引来排序。

（2）查询优化

避免不必要的排序：仔细审查查询，确保ORDER BY是必要的。如果业务逻辑允许，尽量避免使用ORDER BY，或者尝试通过应用逻辑而不是数据库查询来实现排序。

利用索引覆盖扫描：对于需要ORDER BY的查询，尽量使用索引覆盖扫描，这意味着查询只需要访问索引，而不是表中的行。这可以通过确保SELECT子句中的列都包含在索引中来实现。

（3）分页查询优化

优化大量数据的分页：对于包含大量数据的表，分页查询（特别是当页数很多时）可能会变得非常慢。在这种情况下，可以使用WHERE子句和LIMIT来代替OFFSET，以便利用主键或唯一索引进行快速定位。

（4）使用条件过滤

在WHERE子句中使用有效的条件过滤：在使用ORDER BY之前，尽可能地减少结果集的大小。这意味着在WHERE子句中使用严格的条件来过滤不需要的记录，从而减少排序操作需要处理的数据量。

（5）考虑查询缓存

利用MySQL查询缓存：虽然MySQL 8.0已经移除了查询缓存的功能，但在早期版本中，如果查询和排序结果经常被重复请求，查询缓存可以显著提高性能。对于不支持查询缓存的版本，可以考虑在应用层实现缓存机制。

（6）服务器配置

调整排序缓冲区：对于需要执行文件排序的ORDER BY查询，可以通过增加sort_buffer_size参数的值来优化性能。但是，这应该谨慎进行，因为为每个连接分配过多内存可能会导致服务器上的总内存压力。

（7）分析和优化

使用EXPLAIN分析查询：对于任何复杂的查询，特别是包含ORDER BY的查询，使用EXPLAIN来分析查询执行计划。这可以帮助识别是否正确使用了索引，以及是否有优化查询的空间。

通过上述方法，可以在确保查询结果正确排序的同时，最大限度地减少ORDER BY对MySQL性能的影响。

10.3.10　批量 INSERT 插入

在处理大量数据插入MySQL数据库时，特别是涉及订单表（orders）、客户信息表（customers）和供应商信息表（suppliers）这样的核心业务表时，性能优化尤为重要。以下是一些针对批量INSERT操作的MySQL数据库性能优化策略。

（1）使用批量 INSERT 语句

将多个INSERT合并为一个大的INSERT语句可以显著减少网络往返次数和减少SQL解析的开销。例如：

```
INSERT INTO orders (OrderID, CustomerID, OrderDate, amount) VALUES
(1, 1, '20230101', 100),
(2, 2, '20230102', 150),
(3, 3, '20230103', 200);
```

（2）调整 innodb_buffer_pool_size

对于InnoDB表，innodb_buffer_pool_size是最重要的性能配置参数之一。它应该设置为系统内存的大约70% ~ 80%，以确保InnoDB的缓冲池足够大，可以缓存更多的数据和索引。

（3）关闭自动提交

对于大量的INSERT操作，可以通过关闭自动提交来提高性能。这样可以将多个INSERT操作放在一个事务中，减少磁盘I/O的次数。

```
SET autocommit=0;
```

执行批量INSERT操作：

```
COMMIT;
```

（4）使用 LOAD DATA INFILE

对于非常大量的数据插入，LOAD DATA INFILE是最快的方法之一，因为它直接从文件中读取数据到表中，能减少解析和网络开销。

```
LOAD DATA INFILE 'data.txt' INTO TABLE orders
FIELDS TERMINATED BY ',' ENCLOSED BY '"'
LINES TERMINATED BY '\n';
```

（5）调整事务日志

对于大批量的数据插入，增加innodb_log_file_size的大小可以减少事务日志的刷新频率，从而提高性能。

（6）使用临时表或分区表

对于需要频繁更新的大型表，可以考虑使用临时表或分区表。通过将数据先插入到临时表中，然后再批量移动到目标表，可以减少对目标表的锁定时间。分区表可以通过分散数据到不同的分区来提高查询和插入的性能。

（7）索引策略

在批量插入期间，考虑暂时移除外键约束和非关键的索引，因为索引的维护会增加插入操作的开销。待数据插入完成后，再重新创建这些索引。

（8）优化硬件和配置

SSD存储：使用SSD可以显著提高I/O性能。

网络配置：确保数据库服务器的网络配置可以处理高数据吞吐量。

通过上述策略，可以显著提高处理orders、customers和suppliers表批量INSERT操作的性能，从而提升整体数据库的效率和响应速度。

10.4 利用 ChatGPT 进行数据库优化

利用ChatGPT进行数据库优化可以从多个方面进行考虑，包括但不限于查询优化、索引建议、性能分析和故障排除等，例如ChatGPT可以帮助分析和优化数据库查询等。

下面演示如何利用ChatGPT进行数据库优化，输入的提示语如下：

> 你是精通数据库的专家，具备如下能力和知识：
>
> （1）数据库设计：熟悉数据库设计的流程和步骤，包括数据库设计方案、数据库架构、数据库存储、表设计等。
>
> （2）基本SQL技能：熟悉MySQL、Oracle、SQL Server等关系数据库，熟悉复杂查询、存储过程等的编写。
>
> （3）数据库管理：管理数据库中的数据，包括数据的增删改查等操作，以及数据的备份、恢复、分区、安全性等。
>
> （4）数据库开发：熟悉数据库开发的流程和技术，如数据库设计、数据库编程、数据库测试等。
>
> （5）数据库性能优化：使用优化技术优化数据库的性能，如索引优化、事务处理、缓存，以及数据备份和恢复等。
>
> （6）数据备份：定期备份数据库，确保数据的可用性，并在需要时进行数据恢复。
>
> （7）系统维护：管理数据库系统的日常运维，包括系统备份、系统监控、故障排除等。
>
> （8）数据库性能调优：进行数据库性能优化，如查询优化、索引优化、缓存优化等。

使用pymysql库，连接本地MySQL数据库，端口号是3306，用户名是root，密码是root，数据库是trove，使用订单表（orders）、客户信息表（customers）和供应商信息表（suppliers），详细阐述SQL查询语句优化的主要方法及其案例，程序中需要添加详细的中文注释。

ChatGPT 的输出如下：

要连接本地MySQL数据库并执行优化的SQL查询，首先需要确保你已经安装了'pymysql'库。如果未安装，可以通过运行'pip install pymysql'来安装它。

以下是一个示例程序，展示了如何使用'pymysql'连接到MySQL数据库，并提供了一些SQL查询优化的方法及案例。请注意，优化SQL查询的方法可能会根据具体的数据结构和查询需求而有所不同。

```python
import pymysql

# 连接数据库
connection = pymysql.connect(host='localhost',
                             user='root',
                             password='root',
                             database='trove',
                             port=3306)

try:
    with connection.cursor() as cursor:
        # 示例1：使用索引优化查询
        # 假设orders表中有一个字段OrderDate，我们经常根据日期来查询订单
        # 确保在OrderDate上有索引可以显著提高查询效率
        sql = "SELECT * FROM orders WHERE OrderDate = '2023-01-01'"
        cursor.execute(sql)
        result = cursor.fetchall()
        print("使用索引优化的查询结果：", result)


        # 示例2：避免SELECT *
        # 使用具体的字段名替代SELECT *，减少数据传输量
        sql = "SELECT OrderID, CustomerID FROM orders WHERE OrderDate = '2023-01-01'"
        cursor.execute(sql)
        result = cursor.fetchall()
        print("避免使用SELECT *的查询结果：", result)


        # 示例3：使用连接（JOIN）代替子查询
        # 假设我们需要查询所有订单及其对应的客户名称
        # 使用JOIN可以提高查询效率，尤其是在处理大量数据时
```

227

```
sql = """
SELECT o.OrderID, c.name
FROM orders o
JOIN customers c ON o.CustomerID = c.CustomerID
"""
cursor.execute(sql)
result = cursor.fetchall()
print("使用JOIN的查询结果: ", result)

# 示例4：使用合适的数据类型
# 确保表中的字段使用了合适的数据类型，这对于优化查询性能至关重要
# 例如，确保数值使用数值类型，日期使用日期类型等

# 示例5：利用查询缓存
# 如果你的数据库支持查询缓存，合理利用缓存可以提高查询性能
# 注意：MySQL 8.0已经移除了查询缓存功能

finally:
    connection.close()
'''
```

在这个示例中，我们展示了几种优化SQL查询的方法：

1．**使用索引**：在经常查询的列上创建索引可以显著提高查询速度。
2．**避免使用SELECT ***：指定具体的列名，而不是使用'SELECT *'，可以减少网络传输的数据量，提高效率。
3．**使用JOIN代替子查询**：在可能的情况下，使用JOIN代替子查询可以提高查询效率，尤其是在处理大量数据时。
4．**使用合适的数据类型**：确保每个字段都使用了最合适的数据类型，这可以帮助数据库更有效地存储和查询数据。
5．**利用查询缓存**：虽然MySQL 8.0已经移除了查询缓存功能，但在其他数据库或旧版本MySQL中，合理利用查询缓存可以提高查询性能。

请根据你的具体需求和数据库的实际情况调整这些示例。

11

SQL 数据可视化

SQL 数据可视化是将数据库中的数据以图表、图形等形式呈现出来，以便更直观地理解和分析数据。通过数据可视化，用户可以快速发现数据之间的关联性和趋势，帮助决策者做出更明智的决策。此外，数据可视化还可以帮助用户更好地与数据交互，提高工作效率和准确性。本章主要介绍如何利用Navicat进行数据可视化。

11.1 图表类型

11.1.1 垂直条形图

垂直条形图是一种常用的数据可视化工具，它通过垂直方向的条形来表示数据的大小，每个条形的高度代表数据的量值。垂直条形图特别适合展示和比较一组数据中各个类别的数值大小。

⬤ （1）垂直条形图的特点

- ◗ **直观性强**：通过条形的高度差异，直观地展示不同类别数据的大小，便于观察者快速理解和比较。
- ◗ **比较性**：非常适合用于比较不同类别之间的数据差异，尤其是当数据类别数量不多时。
- ◗ **灵活性**：可以通过调整条形的颜色、宽度等来增强图表的表现力，也可以添加趋势线等辅助分析。
- ◗ **易于制作和解读**：大多数数据可视化工具和编程语言的库都支持制作垂直条形图，且易于被非专业人士理解。

⬤ （2）垂直条形图的应用场景

垂直条形图广泛应用于商业、经济、社会科学、医疗健康等领域，具体场景包括：

- ◗ **销售分析**：比较不同产品或时间段的销售额。
- ◗ **市场调研**：展示不同人群对某一问题的回答分布。
- ◗ **财务报告**：对比不同期间的财务指标，如收入、支出等。
- ◗ **健康数据分析**：比较不同治疗方法的效果，或不同群体的健康指标。

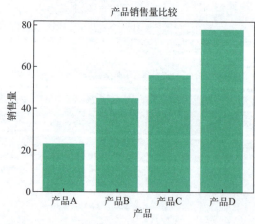

图 11-1　垂直条形图

例如，要比较一个公司2023年产品A、产品B、产品C、产品D等4种类型产品的销售量，可以绘制这4种类型产品的销售量垂直条形图，如图11-1所示。在垂直条形图中，每种产品对应一个条形，条形的高度代表该产品的销售量。其中横轴代表不同的产品类别，纵轴代表销售量。通过比较各个条形的高度，可以迅速地判断出哪种产品的销售表现最好。

11.1.2　水平条形图

水平条形图是一种在数据可视化中常用的图表类型，它通过水平条的长度来表示数据的大小，使得数据比较直观易懂。水平条形图特别适合展示各类别之间的比较，或是展示时间序列数据中的变化。下面详细介绍水平条形图的概念、特点及应用场景，并提供一个图形样例。

水平条形图是一种将数据值用水平条的长度来表示的图表，其中每个条形代表一个类别或分组的数据值。这种图表类型使得比较不同类别之间的数值变得非常直观。

⊙（1）水平条形图的特点

- 直观性：通过条形的长度差异直接展示数值大小，易于理解和比较。
- 适用性：特别适合展示类别较多或类别名称较长的数据。
- 灵活性：可以轻松地添加标签、颜色编码等元素，以增强信息的传递效率。
- 比较性：非常适合进行跨类别的比较分析，尤其是当关注点在于比较大小时。

⊙（2）水平条形图的应用场景

- 业绩比较：比如销售团队各成员的业绩比较。
- 调查结果展示：展示不同选项在调查中的受欢迎程度。
- 时间序列变化：展示某个指标在不同时间点的变化情况。
- 排名展示：如学校、医院等机构的排名情况。

例如，要展示一个公司各部门（部门A、部门B、部门C、部门D）的月销售额，可以创建一个水平条形图（图11-2），直观展示公司各部门的月销售额对比情况。通过这样的图表，可以很容易地看出哪个部门的销售业绩最好，哪个部门需要增加业绩。

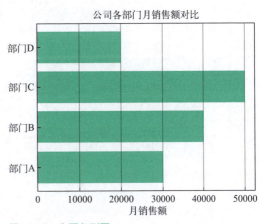

图 11-2　水平条形图

11.1.3　折线图

折线图是一种常用的数据可视化工具，主要用于展示数据随时间或其他连续变量变化的趋势。它通过将数据点在坐标系中标出，然后用直线段连接这些点来表示数据的变化情况。折线图特别适合展示数据随时间变化的趋势，因此在金融、经济、气象等领域有广泛的应用。

（1）折线图的特点

- 清晰展示趋势：折线图能够清晰地展示数据随时间或其他变量的变化趋势，尤其适合展示长期趋势。
- 比较数据：通过在同一坐标系中绘制多条折线，可以方便地比较不同数据序列之间的关系和差异。
- 简洁明了：折线图的视觉效果简洁明了，便于观众快速理解数据背后的信息。
- 灵活性：可以通过调整线条的颜色、样式、宽度等来强调特定的数据点或趋势，增强图表的表现力。

（2）折线图的应用场景

- 金融分析：展示股票价格、汇率等金融指标随时间的变化。
- 业绩跟踪：用于展示公司销售额、利润等业绩指标随时间的变化情况。
- 气象数据展示：展示温度、降雨量等气象指标随时间的变化。
- 科学研究：在科学研究中，用于展示实验数据随实验条件变化的趋势。

例如，为了研究某地今年上半年月平均温度情况，可以创建一个展示月平均温度趋势的折线图，如图11-3所示。在折线图中，横轴表示时间，这里特指上半年的各个月份；纵轴表示平均温度值。每个数据点代表对应月份的平均温度，通过将这些数据点用折线连接起来，可以清晰地看到温度随时间的变化趋势。

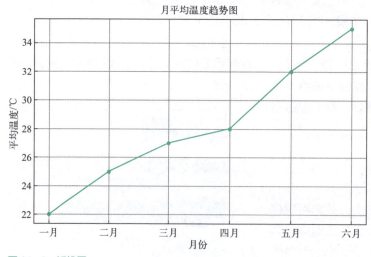

图 11-3　折线图

11.1.4　面积图

面积图是一种数据可视化工具，它通过填充曲线下方的区域来展示量化数据的变化趋势和结构。面积图不仅能够显示数据随时间的变化趋势，还能通过不同颜色的区域表示不同类别的数据，从而使数据的对比和分析更加直观。

⊙（1）面积图的特点

- 展示趋势：面积图非常适合展示数据随时间变化的趋势，尤其是想要强调数据量的累积效果或总体趋势时。
- 比较数据：通过不同颜色的区域，面积图可以比较不同类别在相同时间段内的数据量，便于直观地看出各类别之间的关系和比例。
- 强调总量：面积图通过填充颜色强调数据的总量，使得观察者可以快速理解不同时间点或类别的数据规模。
- 视觉吸引：相比于线图，面积图通过颜色填充，视觉效果更加丰富和吸引人，有助于吸引观众的注意力。

⊙（2）面积图的应用场景

- 时间序列数据：面积图非常适合展示随时间变化的数据，如股票价格、网站访问量、销售额等。
- 部分与整体的关系：当需要展示几个变量随时间的变化以及它们对总量的贡献时，面积图是一个很好的选择。
- 多变量比较：当数据集中包含多个变量，并且需要比较这些变量随时间的变化趋势时，面积图可以清晰地展示这些信息。

例如，有一个简单的数据集，记录了一个网站在一周内每天的访问量。创建一个面积图，展示这个网站每周的访问量变化。其中横轴表示星期几，纵轴表示每天的访问量，如图11-4所示。通过填充颜色，可以直观地看到每周访问量的变化趋势。

11.1.5　堆积面积图

堆积面积图是一种数据可视化工具，它通过堆叠不同类别的面积图来展示各个部分随时间或其他序列变化的累积效果。这种图形特别适合展示多个变量随时间变化的总量及各自的贡献，使得数据的对比和趋势分析更为直观。

⊙（1）堆积面积图的特点

- 展示总量变化：堆积面积图能够清晰地展示总量随时间或其他序列的变化情况。
- 比较各部分贡献：通过不同颜色或纹理的面积部分，可以直观地看出各部分对总量的贡献和变化趋势。

- 时间序列分析：非常适合用于时间序列数据的分析，帮助观察长期趋势和周期性变化。
- 易于理解：直观的图形展示使得非专业人士也能容易理解数据背后的信息。

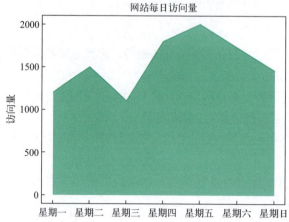

图 11-4　面积图

（2）堆积面积图的应用场景

- 财务分析：展示公司不同业务部门或产品线随时间的收入贡献变化。
- 市场分析：分析不同市场或客户群体对总销售额的贡献变化。
- 资源分配：展示不同项目或活动对资源（如预算、时间）使用的累积效果。
- 环境监测：监测不同环境因素（如温度、湿度、污染物）随时间的变化情况。

例如，为了分析衣着类、食品类、居住类三类产品在每个月的销售额，并展示每个产品对总销售额的贡献及变化趋势，可以绘制一个堆积面积图。在图中，每个数据系列（在这里是衣着、食品、居住三类产品，如图11-5所示）被绘制为一个堆积的区域，这些区域随着时间（月份）的推移而增加或减少，从而反映出每个产品类别的销售额变化情况。

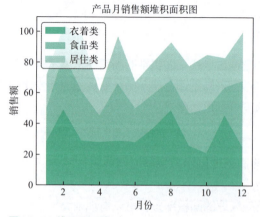

图 11-5　堆积面积图

11.1.6　瀑布图

瀑布图是一种数据可视化工具，它通过条形图展示数据序列的累积效应。瀑布图的特点在于能够清晰地展示某个

234

初始值随着一系列正面或负面变化后的最终结果。这种图表特别适合展示某个时间段内收入、成本、利润等财务数据的起伏变化。

（1）瀑布图的特点

- 起始和结束点：瀑布图通常以一个柱形表示起始值，另一个柱形表示结束值，中间的柱形表示增加或减少的值。
- 颜色区分：增加的值通常用一种颜色表示，减少的值用另一种颜色表示，这样可以直观地区分数据的正负变化。
- 透明度处理：有时为了更好地区分不同的数据段，除了颜色差异外，还可能使用透明度的变化。
- 累积效应展示：瀑布图的核心在于展示从初始值到最终值过程中，各个因素如何累积影响最终结果。

（2）瀑布图的应用场景

瀑布图广泛应用于财务分析、项目管理、业绩评估等领域，具体场景包括：

- 财务分析：展示公司一段时间内的收入、成本、税费、净利润等的变化。
- 项目管理：分析项目从开始到结束各个阶段的成本或进度累积效应。
- 业绩评估：评估销售活动、市场营销策略等对总销售额的贡献。

例如，为了展示一个公司一年内的财务状况变化，可以生成一个简单的瀑布图。在瀑布图中，每个条形代表一个财务项目，条形的高度和颜色表示该项目的数值和正负影响，如图11-6所示。通过这样的图表，可以直观地看到每个项目对公司财务状况的正面或负面影响。

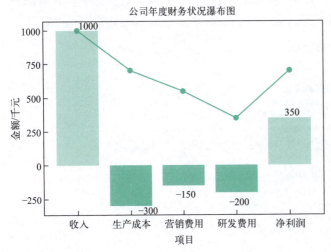

图 11-6　瀑布图

11.1.7 饼图

饼图是一种常用的数据可视化工具，它通过将一个圆形分割成多个扇形来表示数据集中各部分的比例。每个扇形的弧长（即圆周的一部分）和中心角大小与其代表的数据量成正比。饼图非常适合于展示各部分占总体的比例关系，使得数据的比较直观易懂。

（1）饼图的特点

- 直观性：饼图通过视觉上的比例分配，直接展示各部分与整体的关系，使得非专业人士也能轻松理解数据。
- 简洁性：适合展示少量分类的比例分布，一目了然。
- 局限性：当分类过多时，饼图会变得拥挤且难以区分各部分，不适合展示复杂或细微的数据分布。
- 比较性：饼图适合比较各部分之间的比例关系，但不适合比较不同数据集之间的差异。

（2）饼图的应用场景

饼图适用于展示部分与整体之间的比例关系，常见的应用场景包括：

- 市场份额分析：展示不同公司或品牌在市场中的份额比例。
- 预算分配：显示不同部门或项目的资金分配情况。
- 调查结果：展示调查问卷中各选项的选择比例。
- 人口统计：表示不同年龄段、性别或其他人口特征的比例分布。

例如，有一个关于某软件产品用户满意度的调查结果，数据如下：非常满意40%；满意30%；一般20%；不满意10%。绘制这份调查结果的饼图（图11-7），

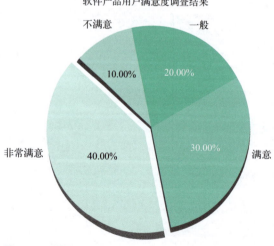

图 11-7 饼图

236

这个饼图能直观地展示用户对软件产品满意度的分布情况，使得读者可以快速把握用户满意度的整体情况。

11.1.8　圆环图

圆环图是一种常用的数据可视化工具，它是饼图的变体。与饼图相比，圆环图中间有一个空白的圆心，这种设计不仅美观，还可以用来显示额外的信息或者增加图表的可读性。

（1）圆环图的特点

- 直观性强：圆环图通过不同颜色的扇形区域展示各部分的比例关系，直观展示数据的构成。
- 易于比较：相较于饼图，圆环图的空心设计使得数据的比较更为清晰，尤其是在展示两个或多个系列的数据时更为有效。
- 美观：圆环图的设计更为现代化和美观，适合在报告或演示中使用。
- 灵活性：圆心处可以显示额外的信息，如总数、分类名称或者图表的主题等。

（2）圆环图的应用场景

圆环图适用于展示部分与整体之间的关系，常用于以下场景：

- 数据占比分析：展示不同类别数据在总量中的占比情况，如市场份额、用户构成等。
- 结果概览：在调查或投票中，展示不同选项的得票比例。
- 业务报告：在业务报告或演示中，以直观的方式展示关键数据指标。

例如，要研究某个家庭消费支出的占比情况，可以绘制一个圆环图，展示四个类别（衣着、食品、居住、其它）的数据占比（图11-8）。圆环图的颜色、起始角度、标签位置等都可以自定义，以满足不同的展示需求。

图11-8　圆环图

11.1.9　散点图

散点图是一种常用的数据可视化工具，主要用于展示两个（或更多）变量之间的关系。它通过点的形式，来揭示变量之间是否存在某种相关性或模式。

（1）散点图的特点

- 直观性：散点图通过点在平面上的分布，直观地显示变量之间的关系，使得观察者可以快速捕捉到数据的特征和趋势。
- 灵活性：可以展示两个或多个变量之间的关系，通过颜色、形状、大小等不同的点标记，可以表示更多维度的数据。
- 适用性：适用于量化数据，尤其是连续数据的分析，能够处理大量数据点而不失清晰度。
- 揭示关系：能够有效揭示变量之间的相关性（正相关、负相关或无相关）和数据集中的异常值。

（2）散点图的应用场景

- 相关性分析：最常见的用途是分析两个变量之间是否存在相关性，以及相关性的方向和强度。
- 趋势发现：通过观察数据点的分布趋势，可以发现变量之间的潜在联系或趋势。
- 异常值检测：散点图可以帮助识别数据中的异常值，即那些不符合总体分布趋势的点。
- 群组识别：如果数据自然聚集成几个明显的群组，散点图可以帮助识别这些群组。

例如，可以通过创建一个简单的散点图来研究商品A和商品B的订单量关系，这有助于直观地观察两者之间的相关关系。通过观察散点图（示例如图11-9所示），可以初步判断商品A和商品B的订单量之间是否存在一定的相关性。如果数据点呈现出较为明显的线性趋势，说明两者之间存在较强的相关关系；如果数据点分布较为分散，说明两者之间的相关关系较弱。

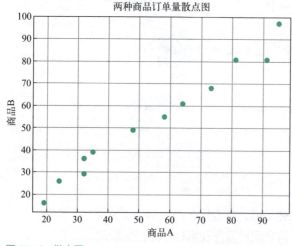

图 11-9 散点图

11.2 Navicat 数据可视化

11.2.1 图表功能

Navicat图表功能提供了数据源中数据的直观表示。它映射到单个数据源，并且可以显示数据中多个字段之间的相关性，甚至可以添加控件图表来使图表具有交互性。

Navicat提供了各种不同的图表类型，因此可以用有意义的方式显示数据，以下是23种可用图表类型的完整列表：垂直条形图、垂直堆积条形图、水平条形图、水平堆积条形图、折线图、面积图、堆积面积图、条形图和折线图、堆积条形图和折线图、瀑布图、飓风图、饼图、圆环图、散点图、热图、树状图、值、趋势、KPI、仪表盘、表、数据透视表、控件（图11-10）。

图 11-10 23 种图表类型

图表功能让我们对数据库数据进行可视化分析。在主窗口中，点击"图表"按钮，打开工作区的对象列表，如图11-11所示。

图 11-11 打开工作区对象

11.2.2 创建工作区

进入显示工作区的页面，可以新建工作区，如果已经创建了工作区，还可以进行工作的设计和删除等操作，如图11-12所示。工作区是将各种资源聚集在一起作为一个单元让用户工作的地方。对于Navicat，工作区包含仪表板、图表和数据源。可以在一个工作区中创建多个仪表板、图表和数据源。

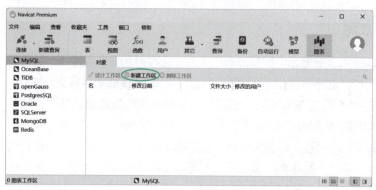

图 11-12　新建工作区

Navicat支持20多种图表类型，可自定义多页仪表板，能可视化实时数据，可添加交互式控件。

在图11-12中，点击"新建工作区"按钮，就可以创建数据源、图表和仪表板，若要在本地保存，可以从主菜单中选择"文件"选项卡下的"保存"选项，如图11-13所示。

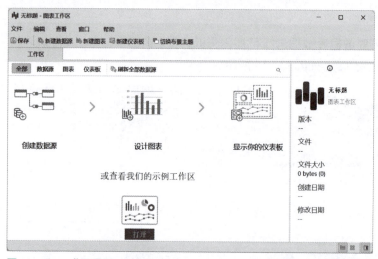

图 11-13　工作区界面

界面主要内容如下：

- 🔹 工具栏：工具栏提供控件，用以创建数据源、图表和仪表板。
- 🔹 选项卡栏：选项卡栏用来切换已打开的项目。
- 🔹 内容窗格：内容窗格显示工作区中的所有项目。

240

● 状态栏：使用窗口底部的"详细信息"或"图标"按钮来转换视图。

11.2.3 创建数据源

构建图表时，需要提供图表数据的数据源，数据源可以引用连接中的表、文件或ODBC源中的数据，以及从不同服务器类型的表中选择数据。注意，Navicat数据可视化功能仅适用于MySQL、Oracle、PostgreSQL、SQLite、SQL Server和MariaDB数据库。下面介绍创建数据源的步骤。

在工作区窗口中，点击位于主工具栏正下方的"新建数据源"按钮，输入数据源的名称，然后选择所需的连接、文件或现有的数据源。在"新建数据源"对话框中，可以从三个选项"数据库""文件或ODBC"或"现有数据源中的连接"中进行选择，如图11-14所示。

图 11-14　选择连接类型

选择连接类型后，选择"我的连接"，右侧还可以看到具体的连接信息，包括连接类型、连接名、服务器版本、主机、端口等，如图11-15所示。

图 11-15　设置"我的连接"

若要将数据表添加到设计窗格，只需要从连接窗格中将表或视图拖放到设计窗格，如图11-16所示，还可以为数据源添加备注。

如果要在后续制作的图表中应用刚刚拖入的数据源，需要点击"应用并刷新数据"按钮，如图11-17所示。

至此，创建图表所需的数据源就已经创建成功，接下来就是创建各类可视化图表。

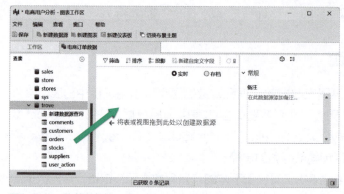

图 11-16　拖放数据表

图 11-17　应用并刷新数据

11.2.4　创建图表

图表可以将数据源中数据可视化地表示，一个图表映射到单个数据源，可以显示数据中多个字段之间的相关性。下面介绍创建图表的基本步骤。

① 在工作区窗口中，点击"新建图表"按钮，如图11-18所示。

② 设置图表属性，例如输入图表名和使用的数据源，如图11-19所示。

图 11-18　新建图表

图 11-19　设置图表

③ 一个选项卡将打开，随后编辑图表。将字段拖到指标窗格中的相应位置上，以设置图表的轴、组、值等，这里将商品类别（Category）拖放到"轴"上，商品

销售额（Sales）拖放到"值"上，默认显示不同商品类别销售额的垂直条形图，如图11-20所示。

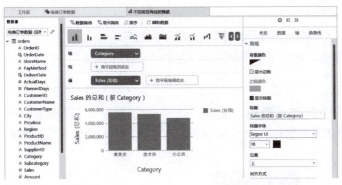

图11-20 拖放字段

④ 还可以在中间窗格中选择图表类型，例如选择圆环图，如图11-21所示。

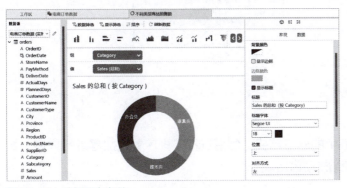

图11-21 选择图表类型

⑤ 在右窗格中可以选择为图表进一步自定义属性，每种图表类型都有不同的属性，如图11-22所示。

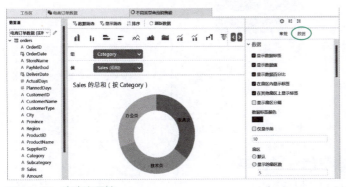

图11-22 自定义属性

11.2.5 美化图表

（1）设置字段别名

可以为字段创建别名，以使它们的标签在图表中以不同的方式显示。

点击字段框中的向下箭头，选择"设置别名"，如图11-23所示。

（2）筛选数据

可以通过点击字段框中的向下箭头，然后选择"显示筛选"筛选数据，如图11-24所示。还可以使用筛选窗格，右键单击图表的系列或数据点等对数据进行筛选。

图 11-23　设置字段别名

图 11-24　筛选数据

（3）排序数据

可以通过点击字段框中的向下箭头，然后选择"排序"对数据进行排序，如图11-25所示，也可以使用排序窗格。

（4）应用聚合函数

聚合功能可以汇总或更改数据的粒度。

① 点击字段框中的向下箭头，如图11-26所示。

图 11-25　排序数据

图 11-26　应用聚合函数

② 选择"聚合"，然后选择一个聚合函数。

聚合函数及其描述如表11-1所示。

表11-1 聚合函数及其描述

函数	描述
（1）数值类型	
总和	返回所有值的总和。Null值将被忽略
平均	返回所有值的平均值。Null值将被忽略
计数	返回项目数量。Null值不计算在内
计数（非重复）	返回不同项目的数量。Null值不计算在内
最小	返回所有记录的最小值。Null值将被忽略
最大	返回所有记录的最大值。Null值将被忽略
中值	返回所有记录的中值。Null值将被忽略
（2）日期时间类型	
计数	返回项目数量。Null值不计算在内
计数（非重复）	返回不同项目的数量。Null值不计算在内
年	返回日期的年份（0000 ~ 9999）
季度	返回日期的年份（0000 ~ 9999）和一年中的第几季度（Q1 ~ Q4）
月	返回日期的年份（0000 ~ 9999）和日期的月份（01 ~ 12）
周	返回日期的年份（0000 ~ 9999）和一年中的第几周（W01 ~ W52，一周的开始是周日）
日	返回日期
小时	返回时间的小时数（00 ~ 23）
分钟	返回日期、时间的小时数（00 ~ 23）和时间的分钟数（00 ~ 59）
秒	返回日期时间
季度（提取）	返回一年中的第几季度（Q1 ~ Q4）
月（提取）	返回日期的月份（01 ~ 12）
周（提取）	返回一年中的第几周（W01 ~ W52，一周的开始是周日）
日（提取）	返回日期的日（01 ~ 31）
小时（提取）	返回时间的小时数（00 ~ 23）
分钟（提取）	返回时间的分钟数（00 ~ 59）
秒（提取）	返回时间的秒数（00 ~ 59）
（3）文本类型	
第一个	返回第一条记录的值
最后一个	返回最后一条记录的值
计数	返回项目数量。Null值不计算在内
计数（非重复）	返回不同项目的数量。Null值不计算在内

（5）设置值操作

可以创建一个图表显示随着值的增加或减少的不断变化的总数。

① 按一下字段方块中的向下箭头，如图11-27所示。

② 选择"值操作"，并选择其中一个操作。累计、减操作如表11-2所示。

图 11-27 设置值操作

表11-2 累计、减操作

操作	描述
累计	累加这些值
减	将值减去其先前的值

11.3 利用 ChatGPT 进行可视化分析

通过将ChatGPT与数据库集成，用户可以通过简单的自然语言指令查询数据库，获取所需数据，而且还可以将数据以图表的形式进行呈现，更直观地理解数据的含义和趋势。

下面演示如何利用ChatGPT对数据库数据进行可视化分析，这里使用的是Cursor大模型开发工具，输入的提示语如下：

你是精通数据库的专家，具备如下能力和知识：

（1）数据库设计：熟悉数据库设计的流程和步骤，包括数据库设计方案、数据库架构、数据库存储、表设计等。

（2）基本SQL技能：熟悉MySQL、Oracle、SQL Server等关系数据库，熟悉复杂查询、存储过程等的编写。

（3）数据库管理：管理数据库中的数据，包括数据的增删改查等操作，以及数据的备份、恢复、分区、安全性等。

（4）数据库开发：熟悉数据库开发的流程和技术，如数据库设计、数据库编程、数据库测试等。

（5）数据库性能优化：使用优化技术优化数据库的性能，如索引优化、事务处理、缓存，以及数据备份和恢复等。

（6）数据备份：定期备份数据库，确保数据的可用性，并在需要时进行数据恢复。

（7）系统维护：管理数据库系统的日常运维，包括系统备份、系统监控、故障排除等。

（8）数据库性能调优：进行数据库性能优化，如查询优化、索引优化、缓存优化等。

使用pymysql库，从本地MySQL数据库读取数据，端口号是3306，用户名是root，密码是

root，数据库是trove，利用Matplotlib库，设置全局字体为宋体。查询orders表中2022年（OrderDate）企业不同商品类别（Category）的销售额（Sales），绘制不同商品类别（Category）销售额的环形图，数值保留两位有效数字，标记大小是10。图形标题显示2022年不同商品类别销售额，标题字体大小是20，显示系列数据，程序中需要添加详细的中文注释。

以png的形式，另存到本地"D:\\SQL数据分析从小白到高手\\ch11\\"，并命名为环形图。

ChatGPT 自动输出的代码如下：

```python
import pymysql
import matplotlib.pyplot as plt
import matplotlib.font_manager as fm

# 设置matplotlib字体为宋体
plt.rcParams['font.sans-serif'] = ['SimHei']

# 连接MySQL数据库
connection = pymysql.connect(host='localhost',
                             user='root',
                             password='root',
                             database='trove',
                             port=3306,
                             charset='utf8mb4')

try:
    with connection.cursor() as cursor:
        # SQL查询语句：查询2022年不同商品类别的销售额
        sql = """
        SELECT Category, SUM(Sales) AS TotalSales
        FROM orders
        WHERE YEAR(OrderDate) = 2022
        GROUP BY Category;
        """
        cursor.execute(sql)
        results = cursor.fetchall()

        # 准备数据绘图
        categories = []
        sales = []
        for row in results:
            categories.append(row[0])
            sales.append(float(row[1]))

        # 创建环形图
        fig, ax = plt.subplots()
        wedges, texts, autotexts = ax.pie(sales, labels=categories,
```

247

```
autopct='%1.2f%%', pctdistance=0.85, textprops={'size': 10})

        # 绘制中心圆，实现环形图效果
        centre_circle = plt.Circle((0, 0), 0.70, fc='white')
        fig.gca().add_artist(centre_circle)

        # 设置图形标题
        plt.title('2022年不同商品类别销售额', fontsize=20)

        # 显示图例
        plt.legend(wedges, categories, title="商品类别", loc="center
left", bbox_to_anchor=(1, 0, 0.5, 1))

        # 保存图形到本地
        plt.savefig('D:\\SQL数据分析从小白到高手\\ch11\\环形图.png')

        # 显示图形
        plt.show()

finally:
    # 关闭数据库连接
    connection.close()
```

运行上述代码，输出不同商品类别销售额的环形图，如图11-28所示。可以看出2022年不同商品类别的销售额占比情况：办公类是30.40%，家具类是33.00%，技术类是36.60%。

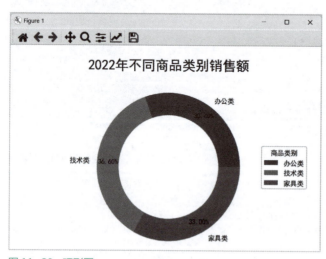

图 11-28　环形图

12

分布式数据库

▼

伴随着企业数字化转型的深入，业务系统数据总量呈现指数级的增长，数据库业务场景和形式也越来越多样化，分布式架构的数据库技术应用实现了数据库服务能力的分布式线性扩展；同时也推动了数据库逐渐从"点"向"面"转变，逐步开始向可提供弹性扩展、多模式的数据服务能力平台的方向发展。

12.1 　分布式数据库概述

12.1.1 　分布式数据库原理

近年来随着企业数字化转型的深入，业务系统数据总量呈现指数级的增长，数据库业务场景和形式也越来越多样化，系统数据库需要应对业务更高的性能挑战，传统的集中式架构数据库逐渐成为整个IT系统的瓶颈。与此同时，云服务的飞速发展要求数据库具备良好的弹性伸缩能力、持续服务能力和合理的成本控制；企业在对IT支撑系统升级改造时也希望通过相对廉价的X86设备堆叠出具备高可用性、高扩展性的数据库计算集群，从而摆脱对小型机、磁盘阵列等的依赖。因此，兼具高可扩展性、高并发性、高可用性的分布式数据库逐渐在企业业务系统、云服务中得到越来越多的应用，已经成为一种技术架构演进趋势。

分布式数据库是现代数据处理的核心。这些数据库可以在多台机器之间分布数据，以实现高可用性、伸缩性和容错性。分布式数据库基于数据分片，各个节点都配置了私有的CPU/内存/硬盘等资源，无共享资源；各个节点之间通过协议实现通信、数据处理，数据库的并行处理能力和扩展能力更加强大。

分布式数据库底层数据通过特定的规则将数据打散，并分布到不同的数据处理节点上，数据处理时底层多个节点共同参与，是一种MPP并行计算的架构。分布式数据库的数据节点可以线性扩展，通过协调节点进行SQL解析和转发，并通过全局事务管理节点保证一致性。分布式数据库硬件通常基于通用的PC服务器设计，不依赖IBM、HP等厂商的高端服务器和高端存储设备。

分布式数据库产品所采用的技术主要包括应用垂直拆分、中间件分库分表和原生分布式数据库三种架构体系。

（1）应用垂直拆分

数据库按照业务应用进行垂直拆分是最传统的分布式理念，实现方式主要有两种：第一种是将应用拆解为多个独立子服务，每个子服务对应整体中的一部分数据；第二种是一个服务对接多个数据库，在应用内部根据特定的业务规则来选取不同数据源。例如，客户关系管理系统的营业账务数据可根据用户城市归属属性进行切分，A城市属性的用户存在数据库A，B城市属性的用户存在数据库B，以此类推。

（2）中间件分库分表

中间件分库分表是通过引入数据库中间件软件来构建应用程序和数据库之间的SQL解析器服务，将传统的SQL解析翻译成底层各数据库所对应的子查询，然后将子查询下发给各传统数据库进行执行。中间件分库分表架构体系的优势是底层数据可以继续基于传统的关系型数据库不变，但无法实现对上层应用的100%完全透明无感知。

（3）原生分布式数据库

原生分布式数据库在底层的存储引擎层面以PC 服务器作为基础来进行重构；在数据存储结构、数据安全机制、分布式事务控制等多个维度针对分布式存储与执行能力进行优化。

原生分布式数据库内部的分布式事务处理和数据切分逻辑对于上层应用程序是100%完全透明的，上层应用无须感知底层数据分布。原生分布式数据库内部原生支持分布式事务，不需要中间件，性能远高于中间件分库分表架构。同时，原生分布式数据库的高可用与容灾能力是由数据库内核原生支持的，不需要增加额外的辅助工具。

可以看到原生分布式数据库相对于其他两种分布式架构有明显的技术优势，更符合我们对分布式数据库的本质需求。

12.1.2   主要分布式数据库

（1）MongoDB

MongoDB 是一个文档数据库，适用于处理半结构化和非结构化数据。它具有灵活的数据模型和易于使用的API，支持复杂的查询和分布式事务。MongoDB 可以在多个节点上水平扩展，以处理大量的数据请求。

MongoDB 的优点：
- 灵活的数据模型：MongoDB 的文档模型支持灵活的数据结构，可以方便地处理半结构化和非结构化数据。
- 易于使用：MongoDB 提供了易于使用的API和查询语言，开发人员可以快速上手。
- 可扩展性好：MongoDB 可以在多个节点上水平扩展，以处理大量的数据请求。

MongoDB 的缺点：
- 不适合处理关系型数据：MongoDB 不适合处理关系型数据，例如传统的表格数据。
- 一致性难以保证：MongoDB 在分布式环境下难以保证强一致性。
- 存储空间浪费：MongoDB 存储数据时需要较多的空间，因为每个文档都需要包含其键和值。

（2）Redis

Redis 是一个基于内存的键值存储数据库。它被广泛用于高速缓存、消息传递、计数器和排行榜等场景。Redis 支持多种数据结构，例如字符串、列表、集合等。Redis 还支持分布式操作，可以在多个节点之间进行数据复制和故障转移。

Redis的优点：
- 高性能：Redis存储在内存中，因此具有很快的读写速度。
- 多种数据结构：Redis支持多种数据结构，例如字符串、列表、集合等。
- 支持分布式操作：Redis支持在多个节点之间进行数据复制和故障转移，提供高可用性和容错性。

Redis的缺点：
- 存储空间受限：Redis存储在内存中，因此存储空间受限，不能处理大量数据。
- 数据持久化不够可靠：Redis的数据持久化机制不够可靠，可能会丢失部分数据。
- 不支持复杂查询：Redis不支持复杂的查询和事务处理，适用于简单的操作场景。

（3）TiDB

TiDB是一款开源的分布式NewSQL数据库，由PingCAP公司开发。它采用了分布式事务和强一致性的设计理念，结合了传统关系型数据库和NoSQL的优点，能够满足高并发、大规模数据存储和实时分析的需求。

TiDB的优点：
- 分布式架构：TiDB采用分布式架构，可以水平扩展，支持高并发和大规模数据存储。
- 强一致性：TiDB保证数据的强一致性，适用于对数据一致性要求较高的场景。
- 兼容MySQL协议：TiDB兼容MySQL协议，可以无缝迁移现有的MySQL应用。
- 实时分析：TiDB支持实时分析，可以在不影响在线业务的情况下进行数据分析。

TiDB的缺点：
- 学习成本较高：由于TiDB采用了分布式架构，对于开发人员来说，学习和使用的门槛相对较高。
- 存储成本较高：由于需要保证数据的强一致性，TiDB对存储的要求较高，可能会增加存储成本。

TiDB的使用场景：
- 高并发场景：TiDB适用于高并发的场景，可以支撑大量用户同时访问的需求。
- 大规模数据存储：TiDB的分布式架构可以满足大规模数据存储的需求。
- 实时分析：TiDB支持实时分析，可以进行即时的数据分析和报表生成。

（4）OceanBase

OceanBase是阿里巴巴集团自主研发的分布式关系型数据库，具有高可用、高性能和高扩展性的特点。

OceanBase的优点：

- 分布式架构：OceanBase采用分布式架构，可以水平扩展，支持高并发和大规模数据存储。
- 高可用性：OceanBase具有高可用性，能够保证系统的稳定运行。
- 高性能：OceanBase具有优秀的性能，能够支持高并发和大规模数据处理。

OceanBase的缺点：

- 学习成本较高：由于OceanBase采用了分布式架构，对于开发人员来说，学习和使用的门槛相对较高。

OceanBase的使用场景：

- 电商平台：OceanBase适用于电商平台等需要支持高并发的场景。
- 大规模数据存储：OceanBase的分布式架构可以满足大规模数据存储的需求。

（5）GaussDB

华为云GaussDB是一款云原生分布式数据库，由华为云推出。它采用了分布式架构和云原生技术，具有高可用、高性能和高扩展性的特点。

GaussDB的优点：

- 云原生架构：GaussDB采用云原生架构，能够充分发挥云计算的优势，提供高可用性和弹性扩展能力。
- 高性能：GaussDB具有优秀的性能，能够支持高并发和大规模数据处理。
- 多模型支持：GaussDB支持多种数据模型，包括关系型、文档型和时序型等。

GaussDB的缺点：

- 学习成本较高：由于GaussDB采用了云原生架构，对于开发人员来说，学习和使用的门槛相对较高。

GaussDB的使用场景：

- 云原生应用：GaussDB适用于云原生应用，可以充分发挥云计算的优势。
- 多模型数据存储：GaussDB支持多种数据模型，适用于不同类型的数据存储需求。

12.2 MongoDB 数据库

12.2.1 MongoDB 数据库概述

MongoDB是一种高性能、开源、无模式的文档型数据库，它是基于分布式文件存储的。作为一个NoSQL数据库，MongoDB使用文档来存储数据，这些文档类似于JSON对象，字段可以包含其他文档、数组及文档数组，这使得数据表达非常灵活。

（1）MongoDB 的特点

- 文档导向：MongoDB将数据存储为类似JSON的格式，这种格式可以存储更复杂的数据类型（如数组和嵌套的文档），并提供丰富的查询能力。
- 高性能：MongoDB提供高性能的数据读写操作，特别是在处理大量数据和高并发请求时。它通过索引优化查询速度，支持内存存储等。
- 高可用性：通过副本集实现。副本集是一组维护相同数据集的MongoDB服务器。这提供了数据的冗余和高可用性。
- 自动分片：MongoDB支持自动分片，以支持数据的水平扩展。通过分片，可以将数据分布在多个服务器上，从而提高系统的容量和吞吐量。
- 灵活地查询：MongoDB支持丰富的查询语言，允许执行各种搜索、过滤和聚合操作。
- 无模式：与传统的关系型数据库相比，MongoDB是无模式的，这意味着存储的文档可以有不同的结构。这为开发人员提供了更大的灵活性。

（2）应用场景

- 大数据处理：MongoDB非常适合处理大量数据和高并发的场景，如社交网络、实时分析和日志聚合等。
- 内容管理系统：由于其灵活的数据模型，MongoDB是构建CMS（内容管理系统）的理想选择，可以轻松应对不同类型的内容和复杂的数据结构。
- 移动应用：MongoDB的灵活性和可扩展性使其成为移动应用后端存储的理想选择，尤其是需要快速迭代和发布新功能的应用。
- 物联网（IoT）：MongoDB能够处理来自传感器和设备的大量实时数据，是物联网数据存储和分析的理想选择。
- 全文搜索：MongoDB支持强大的全文搜索功能，适合需要快速、高效搜索大量文本数据的应用。

（3）MongoDB 基本概念

在MongoDB中，基本的概念是数据库、文档、集合和元数据，具体如表12-1所示。

① 数据库。一个MongoDB中可以建立多个数据库。MongoDB的默认数据库为"db"，该数据库存储在data目录中。MongoDB的单个实例可以容纳多个独立的数据库，每一个都有自己的集合和权限，不同的数据库也放置在不同的文件中。

"show dbs"命令可以显示所有数据的列表。

表12-1　MongoDB与SQL概念对比及说明

SQL术语/概念	MongoDB术语/概念	解释/说明
database	database	数据库
table	collection	数据库表/集合
row	document	数据记录行/文档
column	field	数据字段/域
index	index	索引
table joins		表连接，MongoDB不支持
primary key	primary key	主键，MongoDB自动将_id字段设置为主键

- admin：从权限的角度来看，这是"root"数据库。要是将一个用户添加到这个数据库，这个用户自动继承所有数据库的权限。一些特定的服务器端命令也只能从这个数据库运行，比如列出所有的数据库或者关闭服务器。
- local：这个数据永远不会被复制，可以用来存储限于本地单台服务器的任意集合。
- config：当Mongo用于分片设置时，config数据库在内部使用，用于保存分片的相关信息。

② 文档。文档是一个键值(keyvalue)对(即BSON)。

```
{"no":"123", "name":"456"}
```

③ 集合。集合就是 MongoDB 文档组，类似于关系型数据库中的表。

```
{"no":"123", "name":"张三"}
{"no":"456", "name":"李四"}
{"no":"789", "name":"王五"}
```

④ 元数据。数据库的信息存储在集合中。它们使用了系统的命名空间。

```
dbname.system.*
```

在MongoDB数据库中，名字空间 <dbname>.system.* 是包含多种系统信息的特殊集合，具体如表12-2所示。

表12-2　MongoDB数据库中的集合命名空间及描述

集合命名空间	描述
dbname.system.namespaces	列出所有名字空间
dbname.system.indexes	列出所有索引
dbname.system.profile	包含数据库概要(profile)信息
dbname.system.users	列出所有可访问数据库的用户
dbname.local.sources	包含复制对端（slave）的服务器信息和状态

总之，MongoDB的灵活性、性能和易用性使其成为各种应用场景的理想选择，

特别是在需要处理大规模数据集、高并发请求和复杂数据结构的场景中。

12.2.2　搭建 MongoDB 开发环境

Docker 是一个开源的容器化平台，它可以将应用程序及其所有依赖项打包到一个独立的容器中，然后在任何环境中运行这个容器。

（1）Docker 优点与组成

相较于传统的虚拟化方法，Docker 具有诸多优点，具体如下：

- 轻盈高效：Docker 运用容器虚拟化技术，将应用程序及其所有依赖项打包于独立容器中。与传统虚拟机相比，容器的启动速度更快，资源占用更少，使应用程序能够以更高效的方式运行。
- 可灵活移植：Docker 容器化的应用程序可在支持 Docker 的任意环境中运行，不受底层操作系统、硬件的限制。这种可移植性方便开发人员将应用程序部署至不同环境，避免由环境差异引起的兼容性问题。
- 快速部署：借助 Docker 镜像机制，开发人员可将应用程序及其依赖打包成镜像，部署时只需运行该镜像，能极大简化部署过程，节省时间和精力。
- 灵活扩展：Docker 允许用户通过创建多个容器实例进行横向扩展，以满足不同负载和流量需求。同时，Docker 支持容器间互联和通信，使应用程序能以微服务方式组织，提高系统的灵活性和可扩展性。

Docker 的基本组成如下：

- 镜像（image）：镜像是一个只读模板，其中包含创建 Docker 容器的说明，一个镜像可以创建很多容器。
- 容器（Container）：Docker 利用容器独立运行一个或一组应用，应用程序或服务运行在容器里面，容器就类似于一个虚拟化的运行环境，容器是镜像的可运行实例。
- 仓库（Repository）：它是存储镜像的地方，类似于代码仓库中存储源代码的概念。
- Docker 架构：Docker 采用 C/S 架构，主要包括三个核心组件，即 Docker 客户端、Docker 守护进程和 Docker 镜像。

（2）在 Windows 环境下安装 Docker

在 Windows 上安装 Docker 的步骤如下。

首先，确保 Windows 版本是 Windows 10 或更高版本，并且支持 Hyper-V 虚拟化技术。前往 Docker 官方网站下载 Docker Desktop for Windows 安装程序，如图 12-1 所示。

其次，运行下载的安装程序，并按照提示进行安装。在安装过程中，需要启用

Hyper-V，如图12-2所示。Hyper-V是由微软开发的一种虚拟化技术，它允许用户在一台物理服务器上创建和运行多个虚拟机。这些虚拟机可以独立运行不同的操作系统和应用程序，从而提高服务器的利用率和灵活性。

图 12-1　Docker 官方网站

图 12-2　启用 Hyper-V

再次，安装完成后，启动Docker Desktop应用程序。在系统托盘中会出现Docker图标，表示Docker已成功安装。点击Docker图标，等待Docker启动完成。一旦Docker启动成功，就可以开始在Windows上使用Docker了。Docker启动后的界面如图12-3所示。

成功在Windows上安装了Docker后，可以使用Docker命令行工具来管理和运行容器。如果遇到问题，可以查看Docker官方文档或寻求帮助。

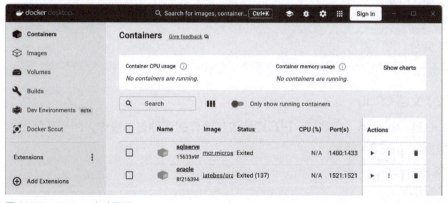

图 12-3　Docker 启动界面

（3）在 Docker 环境下安装 MongoDB

在Docker环境中安装部署分布式数据库相对简单，可以在Docker容器里面运行分布式数据库应用，将端口映射到宿主机，这样可在宿主机中通过浏览器访问Docker中开启的分布式数据库应用。

在Docker容器里安装和启动MongoDB数据库，能帮助我们快速了解MongoDB数据库。

257

运行如下命令，拉取 MongoDB 数据库所需镜像。

```
docker pull mongo
```

运行如下命令，启动 MongoDB 数据库。

```
docker run -id --name mongodb -v E:\\wsl\\mongo\\data:/data/db -p
27017:27017 mongo:latest
```

12.2.3 MongoDB 数据库基础操作

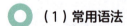（1）常用语法

创建数据库：

```
use DATABASE_NAME
```

如果数据库不存在，则创建数据库，否则切换到指定数据库。

删除数据库：

```
db.dropDatabase()
```

该语句删除当前数据库。可以使用 db 命令查看当前数据库名。

创建集合：

```
db.createCollection("mycol")
```

查看创建的集合：

```
show collections
```

删除集合：

```
db.mycol.drop()
```

（2）文档 CRUD

CRUD 是指对文档（或数据）进行增删改查操作的四种基本操作，所有存储在集合中的数据都是 BSON 格式。

① 集合 mycol。

单个文档插入：

```
db.mycol.insert(
{"name":"yyy","sex":"1"}
)
```

多个文档插入：

```
db.mycol.insertMany(
    [{"name":"333","sex":"1"},
    {"name":"222","sex":"1","age":30}]
)
```

异常捕获（批量插入出现异常不会回滚，所以使用 try...catch 捕获异常）：

```
try{
    db.mycol.insertMany(
        [{"name":"333","sex":"1"},
        {"name":"222","sex":"1","age":30}]
    )
}catch(e){
 print(e)
}
```

查询：

```
db.mycol.find()
```

查询某个：

```
db.mycol.find({"name":"333"})
```

只查询第一条：

```
db.mycol.findOne({"name":"yyy"})
```

投影查询（只查询某些字段，字段的值设为1表示不排除，设为0表示排除）：

```
db.mycol.find({"name":"yyy"},{name:1,_id:0})
```

② 更新文档。

覆盖修改，除了更新的字段其他都不见：

```
db.mycol.update({_id:""},{sex:2})
```

局部修改，利用修改器$set实现：

```
db.mycol.update({_id:""},{$set:{sex:2}})
```

批量修改（默认只修改第一条，加上参数multi即可）：

```
db.mycol.update({name:"333"},{$set:{sex:"2"}},{multi:true})
```

③ 删除文档。

全部删除（慎用）：

```
db.mycol.remove({})
```

删除符合条件的：

```
db.mycol.remove({name:"222"})
```

（3）数据备份还原

① 备份数据库。

语法：

```
mongodump h dbhost d dbname c cname o dbdirectory
```

说明如下。

dbhost:服务器地址。

dbname:数据库名字。

cname:集合名字，不用此参数时导出整个库。

dbdirectory:备份数据存放目录。

示例如下：

```
./mongodump h localhost:27017 d d_test o /data/bak
```

② 还原数据库。

语法：

```
mongorestore h dbhost d dbname c cname dbdirectory
```

说明如下。

dbhost:服务器地址。

dbname:数据库名字。

cname:集合名字。

dbdirectory:备份数据存放目录。

示例如下：

```
./mongorestore h localhost:27017 d d_test /data/bak/d_test
./mongorestore h localhost:27017 d EDU_ROBOT /data/bak/EDU_ROBOT
```

12.3 OceanBase 数据库

12.3.1 OceanBase 数据库概述

OceanBase是一种分布式数据库系统，由阿里巴巴集团开发和维护。它旨在提供高性能、高可用和可扩展的数据库解决方案，适用于大规模的数据存储和处理需求。该系统具有自动化的扩展能力，可以根据实际需求动态添加新的节点，从而实现数据库系统的横向扩展。这使得它能够应对不断增长的数据量和用户访问量，保持高性能和可用性，是为关键业务负载打造的分布式数据库，如图12-4所示。

OceanBase数据库的整体架构是一个典型的分布式数据库系统架构，包括分布式存储层、分布式计算层、分布式事务管理层、元数据管理层，以及分布式调度和协调层，这些层面共同协作，实现OceanBase数据库的高性能、高可用性和可扩展性。

下面介绍OceanBase数据库的整体架构：

- 分布式存储层：OceanBase数据库采用分布式存储架构，数据被分布存储在多个节点上，每个节点都存储部分数据，并通过数据复制和分片技术来实现数据的高可用性和容错性。

图 12-4　OceanBase 官方网站

- 分布式计算层：OceanBase 数据库在每个节点上都有一个计算引擎，负责处理数据的查询、计算和分析任务。这些计算引擎可以并行处理数据，从而提高数据处理的效率和性能。
- 分布式事务管理层：OceanBase 数据库具有分布式事务管理能力，能够保证多个节点上的数据操作可以满足 ACID（原子性、一致性、隔离性、持久性）事务特性，确保数据的一致性和可靠性。
- 元数据管理层：OceanBase 数据库有一个专门的元数据管理模块，用于管理数据的结构和分布，以及节点的状态和配置信息。
- 分布式调度和协调层：OceanBase 数据库具有分布式调度和协调能力，能够自动管理多个节点上的数据分片、数据迁移、负载均衡等操作，以实现系统的自动扩展和优化。

OceanBase 数据库的核心特性包括：

- 分布式架构：OceanBase 采用分布式架构，能够将数据分布在多个节点上进行存储和处理，实现数据的并行处理和查询。
- 高可用性：OceanBase 具有高度可靠的数据复制和容错机制，确保数据的安全和可靠性。即使出现节点故障，系统也能够保持正常运行。
- 自动化扩展：OceanBase 具有自动扩展能力，可以根据实际需求动态添加新的节点，实现数据库系统的横向扩展，以适应不断增长的数据量和用户访问量。
- 高性能：OceanBase 通过并行处理和优化的查询引擎，具有高性能的数据处理和查询能力。
- 多模型支持：OceanBase 支持多种数据模型，包括关系型数据、半结构化数据和非结构化数据，能够满足不同类型数据的存储和处理需求。

OceanBase 数据库适用于以下应用场景：

- 互联网企业：对于大型互联网企业，例如电子商务平台、社交网络、在线媒

261

体等，这些企业通常需要处理大量的数据和高并发的访问请求，OceanBase
的分布式架构和高性能能够满足其大规模数据存储和处理的需求。

- 金融行业：金融机构需要处理大量的交易数据和用户信息，对数据的安全性
  和可靠性要求也很高，OceanBase的高可用性和可靠性能够满足金融行业对
  于数据安全和可靠性的需求。

- 物联网和大数据应用：随着物联网和大数据应用的不断发展，对于实时数据
  处理和分析的需求也在增加，OceanBase的高性能和自动扩展能够满足这些
  应用对于数据处理和分析的需求。

- 游戏行业：游戏行业需要处理大量的用户数据和游戏数据，对于高并发的访
  问请求和实时数据处理有着较高的要求，OceanBase的高性能和自动扩展能
  够满足游戏行业对于数据存储和处理的需求。

12.3.2　搭建 OceanBase 开发环境

在Docker容器里安装和启动OceanBase数据库，能帮助我们快速了解
OceanBase数据库。

（1）搜索并拉取 OceanBase 数据库相关镜像

运行如下命令，搜索并拉取 OceanBase 数据库所需镜像。

① 搜索 OceanBase 数据库相关镜像：

```
docker search oceanbase
```

② 拉取 OceanBase 数据库最新镜像：

```
docker pull oceanbase/oceanbasece
```

说明：上述命令默认拉取最新版本，可根据实际需求在Docker镜像中选择版本。

（2）启动 OceanBase 数据库实例

运行如下命令，启动 OceanBase 数据库实例。

① 根据当前容器部署最大规格实例：

```
docker run p 2881:2881 name obstandalone e MINI_MODE=0 d oceanbase/
oceanbasece
```

② 部署 mini 的独立实例：

```
docker run p 2881:2881 name obstandalone e MINI_MODE=1 d oceanbase/
oceanbasece
```

12.3.3　OceanBase 数据库基础操作

下面介绍OceanBase数据库的基础操作。

（1）数据库的创建、查看、修改和删除

① 创建数据库：使用 CREATE DATABASE 语句创建数据库。示例如下。

创建数据库 test2，并指定字符集为 UTF8。

```
obclient> CREATE DATABASE test2 DEFAULT CHARACTER SET UTF8;
Query OK, 1 row affected (0.00 sec)❶
```

创建读写属性的数据库 test3。

```
obclient> CREATE DATABASE test3 READ WRITE;
Query OK, 1 row affected (0.03 sec)
```

② 查看数据库：使用 SHOW DATABASES 语句查看数据库。示例如下：

```
obclient> SHOW DATABASES;
```

③ 修改数据库：使用 ALTER DATABASE 语句来修改 DataBase 数据库的属性。示例如下。

修改数据库 test2 的字符集为 UTF8MB4，校对规则为 UTF8MB4_BIN，且为读写属性。

```
obclient> ALTER DATABASE test2 DEFAULT CHARACTER SET UTF8MB4;
obclient> ALTER DATABASE test2 DEFAULT COLLATE UTF8MB4_BIN;
obclient> ALTER DATABASE test2 READ WRITE;
```

④ 删除数据库：使用 DROP DATABASE 语句删除数据库。示例如下：

```
obclient> DROP DATABASE my_db;
```

（2）数据表的创建、查看、修改和删除

① 创建表：使用 CREATE TABLE 语句在数据库中创建新表。示例如下：

```
obclient> CREATE TABLE test (c1 int primary key, c2 VARCHAR(3));
```

② 查看表。

a. 使用 SHOW CREATE TABLE 语句查看建表语句。示例如下：

```
obclient> SHOW CREATE TABLE test;
```

b. 使用 SHOW TABLES 语句查看指定数据库中的所有表。示例如下：

```
obclient> SHOW TABLES FROM my_db;
```

③ 修改表：使用 ALTER TABLE 语句来修改已存在的表的结构，包括修改表及表属性、新增列、修改列及列属性、删除列等。示例如下。

把表 test 的字段 c2 改名为 c3，并同时修改其字段类型。

```
obclient> DESCRIBE test;
```

```
++++++
| Field | Type      | Null | Key | Default | Extra |
```

---

❶ 该语句为程序运行后的输出，下同。该语句表示"查询成功，影响了1行（0.00秒）"。

```
++++++
| c1   | int(11)   | NO  | PRI | NULL |   |
| c2   | varchar(3) | YES |     | NULL |   |
++++++
```

```
obclient> ALTER TABLE test CHANGE COLUMN c2 c3 CHAR(10);
```

Query OK, 0 rows affected (0.08 sec)

```
obclient> DESCRIBE test;
```

```
++++++
| Field | Type    | Null | Key | Default | Extra |
++++++
| c1    | int(11)  | NO  | PRI | NULL    |       |
| c3    | char(10) | YES |     | NULL    |       |
++++++
```

a. 增加、删除列。

增加列前, 执行 "DESCRIBE test;" 命令查看表信息。

```
obclient> DESCRIBE test;
```

```
++++++
| Field | Type    | Null | Key | Default | Extra |
++++++
| c1    | int(11)  | NO  | PRI | NULL    |       |
| c2    | varchar(3) | YES |     | NULL    |       |
++++++
```

2 rows in set (0.01 sec)

执行以下命令, 增加 c3 列。

```
obclient> ALTER TABLE test ADD c3 int;
```

Query OK, 0 rows affected (0.08 sec)

增加列后, 执行 "DESCRIBE test;" 命令查看表信息。

```
obclient> DESCRIBE test;
```

```
++++++
| Field | Type    | Null | Key | Default | Extra |
++++++
| c1    | int(11)  | NO  | PRI | NULL    |       |
| c2    | varchar(3) | YES |     | NULL    |       |
| c3    | int(11)  | YES |     | NULL    |       |
++++++
```

3 rows in set (0.00 sec)

执行以下命令, 删除 c3 列。

```
obclient> ALTER TABLE test DROP c3;
```

Query OK, 0 rows affected (0.08 sec)

删除列后, 执行 "DESCRIBE test;" 命令查看表信息。

```
obclient> DESCRIBE test;
```

```
+++++++
| Field | Type       | Null | Key | Default | Extra |
+++++++
| c1   | int(11)    | NO  | PRI | NULL    |       |
| c2   | varchar(50)| YES |     | NULL    |       |
+++++++
2 rows in set (0.00 sec)
```

b. 设置表 test 的副本数，并且增加列 c5。

```
obclient> ALTER TABLE test SET REPLICA_NUM=2, ADD COLUMN c5 INT;
```

```
Query OK, 0 rows affected (0.06 sec)
obclient> DESCRIBE test;
+++++++
| Field | Type       | Null | Key | Default | Extra |
+++++++
| c1   | int(11)    | NO  | PRI | NULL    |       |
| c2   | varchar(3) | YES |     | NULL    |       |
| c5   | int(11)    | YES |     | NULL    |       |
+++++++
3 rows in set (0.00 sec)
```

④ 删除表：使用 DROP TABLE 语句删除表。示例如下：

```
obclient> DROP TABLE test;
```

或者为：

```
obclient> DROP TABLE IF EXISTS test;
```

（3）索引的创建、查看、修改和删除

索引是创建在表上并对数据库表中一列或多列的值进行排序的一种结构。其作用主要在于提高查询的速度，降低数据库系统的性能开销。

① 创建索引：使用 CREATE INDEX 语句创建表的索引。示例如下。

a. 执行以下命令，创建表 test。

```
obclient> CREATE TABLE test (c1 int primary key, c2 VARCHAR(10));
```

b. 执行以下命令，创建表 test 的索引。

```
obclient> CREATE INDEX test_index ON test (c1, c2);
```

② 查看索引：使用 SHOW INDEX 语句查看表的索引。示例如下。

查看表 test 的索引。

```
obclient> SHOW INDEX FROM test;
```

③ 删除索引：使用 DROP INDEX 语句删除表的索引。示例如下。

删除表 test 的索引。

```
obclient> DROP INDEX test_index ON test;
```

（4）数据表数据的更新

使用 INSERT 语句在已经存在的表中插入数据。示例如下。

假设有如下所示数据的表 t1。

```
obclient> CREATE TABLE t1(c1 int primary key, c2 int) partition BY
key(c1) partitions 4;
```

Query OK, 0 rows affected (0.11 sec)

向表 t1 中插入一行数据。

```
obclient> INSERT INTO t1 VALUES(1,1);
```

Query OK, 1 row affected (0.01 sec)

```
obclient> SELECT * FROM t1;
```

```
+++
|c1|c2 |
+++
| 1 | 1 |
+++
```

1 row in set (0.04 sec)

向表 t1 中插入多行数据。

```
obclient> INSERT t1 VALUES(1,1),(2,default),(2+2,3*4);
```

Query OK, 3 rows affected (0.02 sec)
Records: 3 Duplicates: 0 Warnings: 0

```
obclient> SELECT * FROM t1;
```

```
+++
|c1|  c2  |
+++
| 1 |  1   |
| 2 | NULL |
| 4 |  12  |
+++
```

3 rows in set (0.02 sec)

（5）数据表数据的查询

使用 SELECT 语句查询表中的内容。示例如下。

假设有如下所示数据的表 a。

```
obclient> CREATE TABLE a (id int, name varchar(50), num int);
```

Query OK, 0 rows affected (0.07 sec)

```
obclient> INSERT INTO a VALUES(1,'a',100),(2,'b',200),(3,'a',50);
```

Query OK, 3 rows affected (0.00 sec)
Records: 3 Duplicates: 0 Warnings: 0

```
obclient> SELECT * FROM a;
```

```
++++
```

```
| ID  | NAME | NUM |
++++
| 1 | a     | 100 |
| 2 | b     | 200 |
| 3 | a     | 50  |
++++
3 rows in set (0.00 sec)
```

① 从表 a 中读取 name 的数据。

```
obclient> SELECT name FROM a;
```

```
++
| NAME |
++
| a     |
| b     |
| a     |
++
3 rows in set (0.00 sec)
```

② 在查询结果中对 name 进行去重处理。

```
obclient> SELECT DISTINCT name FROM a;
```

```
++
| NAME |
++
| a     |
| b     |
++
2 rows in set (0.01 sec)
```

③ 从表 a 中根据筛选条件 name = 'a'，输出对应的 id、name 和 num。

```
obclient> SELECT id, name, num FROM a WHERE name = 'a';
```

```
++++
| ID  | NAME | NUM |
++++
| 1 | a     | 100 |
| 3 | a     | 50  |
++++
2 rows in set (0.00 sec)
```

（6）数据表数据的修改

使用 UPDATE 语句修改表中的字段值。示例如下。

创建示例表 t1 和表 t2。

```
obclient> CREATE TABLE t1(c1 int primary key, c2 int);
```

```
Query OK, 0 rows affected (0.16 sec)
```

```
obclient> INSERT t1 VALUES(1,1),(2,2),(3,3),(4,4);
```

```
Query OK, 4 rows affected (0.02 sec)
Records: 4 Duplicates: 0 Warnings: 0
```

```
obclient> SELECT * FROM t1;
```

```
+++
|c1 |c2 |
+++
| 1 |  1 |
| 2 |  2 |
| 3 |  3 |
| 4 |  4 |
+++
4 rows in set (0.06 sec)
```

```
obclient> CREATE TABLE t2(c1 int primary key, c2 int) partition by
key(c1) partitions 4;
```

```
Query OK, 0 rows affected(0.19 sec)
```

```
obclient> INSERT t2 VALUES(5,5),(1,1),(2,2),(3,3);
```

```
Query OK, 4 rows affected (0.01 sec)
Records: 4 Duplicates: 0 Warnings: 0
```

```
obclient> SELECT * FROM t2;
```

```
+++
|c1 |c2 |
+++
| 5 |  5 |
| 1 |  1 |
| 2 |  2 |
| 3 |  3 |
+++
4 rows in set (0.02 sec)
```

① 将表 t1 中 t1.c1=1 对应的那一行数据的 c2 列值修改为 100。

```
obclient> UPDATE t1 SET t1.c2 = 100 WHERE t1.c1 = 1;
```

```
Query OK, 1 row affected (0.02 sec)
Rows matched: 1 Changed: 1 Warnings: 0
```

```
obclient> SELECT * FROM t1;
```

```
+++
|c1 |c2   |
+++
| 1 | 100|
| 2 |  2 |
| 3 |  3 |
| 4 |  4 |
+++
4 rows in set (0.01 sec)
```

② 将表 t1 中按照 c2 列排序的前两行数据的 c2 列值修改为 100。

```
obclient> UPDATE t1 set t1.c2 = 100 ORDER BY c2 LIMIT 2;
```

```
Query OK, 2 rows affected (0.02 sec)
Rows matched: 2 Changed: 2 Warnings: 0
```

```
obclient> SELECT * FROM t1;
```

```
+++
|c1|c2  |
+++
| 1 | 100|
| 2 | 100|
| 3 |  3 |
| 4 |  4 |
+++
4 rows in set (0.01 sec)
```

③ 将表 t2→p2 分区的数据中 t2.c1 > 2 的对应行数据的 c2 列值修改为 100。

```
obclient> SELECT * FROM t2 partition (p2);
```

```
+++
|c1|c2  |
+++
| 1 |  1 |
| 2 |  2 |
| 3 |  3 |
+++
3 rows in set (0.01 sec)
```

```
obclient> UPDATE t2 partition(p2) SET t2.c2 = 100 WHERE t2.c1 > 2;
```

```
Query OK, 1 row affected (0.02 sec)
Rows matched: 1 Changed: 1 Warnings: 0
```

```
obclient> SELECT * FROM t2 partition (p2);
```

```
+++
|c1|c2   |
+++
| 1 |  1 |
| 2 |  2 |
| 3 | 100|
+++
3 rows in set (0.00 sec)
```

④ 修改多个表。对于表 t1 和表 t2 中满足 t1.c2 = t2.c2 对应行的数据，将表 t1 中的 c2 列值修改为 100，表 t2 中的 c2 列值修改为 200。

```
obclient> UPDATE t1,t2 SET t1.c2 = 100, t2.c2 = 200 WHERE t1.c2 =
t2.c2;
```

```
Query OK, 6 rows affected (0.03 sec)
```

Rows matched: 6 Changed: 6 Warnings: 0

```
obclient> SELECT * FROM t1;
```

```
+++
|c1|c2 |
+++
| 1 | 100|
| 2 | 100|
| 3 | 100|
| 4 |  4 |
+++
4 rows in set (0.00 sec)
```

```
obclient> SELECT * FROM t2;
```

```
+++
|c1|c2 |
+++
| 5 |  5|
| 1 | 200|
| 2 | 200|
| 3 | 200|
+++
4 rows in set (0.01 sec)
```

（7）数据表数据的删除

使用DELETE语句删除数据。示例如下。

假设有如下所示数据的表t1和表t2。其中，表 t2 为 KEY 分区表，且分区名由系统根据分区命令规则自动生成，即分区名为 p0、p1、p2、p3。

```
obclient> CREATE TABLE t1(c1 int primary key, c2 int);
```

Query OK, 0 rows affected (0.16 sec)

```
obclient> INSERT t1 VALUES(1,1),(2,2),(3,3),(4,4);
```

Query OK, 4 rows affected (0.00 sec)
Records: 4 Duplicates: 0 Warnings: 0

```
obclient> SELECT * FROM t1;
```

```
+++
|c1|c2 |
+++
| 1|  1 |
| 2|  2 |
| 3|  3 |
| 4|  4 |
+++
4 rows in set (0.06 sec)
```

```
obclient> CREATE TABLE t2(c1 int primary key, c2 int) partition BY
key(c1) partitions 4;
```

Query OK, 0 rows affected (0.19 sec)

```
obclient> INSERT INTO t2 VALUES(5,5),(1,1),(2,2),(3,3);
```

Query OK, 4 rows affected (0.01 sec)
Records: 4 Duplicates: 0 Warnings: 0

```
obclient> SELECT * FROM t2;
```

```
+++
|c1|c2 |
+++
| 5 |  5 |
| 1 |  1 |
| 2 |  2 |
| 3 |  3 |
+++
```

4 rows in set (0.02 sec)

① 单表删除。删除 c1=2 的行，其中 c1 列为表 t1 中的主键。

```
obclient> DELETE FROM t1 WHERE c1 = 2;
```

Query OK, 1 row affected (0.02 sec)

```
obclient> SELECT * FROM t1;
```

```
+++
|c1|c2 |
+++
| 1 |  1 |
| 3 |  3 |
| 4 |  4 |
+++
```

3 rows in set (0.01 sec)

② 单表删除。删除表 t1 中按照 c2 列排序之后的第一行数据。

```
obclient> DELETE FROM t1 ORDER BY c2 LIMIT 1;
```

Query OK, 1 row affected (0.01 sec)

```
obclient> SELECT * FROM t1;
```

```
+++
|c1|c2 |
+++
| 2 |  2 |
| 3 |  3 |
| 4 |  4 |
+++
```

3 rows in set (0.00 sec)

③ 单表删除。删除表 t2 的 p2 分区的数据。

```
obclient> SELECT * FROM t2 PARTITION(p2);
```

```
+++
|c1|c2 |
+++
| 1 |  1 |
| 2 |  2 |
| 3 |  3 |
+++
3 rows in set (0.01 sec)
```

```
obclient> DELETE FROM t2   PARTITION(p2);
```

Query OK, 3 rows affected (0.02 sec)

```
obclient> SELECT * FROM t2;
```

```
+++
|c1|c2 |
+++
| 5 |  5 |
+++
1 row in set (0.02 sec)
```

④ 多表删除。删除 t1、t2 表中 t1.c1 = t2.c1 的数据。

```
obclient> DELETE t1, t2 FROM t1, t2 WHERE t1.c1 = t2.c1;
```

Query OK, 3 rows affected (0.02 sec)

```
obclient> SELECT * FROM t1;
```

```
+++
|c1|c2 |
+++
| 4 |  4 |
+++
1 row in set (0.01 sec)
```

```
obclient> SELECT * FROM t2;
```

```
+++
|c1|c2 |
+++
| 5 |  5 |
+++
1 row in set (0.01 sec)
```

⑤ 多表删除。删除 t1、t2 表中 t1.c1 = t2.c1 的数据。

```
obclient> DELETE FROM t1, t2 USING t1, t2 WHERE t1.c1 = t2.c1;
```

Query OK, 4 rows affected (0.02 sec)

```
obclient> SELECT * FROM t1;
```

```
+++
|c1|c2 |
```

```
+++
| 4|  4|
+++
1 row in set (0.01 sec)
```
```
obclient> SELECT * FROM t2;
```
```
Empty set (0.01 sec)
```

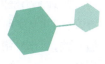

12.4 TiDB 数据库

12.4.1 TiDB 数据库概述

TiDB是PingCAP公司自主开发的一种开放源码的分布式关系型数据库，具有集成MySQL 5.7协议和MySQL生态等重要功能。TiDB是一款定位于在线事务处理/在线分析处理的融合型数据库产品，具有一键水平伸缩、强一致性的多副本数据安全、分布式事务、实时OLAP等重要特性；同时兼容MySQL协议和生态，迁移便捷，运维成本极低，如图12-5所示。

图12-5 TiDB官方网站

TiDB在GitHub共获得超过25000颗标星，汇集了1200个贡献者，是基础架构领域著名的开放源码项目。TiDB具有5大特点：一键水平扩容或者缩容、金融级高可用、实时HTAP、云原生的分布式数据库、兼容MySQL 5.7协议。

○（1）一键水平扩容或者缩容

由于TiDB体系结构分立，可以根据需要分别对计算、存储器进行在线扩容或缩容。

273

（2）金融级高可用

使用多拷贝存储数据，数据的拷贝通过MultiRaft协议对事务日志进行同步，多数被写到成功的事务后再提交，保证了数据强一致性，并且一些拷贝失败后不会影响数据的可用。根据需要配置副本地理位置、拷贝数目等策略，以满足不同容灾水平。

（3）实时 HTAP

为TiFlash提供行存储引擎TiKV和列存储引擎TiFlash。TiFlash通过MultiRaftLearner协议从TiKV实时复制数据，确保行存储引擎TiKV与列存储引擎TiFlash之间的数据强一致。TiKV和TiFlash可以根据需要配置到不同的机器上，解决HTAP资源隔离问题。

（4）云原生的分布式数据库

TiDB是一种面向云计算的分布式数据库，通过TiDB的Operator，可以在公共云、私有云、混合云上进行工具化、自动化部署。

（5）兼容 MySQL 5.7 协议

TiDB与MySQL 5.7协议兼容，具有MySQL的常用功能和生态环境，在应用时仅需要在MySQL和TiDB之间进行很少的修改；还为数据迁移提供丰富的工具，方便应用程序进行数据迁移。

12.4.2　搭建 TiDB 开发环境

为了快速在本机搭建TiDB环境，使用Docker Hub通过命令从镜像仓库中拉取镜像，拉取镜像的代码如下：

```
docker pull pingcap/tidb
```

启动服务器端的代码如下。

```
docker run name tidb d v /data/tidb/data:/tmp/tidb privileged=true p
4000:4000 p 10080:10080 pingcap/tidb:latest
```

这样就完成了Docker下TiDB环境的搭建，下面通过客户端工具DBeaver进行连接，该镜像服务器默认没有密码，端口号为4000。

12.4.3　TiDB 数据库基础操作

（1）查看、创建和删除数据库

TiDB 语境中的 Database 或者说数据库，可以认为是表和索引等对象的集合。

a. 使用 SHOW DATABASES 语句查看系统中数据库列表：

```
SHOW DATABASES;
```

使用名为 MySQL 的数据库：

```
USE MySQL;
```

使用 SHOW TABLES 语句查看数据库中的所有表。例如：

```
SHOW TABLES FROM MySQL;
```

b. 使用 CREATE DATABASE 语句创建数据库。语法如下：

```
CREATE DATABASE db_name [options];
```

例如，要创建一个名为 samp_db 的数据库，可使用以下语句：

```
CREATE DATABASE IF NOT EXISTS samp_db;
```

添加 IF NOT EXISTS 可防止发生错误。

c. 使用 DROP DATABASE 语句删除数据库。例如：

```
DROP DATABASE samp_db;
```

（2）创建、查看和删除表

a. 使用 CREATE TABLE 语句创建表。语法如下：

```
CREATE TABLE table_name column_name data_type constraint;
```

例如，要创建一个名为 person 的表，包括编号、名字、生日等字段，可使用以下语句：

```
CREATE TABLE person (
    id INT(11),
    name VARCHAR(255),
    birthday DATE
    );
```

b. 使用 SHOW CREATE 语句查看建表语句，即 DDL。例如：

```
SHOW CREATE TABLE person;
```

c. 使用 DROP TABLE 语句删除表。例如：

```
DROP TABLE person;
```

（3）创建、查看和删除索引

a. 索引通常用于加速索引列上的查询。对于值不唯一的列，可使用 CREATE INDEX 或 ALTER TABLE 语句创建普通索引。例如：

```
CREATE INDEX person_id ON person (id);
```

或者：

```
ALTER TABLE person ADD INDEX person_id (id);
```

对于值唯一的列，可以创建唯一索引。例如：

```
CREATE UNIQUE INDEX person_unique_id ON person (id);
```
或者：
```
ALTER TABLE person ADD UNIQUE person_unique_id (id);
```
b. 使用 SHOW INDEX 语句查看表内所有索引：
```
SHOW INDEX FROM person;
```
c. 使用 ALTER TABLE 或 DROP INDEX 语句来删除索引。与 CREATE INDEX 语句类似，DROP INDEX 也可以嵌入 ALTER TABLE 语句。例如：
```
DROP INDEX person_id ON person;
ALTER TABLE person DROP INDEX person_unique_id;
```
注意：DDL 操作不是事务，在执行 DDL 时，不需要对应 COMMIT 语句。

（4）记录的增删改

常用的 DML 功能是对表记录的新增、修改和删除，对应的命令分别是 INSERT、UPDATE 和 DELETE。

a. 使用 INSERT 语句向表内插入表记录。例如：
```
INSERT INTO person VALUES(1,'tom','20170912');
```
使用 INSERT 语句向表内插入包含部分字段数据的表记录。例如：
```
INSERT INTO person(id,name) VALUES('2','bob');
```
b. 使用 UPDATE 语句向表内修改表记录的部分字段数据。例如：
```
UPDATE person SET birthday='20180808' WHERE id=2;
```
c. 使用 DELETE 语句向表内删除部分表记录。例如：
```
DELETE FROM person WHERE id=2;
```
注意：UPDATE 和 DELETE 操作如果不带 WHERE 过滤条件，是对全表进行操作。

（5）查询数据

DQL 数据查询语言是从一个表或多个表中检索出想要的数据行，通常是业务开发的核心内容。

使用 SELECT 语句检索表内数据。例如：
```
SELECT * FROM person;
```
在 SELECT 后面加上要查询的列名。例如：
```
SELECT name FROM person;
```
```
±+
| name |
±+
| tom  |
```

276

±+

1 rows in set (0.00 sec)

使用 WHERE 子句，对所有记录进行是否符合条件的筛选后再返回。例如：

```
SELECT * FROM person WHERE id<5;
```

（6）创建、授权和删除用户

常用的 DCL 功能是创建或删除用户，以及管理用户权限。

使用 CREATE USER 语句创建一个用户 tiuser，密码为 123456：

```
CREATE USER 'tiuser'@'localhost' IDENTIFIED BY '123456';
```

授权用户 tiuser 可检索数据库 samp_db 内的表：

```
GRANT SELECT ON samp_db.* TO 'tiuser'@'localhost';
```

查询用户 tiuser 的权限：

```
SHOW GRANTS for tiuser@localhost;
```

删除用户 tiuser：

```
DROP USER 'tiuser'@'localhost';
```

12

分布式数据库

13

案例：电商数据处理与分析

近年来，电商行业经过初期的发展，从有货就能卖的模式逐渐转变到精细化运营的模式，通过对大数据进行深入分析，发现数据背后的用户需求伴随在电商运营的工作中。电商数据处理与分析是电商运营和发展的关键环节，科学的数据处理和分析可以帮助企业更好地理解用户需求、优化产品和服务、改善销售效果。

13.1　案例背景及分析

13.1.1　案例背景

随着电商行业发展日趋成熟，加上对于数据的重视，数据基础平台以及数据库的完善，所收集到的数据更加完整，为分析提供了强有力的支持，同时通过数据分析来为企业经营提供决策变得越来越重要，本章在这个背景下，基于某电商企业的客户行为数据进行分析。

（1）客户价值概念

客户价值是指客户对产品或服务的认可程度和对其所获得的满意度，客户价值是客户对企业的忠诚度和购买意愿的重要影响因素。客户价值概念的研究意义主要体现在以下几个方面：

① 帮助企业了解客户需求：通过研究客户价值，企业可以更好地了解客户的需求和偏好，从而更好地满足客户的需求，提高产品或服务的质量。

② 促进企业与客户的关系：研究客户价值可以帮助企业建立更加紧密的客户关系，提高客户忠诚度，增加客户的复购率，从而提高企业的盈利能力。

③ 优化产品和服务：通过研究客户价值，企业可以更好地了解客户对产品和服务的评价，从而及时调整和优化产品和服务，提高客户满意度。

④ 提高企业竞争力：研究客户价值可以帮助企业更好地了解市场需求和竞争对手的优势，从而更好地制定市场营销策略，提高企业的竞争力。

总之，客户价值概念的研究意义在于帮助企业更好地了解客户需求，提高客户满意度，建立紧密的客户关系，优化产品和服务，提高企业竞争力，从而实现可持续发展。

（2）客户价值画像概述

客户价值画像是指利用客户的数据和行为分析，对客户进行细分和画像，以便更好地了解客户的需求、偏好和行为习惯，从而为客户提供个性化的服务和营销策略。客户价值画像能够帮助企业更好地了解客户群体，提高客户满意度和忠诚度，实现精准营销和精细化管理。

常用的客户价值画像方法包括：

① 数据分析：通过对客户的数据进行分析，包括消费行为、购买历史、交易频次等，来了解客户的消费习惯和价值。

② RFM模型：通过对客户的最近一次购买时间、购买频率和消费金额进行分析，将客户分为不同的等级，以便更好地了解客户的价值和需求。

③ 画像分析：通过对客户的基本信息、兴趣爱好、社交关系等进行分析，来了解客户的生活方式和消费习惯。

④ 模型建立：利用机器学习和数据挖掘技术，建立客户价值模型，以预测客户的行为和价值，为企业提供决策支持。

（3）客户价值画像重要性

客户价值画像对于企业而言具有重要的意义。通过客户价值画像，可以更好地了解客户的需求和行为，精准地制定营销策略和提供个性化的服务，从而提高客户满意度和忠诚度，保持竞争优势并提高盈利能力。因此，应该重视客户价值画像的建立和应用，以更好地满足客户的需求，提高盈利能力。

13.1.2 RFM 模型

根据美国数据库营销研究所 Arthur Hughes 的研究，客户数据库中有三个要素，这三个要素构成了数据分析最好的指标：最近一次消费 R（recency）表示客户最近一次购买的时间有多远，消费频率 F（frequency）表示客户在最近一段时间内购买的次数，消费金额 M（monetary）表示客户在最近一段时间内购买的金额。

（1）最近一次消费

最近一次消费意指客户最近一次购买产品或服务的时间距离现在有多远，它对于评估客户的活跃度和预测其未来的购买行为非常重要。

理论上，上一次消费时间越近的顾客应该是比较容易留住的顾客，对提供即时的商品或是服务也最有可能会有反应。营销人员期望业绩有所成长，只能提高自己的市场占有率，而如果要密切地注意消费者的购买行为，那么最近的一次消费就是营销人员第一个要利用的工具。历史显示，如果能让消费者购买，他们就会持续购买。这也是 0 ~ 6 个月的顾客收到营销人员的沟通信息多于 31 ~ 36 个月的顾客的原因。

最近一次消费的过程是持续变动的。在顾客距上一次购买时间满 1 个月之后，在数据库里就成为最近一次消费为 1 个月前的客户。反之，同一天，最近一次消费为 3 个月前的客户做了一次购买，他就成为最近一次消费为一天前的顾客，也就有可能在很短的时间内就收到新的折价信息。

最近一次消费的功能不仅在于提供促销信息，而且营销人员的最近一次消费报告可以监督事业的健全度。优秀的营销人员会定期查看最近一次消费分析，以掌握趋势。如果月报告显示上一次购买很近的客户（最近一次消费为 1 个月）人数增加，则表示该公司是个稳健成长的公司；反之，如上一次消费为一个月的客户越来越少，则是该公司迈向不健全之路的征兆。

最近一次消费报告是维系顾客的一个重要指标。最近刚买商品、服务或是光顾商店的消费者，是最有可能再次购买东西的顾客。再则，要吸引一个几个月前刚上门的顾客购买，比吸引一个一年多以前来过的顾客要容易得多。营销人员如接受这种强有力的营销哲学，即与顾客建立长期的关系，而不仅是卖东西，会与顾客持续保持往来，并赢得他们的忠诚度。

（2）消费频率

消费频率是顾客在限定的时间内所购买的次数。可以说最常购买的顾客，也是满意度最高的顾客。如果相信品牌及商店忠诚度的话，最常购买的消费者，忠诚度也就最高。增加顾客购买的次数意味着提高自己的市场占有率，从而赚取营业额。

根据这个指标，一般又把客户五等分，这个五等分分析相当于是一个"忠诚度的阶梯"(loyalty ladder)，其诀窍在于让消费者一直顺着阶梯往上爬，把销售想象成要将两次购买的顾客往上推成三次购买的顾客，把一次购买者变成两次的。

（3）消费金额

消费金额是所有数据库报告的支柱，也可以验证"帕累托法则"——公司80%的收入来自20%的顾客。在商业中，该法则可以解释为：大约80%的业务收入或利润来自20%的客户或产品。这意味着，为了获得大部分的回报，企业应该重点关注那部分能产生大部分结果的少数客户或产品。

RFM模型的应用非常广泛，适用于多种行业和场景。它可以帮助企业更好地理解客户需求和行为，优化市场营销策略和提升客户体验，从而更好地满足客户需求并提高企业的销售业绩和市场竞争力。

RFM模型的应用主要包括以下几个方面：

① 确定最有价值的客户群体：通过RFM模型将客户按照最近一次消费时间、消费频率和消费金额三个维度进行划分，可以识别出最有价值的客户群体。这些客户通常具有较高的忠诚度和购买力，对企业的收益和品牌形象有较大的贡献。

② 优化市场营销策略：RFM模型可以帮助企业更加精准地进行市场分析和营销策略制订。例如，可以根据不同RFM维度的得分，对客户进行细分，制订个性化的促销活动、优惠政策和服务方案，从而提高客户的满意度和忠诚度，促进销售业绩的提升。

③ 提高客户体验：通过了解客户的购买行为和偏好，RFM模型可以帮助企业优化产品设计、服务流程和售后服务，提升客户的体验，提高客户满意度。例如，对于消费频率高但消费金额较小的客户，可以推出更多的小额商品和快捷的购物流程；对于消费金额高但消费频率较低的客户，可以提供更加高端的商品和专属的VIP服务。

④ 提高市场竞争力：RFM模型可以帮助企业了解市场竞争力和趋势，从而及时调整营销策略和产品服务，提高市场占有率和竞争力。例如，对于被竞争对手挖走的高价值客户，可以针对其购买行为和需求，推出更加个性化的产品和服务，以吸引客户回流和增加市场份额。

⑤ 精细化运营服务：通过RFM模型分析客户的消费时间间隔、消费频率和消费

金额，可以制订更加精细化的运营策略。例如，针对消费时间间隔短的客户，可以采取唤醒或者刺激消费的策略；对于消费频率高的客户，可以规律性地提醒其关于产品的一些优惠信息；对于消费金额高的客户，可以为其提供专属的优惠价格。

13.1.3 案例数据

⬤ （1）数据来源

数据集包含了2024年1月1日至2024年4月30日之间，用户的所有行为〔行为包括点击、加购物车（简称加购）、收藏、购买〕。

数据集的每一行表示一条用户行为，由用户ID、商品ID、商品类目ID、行为类型、日期和金额组成，并以逗号分隔。数据集的表字段含义及数量说明分别如表13-1、表13-2所示。

表13-1　表字段含义

列名称	说明	备注
UserID	用户ID	字符串类型，用户ID
ItemID	商品ID	字符串类型，商品ID
CategoryID	商品类目ID	字符串类型，商品所属类目ID
BehaviorType	行为类型	字符串，枚举类型，包括〔pv（点击）、buy（购买）、cart（加购）、fav（收藏）〕
Date	日期	日期类型，行为发生的时间
Money	金额	浮点类型，商品购买金额

表13-2　数据集数量说明

维度	数量
用户数量	7774
商品数量	170626
商品类目数量	8613
所有行为数量	263728

⬤ （2）用户行为类型

用户在电商平台上的行为可以分为多种类型，其中包括点击、加购物车、收藏和购买等。这些用户行为类型在电商运营和数据分析中具有重要意义，可以帮助电商平台更好地理解用户行为和需求，优化产品和服务，提升销售效果。以下是对这几种用户行为类型的解释：

● 点击（click）：用户在电商平台上浏览商品时的点击行为。点击可以表示用户对商品的兴趣，但并不一定意味着用户会购买该商品。点击数据可以用来分析用户对不同商品的关注程度和浏览习惯。

- 加购物车（add to cart）：用户将商品加入购物车的行为。加购物车通常表示用户对商品有购买意向，但并不一定立即完成购买。加购物车数据可以用来分析用户的购物意向和购物行为转化率。
- 收藏（favorite）：用户将商品收藏起来的行为。收藏通常表示用户对商品喜爱或感兴趣，帮助用户标记和保存喜欢的商品，方便日后查看和购买。
- 购买（buy）：用户完成购买并支付的行为。购买是电商平台最重要的用户行为之一，代表用户最终的购买决策和交易行为。购买数据可以用来分析销售额、转化率和用户购买偏好等信息。

通过对这些用户行为类型的分析和理解，电商平台可以制定针对性的营销策略、个性化推荐方案，提升用户体验和销售业绩。

13.1.4 分析思路

进行电商用户分析时，可以从用户行为维度、用户活跃维度、用户价值维度等方面入手。

- 用户行为维度：用户各个行为类型的占比、行为之间的转化率。
- 用户活跃维度：工作日或周末、每天不同时间段对于用户行为的影响。
- 用户价值维度：使用RFM方法对用户价值进行分类。

针对分析目的，采用多维度拆解分析方法对问题进行拆解，在分析过程中使用漏斗模型、对比分析法、RFM模型分析法对业务指标中的问题进行分析。

分析思路图如图13-1所示。

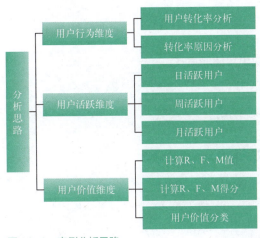

图13-1 案例分析思路

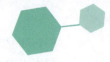

13.2 数据清洗

13.2.1 创建数据表

通过MySQL客户端Navicat创建user_action表，将UserID、ItemID、Date设置成主键，代码如下：

```
CREATE TABLE user_action(
    UserID VARCHAR(255),
    ItemID VARCHAR(255),
    CategoryID VARCHAR(255),
    BehaviorType VARCHAR(255),
    Date DATE,
    Money FLOAT(5,2),
    PRIMARY KEY(UserID,ItemID,Date)
);
```

然后，利用Navicat向user_action表中导入数据，验证数据表是否成功导入。

```
SELECT * FROM user_action LIMIT 6;
```

运行结果（部分）如下：

UserID	ItemID	CategoryID	BehaviorType	Date	Money
1000001	1582853	4173315	pv	2024-04-23	(Null)
1000001	1649625	4145813	pv	2024-02-29	(Null)
1000001	1649625	4145813	pv	2024-04-07	(Null)
1000001	2504527	4145813	pv	2024-02-08	(Null)
1000001	2895228	1540408	pv	2024-02-21	(Null)
1000001	3093290	4145813	pv	2024-01-15	(Null)

13.2.2 重复值处理

使用以下的SQL语句查看数据，实现重复值的查找。

```
SELECT UserID, ItemID, CategoryID, BehaviorType, Date, Money
FROM user_action
GROUP BY UserID,ItemID,Date
HAVING count(*)>1;
```

运行结果如下所示，从中可以看出数据集中没有重复值。

UserID	ItemID	CategoryID	BehaviorType	Date	Money
	(N/A)	(N/A)	(N/A)	(N/A)	(N/A)

13.2.3 异常值处理

下面查找数据集中有无异常值，通常没有购买商品的客户金额要为空，代码如下：

```
SELECT * FROM user_action WHERE BehaviorType IN ('pv','fav', 'cart')
AND Money IS NOT NULL;
```

运行结果如下：

UserID	ItemID	CategoryID	BehaviorType	Date	Money
(N/A)	(N/A)	(N/A)	(N/A)	(N/A)	(N/A)

此外，购买商品的金额需要大于0，异常值查找代码如下：

```
SELECT * FROM user_action WHERE Money<=0;
```

运行结果如下：

UserID	ItemID	CategoryID	BehaviorType	Date	Money
1011705	2028549	9829268	buy	2024-01-01	-20
1102471	2779296	4152994	buy	2024-01-03	0
1137051	2383187	1320293	buy	2024-01-04	0

对于数据集中的异常值，这里采取直接删除的方法，代码如下：

```
DELETE FROM user_action WHERE Money<=0;
```

统计删除异常值后的数据量，代码如下：

```
SELECT COUNT(*) FROM user_action;
```

数据集中原有263728条记录，删除3条异常数据后，还剩下263725条数据。

13.2.4　缺失值处理

使用以下的SQL语句查看数据，实现缺失值的查找。

```
SELECT count(UserID),count(ItemID),count(CategoryID),count(BehaviorType),
count(Date)
FROM user_action;
```

运行结果如下所示，每个字段的记录数都是263725，可以看出数据集中没有缺失值。

count(UserID)	count(ItemID)	count(CategoryID)	count(BehaviorType)	count(Date)
263725	263725	263725	263725	263725

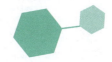

13.3　用户行为分析

13.3.1　用户转化率分析

统计不同行为数量及其比例，代码如下：

```
SELECT BehaviorType,COUNT(*) 数量,
       CONCAT(ROUND(COUNT(*)/263725*100,2),'%') 比例
FROM user_action
GROUP BY BehaviorType;
```

运行结果如下：

BehaviorType	数量	比例
pv	237232	89.95%
cart	14445	5.48%
buy	4279	1.62%
fav	7769	2.95%

由运行结果可以看出，用户点击、加购、收藏、购买的占比分别为89.95%、5.48%、2.95%、1.62%，从用户浏览到用户购买的转化率仅有1.62%，所以要对如此低的转化率进行分析。

一般用户来到商品页面可能会有以下几个可能的行为路径，即浏览-购买、浏览-加购-购买、浏览-收藏-购买、浏览-加购并收藏-购买、浏览-流失，如图13-2所示。那么可以从这几个方面进行拆解，运用漏斗分析方法找出具体是哪种路径的哪个环节出了问题，造成整体转化率低。

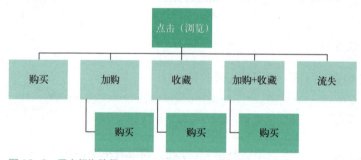

图13-2 用户行为路径

下面就从这几个可能的行为路径进行拆分，分别求出相应的转化率。

首先创建视图，代码如下：

```
CREATE VIEW user_b
AS
SELECT UserID,ItemID,
SUM(CASE WHEN BehaviorType='pv' THEN 1 ELSE 0 END) 点击,
SUM(CASE WHEN BehaviorType='cart' THEN 1 ELSE 0 END) 加购,
SUM(CASE WHEN BehaviorType='fav' THEN 1 ELSE 0 END) 收藏,
SUM(CASE WHEN BehaviorType='buy' THEN 1 ELSE 0 END) 购买
FROM user_action
GROUP BY UserID,ItemID;
```

查看创建的视图，代码如下：

```
SELECT * FROM trove.user_b;
```

运行结果（部分）如下：

UserID	ItemID	点击	加购	收藏	购买
1000001	1582853	1	0	0	0
1000001	1649625	2	0	0	0
1000001	2504527	1	0	0	0
1000001	2895228	1	0	0	0
1000001	3093290	1	0	0	0
1000001	3132168	1	0	0	0

创建该视图是为了查看用户在每个商品上的行为情况，包括点击量、加购量、收藏量和购买量等。

下面逐一计算不同行为路径上的用户量，代码如下：

```
#点击量237232
SELECT SUM(点击) FROM user_b;
```

程序统计输出客户点击量是237232次。

```
#点击+购买1628
SELECT SUM(购买) FROM user_b
WHERE 点击>0 AND 购买>0 AND 收藏=0 AND 加购=0;
```

程序统计输出客户点击后购买是1628次。

```
#点击+加购4338
SELECT SUM(加购) FROM user_b
WHERE 点击>0  AND 收藏=0 AND 加购>0;
```

程序统计输出客户点击后加购是4338次。

```
#点击+加购+购买269
SELECT SUM(购买) FROM user_b
WHERE 点击>0 AND 购买>0 AND 收藏=0 AND 加购>0;
```

程序统计输出客户点击后加购再购买是269次。

```
#点击+收藏1856
SELECT SUM(收藏) FROM user_b
WHERE 点击>0 AND 收藏>0 AND 加购=0;
```

程序统计输出客户点击后收藏是1856次。

```
#点击+收藏+购买86
SELECT SUM(购买) FROM user_b
WHERE 点击>0 AND 购买>0 AND 收藏>0 AND 加购=0;
```

程序统计输出客户点击后收藏再购买是86次。

```
#点击+收藏+加购149
SELECT SUM(收藏)+SUM(加购)  FROM user_b
WHERE 点击>0 AND 收藏>0 AND 加购>0;
```

程序统计输出客户点击后收藏再加购是149次。

```
#点击+收藏+加购+购买8
SELECT SUM(购买) FROM user_b
WHERE 点击>0 AND 收藏>0 AND 加购>0 AND 购买>0;
```

13

案例：电商数据处理与分析

287

程序统计输出客户点击后收藏再加购，最后再购买是8次。

```
#点击流失223217
SELECT SUM(点击) FROM user_b
WHERE 点击>0 AND 收藏=0 AND 加购=0 AND 购买=0;
```

程序统计输出客户点击后，没有收藏、加购或购买操作的是223217次。

计算结果如图13-3所示。

图13-3 用户转化率统计

从计算结果可以看出，用户在加购后购买的转化率为6.20%，收藏后购买的转化率为4.63%，加购并收藏后购买的转化率为5.37%，点击浏览后直接购买的转化率为0.69%，很明显，用户在加购、收藏后购买的转化率比浏览之后直接购买的转化率高得多。针对这种情况，商家店铺可以从优化产品宣传介绍页面，举行鼓励用户收藏加购的优惠活动、限时优惠活动等营销手段方面促进用户的加购、收藏行为，从而在一定程度上提升购买转化率。

另外，浏览量很大，但是有购买行为的却非常少，大量用户流失，从点击浏览到直接购买、加购、收藏、加购并收藏的转化率都非常低，也许是用户在浏览过程中没有找到喜欢的。对此，可以针对不同用户的喜好，精准推荐顾客喜欢的比较热销的一些产品，从而促进转化。

13.3.2 转化率原因分析

电商平台客户转化率低可能是网站体验、商品信息、支付方式、物流配送、价格竞争和个性化推荐等多方面因素综合作用的结果。

- 网站体验不佳：网站设计不够友好、加载速度慢、页面布局混乱等因素会影响用户体验，降低用户留存和转化率。

- 商品信息不清晰：商品描述不详细、图片质量不高、价格信息不明确等会导致用户对商品的了解不足，从而影响购买决策。

- 支付方式不便：支付方式单一、支付流程烦琐等会让用户感到不便，降低用户完成购买的意愿。

- 物流配送问题：物流配送速度慢、物流信息不及时更新、包装质量差等会影响用户对购物体验的满意度，降低再次购买的可能性。
- 价格竞争激烈：市场上同类商品价格竞争激烈，用户更容易在不同平台比价，从而选择价格更低的平台购买，降低了单个平台的转化率。
- 缺乏个性化推荐：电商平台未能根据用户的偏好和行为数据进行个性化推荐，导致用户在海量商品中难以找到符合自己需求的产品。

为提高转化率，电商平台需要不断优化用户体验、提升服务质量，并通过数据分析和个性化推荐等手段更好地满足用户需求。

针对平台问题，运用假设分析方法。假设用户推荐机制不合理，平台推荐商品不是用户喜欢的，造成转化率低。

分析高浏览量商品和高购买量商品是否相关，如果是，则假设不成立；如果不是，则假设成立。

运行以下语句查看点击浏览量前10的商品。

```
SELECT ItemID,COUNT(ItemID) 点击次数
FROM user_action
WHERE BehaviorType = 'pv'
GROUP BY ItemID
ORDER BY 点击次数 DESC LIMIT 10;
```

运行结果如下：

ItemID	点击次数
3845720	66
3708121	62
2338453	61
2331370	49
2364679	46
4211339	43
2931524	39
3920968	39
1459442	39
2032668	39

运行以下语句查看购买量前10的商品类。

```
SELECT ItemID,COUNT(ItemID) 购买量
FROM user_action
WHERE BehaviorType='buy'
GROUP BY ItemID
ORDER BY 购买量 DESC LIMIT 10;
```

运行结果如下：

案例：电商数据处理与分析

289

ItemID	购买量
▶ 4305129	6
3237415	5
2778083	4
2364679	4
2338453	4
5051027	4
3031354	4
4295866	3
3122135	3
4459282	3

由上面的结果可以看出：点击次数多不一定有高购买量。下面再深入分析高点击次数与高购买量之间的关系。

统计浏览量前10的商品购买量，代码如下：

```
SELECT a.ItemID,a.点击次数,b.购买量 FROM
(SELECT ItemID,COUNT(ItemID) 点击次数
FROM user_action
WHERE BehaviorType = 'pv'
GROUP BY ItemID
ORDER BY 点击次数 DESC LIMIT 10) AS a
LEFT JOIN
(SELECT ItemID,COUNT(ItemID) AS 购买量
FROM user_action
WHERE BehaviorType = 'buy' AND ItemID IN(3845720,3708121, 2338453,
2331370,2364679,4211339,2931524,3920968,1459442,2032668)
GROUP BY ItemID
) AS b
ON a.ItemID = b.ItemID
```

运行结果如下：

ItemID	点击次数	购买量
▶ 3845720	66	2
3708121	62	3
2338453	61	4
2331370	49	2
2364679	46	4
4211339	43	1
2931524	39	(Null)
3920968	39	(Null)
1459442	39	(Null)
2032668	39	3

统计购买量前10商品的点击次数，代码如下：

```
SELECT a.ItemID,a.购买量,b.点击次数 FROM
(SELECT ItemID,COUNT(ItemID) 购买量
FROM user_action
```

```
WHERE BehaviorType='buy'
GROUP BY ItemID
ORDER BY 购买量 DESC LIMIT 10
) AS a
LEFT JOIN
(SELECT ItemID,COUNT(ItemID) AS 点击次数
FROM user_action
WHERE BehaviorType = 'pv' AND ItemID IN(4305129,3237415, 2778083,
2364679,2338453,5051027,3031354,4295866,3122135,4459282)
GROUP BY ItemID ) AS b
ON a.ItemID = b.ItemID
```

运行结果如下：

ItemID	购买量	点击次数
4305129	6	37
3237415	5	17
2778083	4	35
2364679	4	46
2338453	4	61
5051027	4	20
3031354	4	36
4295866	3	4
3122135	3	7
4459282	3	1

从上述的结果可以看出：点击次数高的商品购买量却很低，意味着高流量商品最后的转化率很低；而购买量高的商品浏览量并不是很高，其中只有两种商品（2338453、2364679）位于点击次数前10的商品中，即高购买量并不是由高浏览量带来的。

分析总结转化率低的原因，改进措施如下：

- 优化平台推荐机制，把更多流量给到购买量高的商品，提升转化率；
- 针对流失用户，通过积分会员制、页面优化、更精准用户推荐等措施降低流失率；
- 引导加购、收藏，可通过限时优惠、加购收藏后享受优惠等活动间接提高转化率。

13.4　活跃用户分析

13.4.1　日活跃用户分析

日活跃用户（DAU）是指在一天内至少使用一次应用或访问一次网站的用户数

量。分析日活跃用户可以帮助平台了解用户的行为习惯、偏好和需求，从而优化产品设计、提升用户体验，增加用户参与度，提高用户留存率和转化率。

监测和分析日活跃用户的趋势变化，可以帮助平台了解用户活跃度的波动情况，发现潜在的影响因素，并及时调整策略。

下面统计分析2024年4月份的日活跃用户数，SQL代码如下：

```
SELECT DAY(DATE) as day,
SUM(CASE WHEN BehaviorType = 'pv' THEN 1 ELSE 0 END) AS '点击'
FROM user_action
WHERE MONTH(DATE) = 4
GROUP BY day
ORDER BY day;
```

对统计结果进行可视化分析，折线图如图13-4所示。

由图13-4可以看出：2024年4月份，日活跃用户数波动性不大，其中在4月4日、4月14日、4月15日、4月22日日活跃用户数相对较低，在4月20日达到最高。

此外，通过分析日活跃用户的行为数据，包括加购、收藏、购买等，可以了解用户在平台上的活动情况，找出用户偏好，为内容推荐和运营策略提供依据。下面统计分析2024年4月份的加购、收藏和购买的用户数，SQL代码如下：

```
SSELECT DAY(DATE) as day,
SUM(CASE WHEN BehaviorType = 'cart' THEN 1 ELSE 0 END) AS '加购',
SUM(CASE WHEN BehaviorType = 'fav' THEN 1 ELSE 0 END) AS '收藏',
SUM(CASE WHEN BehaviorType = 'buy' THEN 1 ELSE 0 END) AS '购买'
FROM user_action
WHERE MONTH(DATE) = 4
GROUP BY day
ORDER BY day;
```

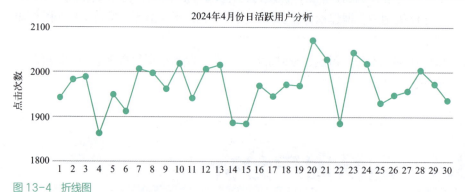

图13-4　折线图

对统计结果进行可视化分析，面积图如图13-5所示。

由图13-5可以看出：2024年4月份，每日的加购、收藏、购买用户数变化都不是很大，而且三者之间不存在明显的相同变化趋势。

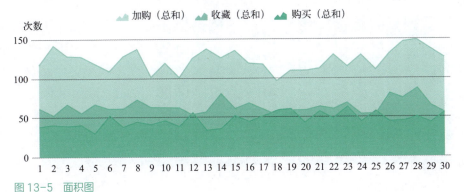

图 13-5　面积图

13.4.2　周活跃用户分析

周活跃用户（WAU）是指在一周内至少使用一次应用或访问一次网站的用户数量。分析周活跃用户可以帮助平台了解用户的活跃度、忠诚度和参与度，为产品改进、用户留存和增长提供重要参考。

监测和分析周活跃用户的趋势变化，可以帮助平台了解用户活跃度的波动情况，发现潜在的影响因素，并及时调整策略。

下面统计分析2024年1～4月的周活跃用户数，SQL代码如下：

```
SELECT WEEK(DATE,5) as week,
SUM(CASE WHEN BehaviorType = 'pv' THEN 1 ELSE 0 END) AS '点击'
FROM user_action
GROUP BY week
ORDER BY week;
```

对统计结果进行可视化分析，垂直条形图如图13-6所示。

从图13-6可以看出：2024年1～4月，前17周的周活跃用户数变化都较小，均位于13000～14000之间，由于第18周只有两天（4月29日、4月30日），因此用户数据较少。

13.4.3　月活跃用户分析

月活跃用户（MAU）是指在一个月内至少使用一次应用或访问一次网站的用户数量。分析月活跃用户可以帮助平台了解用户的整体活跃度、忠诚度和参与度，为产品改进、用户留存和增长提供重要参考。

监测和分析月活跃用户的趋势变化，可以帮助平台了解用户活跃度的长期趋势，发现潜在的影响因素，并及时调整策略。

图13-6 垂直条形图

此外，目标月活跃用户数可以帮助平台明确发展方向，明确了解平台期望达到的用户规模，有利于明确产品和服务的发展目标等，因此设定了目标月活跃用户数为60000。

下面统计分析2024年前4个月的月活跃用户数，SQL代码如下。

```
SELECT MONTH(DATE) as month,
SUM(CASE WHEN BehaviorType = 'pv' THEN 1 ELSE 0 END) AS '点击'
FROM user_action
GROUP BY month
ORDER BY month;
```

对统计结果进行可视化分析，KPI图如图13-7所示。

图13-7 KPI图

从图13-7可以看出：2024年1 ~ 4月，1月活跃用户数是60612，2月活跃用户数是56868，3月活跃用户数是60748，4月活跃用户数是59004，在目标月活跃用户数是60000的情况下，只有1月份和3月份达到预期。

13.5　用户价值分析

13.5.1　计算 R、F、M 值

通过计算客户的R、F、M值，可以对客户进行细分和评估，帮助企业更好地了解客户价值。

计算R值：计算每个客户最近一次交易距离现在（2024年5月1日）的时间间隔。可以选择一个特定的日期作为参考点，计算每个客户距离该日期的时间间隔。

计算F值：计算每个客户在一段时间内的交易次数。可以统计每个客户在过去一段时间内（或其他时间段）的交易次数。

计算M值：计算每个客户在一段时间内的总消费金额。可以统计每个客户在过去一段时间内（或其他时间段）的总消费金额。

本书由于没有用户消费相关数据，所以不做分析，接下来对R、F值进行计算。

```
SELECT UserID,DATEDIFF('20240501',MAX(DATE))+1 R,COUNT(BehaviorType)
F,SUM(Money) M
FROM user_action
WHERE BehaviorType='buy'
GROUP BY UserID
```

查询结果如下：

UserID	R	F	M
1000006	7	5	1180.00
1000037	58	2	350.00
1000040	92	1	150.00
1000054	34	1	270.00
1000084	38	1	150.00
1000085	51	4	350.00
1000115	9	1	230.00
1000134	59	2	200.00
1000191	56	1	40.00

13.5.2　计算 R、F、M 得分

根据业务情况制订R、F、M的得分标准，如表13-3所示。

表13-3　客户得分标准

价值得分	R	F	M
1	(30, ∞)	(0,1]	(0,100]
2	(14,30]	(1,3]	(100,250]

价值得分	R	F	M
3	(7,14]	(3,5]	(250,500]
4	(2,7]	(5,10]	(500,1000]
5	(0,2]	(10, ∞)	(1000, ∞)

用SQL实现打分，代码如下：

```
SELECT *,
(CASE WHEN R<=2 THEN 5
 WHEN R>2 AND R<=7 THEN 4
 WHEN R>7 AND R<=14 THEN 3
 WHEN R>14 AND R<=30 THEN 2
 WHEN R>30 THEN 1 END) AS Rscore,
(CASE WHEN F<=1 THEN 1
 WHEN F>1 AND F<=3 THEN 2
 WHEN F>3 AND F<=5 THEN 3
 WHEN F>5 AND F<=10 THEN 4
 WHEN F>10 THEN 5 END)  AS Fscore,
(CASE WHEN M<=100 THEN 1
 WHEN M>100 AND M<=250 THEN 2
 WHEN M>250 AND M<=500 THEN 3
 WHEN M>500 AND M<=1000 THEN 4
 WHEN M>1000 THEN 5 END)  AS Mscore
FROM
(SELECT UserID,DATEDIFF('20240501',MAX(DATE))+1 R,COUNT(BehaviorType)
F,SUM(Money) M
FROM user_action
WHERE BehaviorType='buy'
GROUP BY UserID
) m
```

运行结果如下：

UserID	R	F	M	Rscore	Fscore	Mscore
1000006	7	5	1180.00	4	3	5
1000037	58	2	350.00	1	2	3
1000040	92	1	150.00	1	1	2
1000054	34	1	270.00	1	1	3
1000084	38	1	150.00	1	1	2
1000085	51	4	350.00	1	3	3
1000115	9	1	230.00	3	1	2
1000134	59	2	200.00	1	2	2
1000191	56	1	40.00	1	1	1

通过计算均值，得到客户群体的平均Rscore、Fscore、Mscore，可以帮助企业了解整体客户群体的平均最近一次交易时间、平均消费频率、平均消费金额和，从而

评估整体客户群体的价值水平，SQL 代码如下：

```sql
SELECT AVG(Rscore),AVG(Fscore),AVG(Mscore)
FROM
(SELECT *,
(CASE WHEN R<=2 THEN 5
 WHEN R>2 AND R<=7 THEN 4
 WHEN R>7 AND R<=14 THEN 3
 WHEN R>14 AND R<=30 THEN 2
 WHEN R>30 THEN 1 END) AS Rscore,
(CASE WHEN F<=1 THEN 1
 WHEN F>1 AND F<=3 THEN 2
 WHEN F>3 AND F<=5 THEN 3
 WHEN F>5 AND F<=10 THEN 4
 WHEN F>10 THEN 5 END)  AS Fscore,
(CASE WHEN M<=100 THEN 1
 WHEN M>100 AND M<=250 THEN 2
 WHEN M>250 AND M<=500 THEN 3
 WHEN M>500 AND M<=1000 THEN 4
 WHEN M>1000 THEN 5 END)  AS Mscore
FROM
(SELECT UserID,DATEDIFF('20240501',MAX(DATE))+1 R,COUNT(BehaviorType)
F,SUM(Money) M
FROM user_action
WHERE BehaviorType='buy'
GROUP BY UserID
) m
) n
```

运行结果如下：

AVG(Rscore)	AVG(Fscore)	AVG(Mscore)
2.1490	1.8551	2.6882

13.5.3 用户价值分类

根据客户的订单数据、客户整体的消费情况，找出R、F、M的均值，高于均值就是高，低于均值就是低，这样将客户分为2×2×2=8种客户价值分类，如表13-4所示。

对于三个指标的参考值，选择均值作为划分标准，这个不是固定的，可以是中位数、众数等，要结合业务进行调整，注意本案例中划分高低的阈值是平均值，其中"↑"表示大于均值，"↓"表示小于均值。

找出不同用户价值类型人数的SQL如下：

297

表13-4　客户价值分类表

客户类型	最近交易日期	累计下单次数	累计交易金额	客户价值类型
重要价值用户	↑	↑	↑	R、F、M都很大，优质客户
重要唤回用户	↓	↑	↑	F、M较大，需要唤回
重要深耕用户	↑	↓	↑	R、M较大、需要识别
重要挽留用户	↓	↓	↑	M大，潜在有价值客户
潜力用户	↑	↑	↓	R、F较大，需要挖掘
新用户	↑	↓	↓	R较大，新客户，有推广价值
一般维持用户	↓	↑	↓	F较大，贡献小，需要维持
流失用户	↓	↓	↓	R、F、M都很小，流失客户

```
SELECT 用户分类,COUNT(UserID) AS '人数' FROM
(SELECT UserID,
(CASE WHEN RScore >= '2.1490' AND FScore >= '1.8551' AND MScore >=
'2.6882' THEN '重要价值用户'
WHEN RScore < '2.1490' AND FScore >= '1.8551' AND MScore >= '2.6882'
THEN '重要唤回用户'
WHEN RScore >= '2.1490' AND FScore < '1.8551' AND MScore >= '2.6882'
THEN '重要深耕用户'
WHEN RScore < '2.1490' AND FScore < '1.8551' AND MScore >= '2.6882'
THEN '重要挽留用户'
WHEN RScore >= '2.1490' AND FScore >= '1.8551' AND MScore < '2.6882'
THEN '潜力用户'
WHEN RScore >= '2.1490' AND FScore < '1.8551' AND MScore < '2.6882'
THEN '新用户'
WHEN RScore < '2.1490' AND FScore >= '1.8551' AND MScore < '2.6882'
THEN '一般维持用户'
 ELSE '流失用户' END) AS '用户分类'
FROM
(SELECT *,
(CASE WHEN R<=2 THEN 5
 WHEN R>2 AND R<=7 THEN 4
 WHEN R>7 AND R<=14 THEN 3
 WHEN R>14 AND R<=30 THEN 2
 WHEN R>30 THEN 1 END) AS Rscore,
(CASE WHEN F<=1 THEN 1
 WHEN F>1 AND F<=3 THEN 2
 WHEN F>3 AND F<=5 THEN 3
 WHEN F>5 AND F<=10 THEN 4
 WHEN F>10 THEN 5 END)  AS Fscore,
```

```
(CASE WHEN M<=100 THEN 1
  WHEN M>100 AND M<=250 THEN 2
  WHEN M>250 AND M<=500 THEN 3
  WHEN M>500 AND M<=1000 THEN 4
  WHEN M>1000 THEN 5 END)  AS Mscore
FROM
(SELECT UserID,DATEDIFF('20240501',MAX(DATE))+1 R,COUNT(BehaviorType)
F,SUM(Money) M
FROM user_action
WHERE BehaviorType='buy'
GROUP BY UserID
) m
) n
) p
GROUP BY 用户分类;
```

对统计结果进行可视化分析，创建的环形图如图13-8所示。

不同用户价值类型数量统计

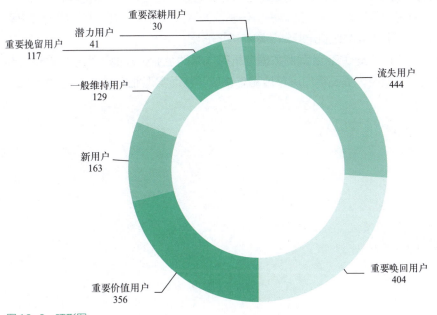

图13-8 环形图

从图13-8可以看出：流失用户为444人（占26.37%），重要唤回用户为404人（占23.99%），重要价值用户为356人（占21.14%），新用户为163人（占9.68%），一般维持用户为129人（占7.66%），重要挽留用户为117人（占6.95%），潜力用户为41人（占2.43%），重要深耕用户为30人（占1.78%）。

13.6　结论与建议

通过价值画像案例，可以得出如下结论与建议。

① 提升转化率：通过分析用户行为路径，用户浏览后直接购买的转化率较低，而通过加购、收藏等行为后购买的转化率会提升，故需要引导顾客积极加购或者收藏，且对比转化率后发现加购物车所带来的转化是最好的。

② 客户价值细分：根据RFM模型的结果，可以将客户分成不同的细分群体，例如重要客户、一般客户和低价值客户。这有助于更好地理解客户群体的特点和需求，从而制定针对性的营销策略和服务方案。

③ 营销策略制定：通过RFM模型的分析结果，可以针对不同的客户群体制定不同的营销策略。对于重要客户，可以加强客户关系管理，提供更个性化的服务和优惠，以增加客户忠诚度和购买频率；对于低价值客户，可以采取一些促销活动，以提高其购买意愿和消费金额。

④ 数据驱动决策：RFM模型的数据分析结果可以帮助企业更加科学地进行决策，避免主观臆断和盲目行动。通过对客户价值画像的深入分析，可以更好地把握客户需求和行为，从而更加精准地制定营销策略和服务方案。

综上，客户价值画像RFM案例数据分析可以帮助企业更好地了解客户群体，制定针对性的营销策略，提高客户满意度和忠诚度，从而实现业务增长和盈利增长。